"十四五"职业教育国家规划教材

# 通信工程设计及概预算

第四版

新世纪高职高专教材编审委员会 组编

主　编　于正永

副主编　曹　冰　谌梅英　董　进

以工信部通信〔2016〕451号文件为依据，组织教材内容

以典型项目案例为载体，采用"模块+单元"架构设计

以全国职业院校技能大赛为引领，融入竞赛项目及要求

大连理工大学出版社

## 图书在版编目(CIP)数据

通信工程设计及概预算 / 于正永主编. -- 4 版. -- 大连：大连理工大学出版社，2022.1(2023.12重印)
新世纪高职高专通信类课程规划教材
ISBN 978-7-5685-3703-2

Ⅰ.①通… Ⅱ.①于… Ⅲ.①通信工程－设计－高等职业教育－教材②通信工程－概算编制－高等职业教育－教材③通信工程－预算编制－高等职业教育－教材 Ⅳ.①TN91

中国版本图书馆 CIP 数据核字(2022)第 023420 号

大连理工大学出版社出版

地址：大连市软件园路 80 号　邮政编码：116023
发行：0411-84708842　邮购：0411-84708943　传真：0411-84701466
E-mail:dutp@dutp.cn　URL:https://www.dutp.cn
大连图腾彩色印刷有限公司印刷　大连理工大学出版社发行

幅面尺寸:185mm×260mm　印张:16　字数:410千字
2013 年 1 月第 1 版　　　　　　　　2022 年 1 月第 4 版
2023 年 12 月第 4 次印刷

责任编辑：马　双　　　　　　　　责任校对：周雪姣
封面设计：张　莹

ISBN 978-7-5685-3703-2　　　　　　　　定　价：51.80元

本书如有印装质量问题，请与我社发行部联系更换。

# 前　言

《通信工程设计及概预算》(第四版)是"十四五"职业教育国家规划教材、"十三五"职业教育国家规划教材、"十二五"职业教育国家规划教材,也是新世纪高职高专教材编审委员会组编的通信类课程规划教材之一。

党的二十大报告指出,实施科教兴国战略,强化现代化建设人才支撑。立足"大思政"格局,充分挖掘课程所蕴含的工匠精神等方面的思政元素,在教材每个模块后面设置了"思政引读",通过讲述焊接火箭"心脏"发动机的中国第一人高凤林等五位大国工匠年度人物的先进事迹,引导学习者树立正确的人生观、价值观和世界观,明确实施科教兴国战略的重要意义,让学习者明白中国式现代化建设和中华民族伟大复兴离不开人才,尤其离不开广大青少年学生的健康成长和全面发展,运用好榜样的力量深入浅出地把党的二十大精神入脑、入心。

随着通信技术的快速发展和ICT产业的不断升级,特别是5G、云计算、人工智能等新技术的发展,网络建设进程不断推进,市场对通信建设工程施工、设计以及监理等方面人才的需求不断增加,同时对此类工作人员的实践技能要求不断提高。而在各级各类通信建设工程项目的建设过程中,概预算文件的编制是必不可少的。

教育部将高等职业教育人才培养目标定位于高素质、高技能人才的培养,多年来,江苏电子信息职业学院持续深化"三教"改革,不断提高人才培养质量。每年教育部举办的全国职业院校技能大赛的比赛内容及技能要求引领着高职院校的专业建设和改革创新,江苏电子信息职业学院代表队在全国职业院校技能大赛通信类竞赛中实现了"三连冠",赛项主要涉及室外通信线路工程、室内基站工程以及室内分布系统工程的勘测和预算编制等内容,编者在大赛指导学生过程中不断探索和实践,积累了丰富的经验,近年来将大赛项目内容、考核要求等嵌入专业课程建设中,成效显著。

《通信工程设计及概预算》基于工信部通信〔2016〕451号文件所规定的2016版《信息通信建设工程预算定额》进行编写,以概预算文件编制的实际工作过程为主线,以工作岗位及能力要求为依据,嵌入技能大赛相关内容及要求,挖掘和融入工匠精神等思政元素,采用"模块+单元"架构组织教材内容。全书共五大模块,16个学习单元。模块一为项目管理和工程设计,含有三个学习单元,一方面介绍了通信建设工程项目管理的基本概念、通信工程建设流程、工程造价、价款结算以及通信建设工程价款结算办法等,另一方面结合实例分析了室外通信线路工程、

室内移动通信基站工程的勘测和设计方法；模块二为通信建设工程定额与使用，含有三个学习单元，一方面主要介绍了定额和预算定额的基本概念，并结合实例解读了2016版《信息通信建设工程预算定额》的基本构成及使用方法，另一方面简单介绍了概算定额的含义、作用、内容以及编制方法，最后结合实例分析了通信建设工程机械、仪表台班单价定额的使用方法；模块三为通信建设工程工程量统计，含有两个学习单元，结合实例对通信线路工程、移动通信基站工程以及室内分布系统工程等方面的工程图纸进行了识读分析，接着给出了工程量统计应该遵循的总体原则和不同专业工程量统计的分析过程，结合实际工程案例进行了通信线路工程、移动通信基站工程以及室内分布系统工程等实例分析，实例来源于工程实际项目，分析过程详细，实践性和实用性较强；模块四为通信建设工程费用定额与使用，含有四个学习单元，主要介绍了通信建设工程费用定额的构成、使用方法以及相关的规范性文件，结合实例进行分析，便于读者理解；模块五为通信建设工程概预算文件编制，含有四个学习单元，主要介绍了通信建设工程概预算的基本概念，通信工程设计文件的组成，概预算文件的组成，预算表的填写方法，概预算编制办法、编制流程以及概预算文件的管理等内容，并对三个综合性较强的实际工程案例进行了分析。同时，每个模块均设有目标导航、教学建议、内容解读、知识归纳、思政引读、自我测试和技能训练，书中多处对实际工程案例进行了分析，过程较为详细，深入浅出，具有很好的实用性，非常便于读者自学。

在"互联网＋"时代背景下，积极运用现代信息技术创新教材呈现形式，开发配套的立体化教学资源，打造新形态一体化教材，使教材更加生活化、情景化、动态化和形象化。本教材编写以信息化教学为抓手，针对课程教学的重点和难点设计和开发了微课53个，既满足了学生个性化学习的需求，又适应了当前线上线下混合式教学改革的需要。

本教材由江苏电子信息职业学院于正永任主编，并负责全书的统稿；由郑州铁路职业技术学院曹冰和江苏电子信息职业学院谌梅英、董进任副主编；南京嘉环科技有限公司一级建造师陈晓刚、广州建软科技股份有限公司工程师刘吉春参与本教材的编写。具体分工如下：于正永负责总体设计、全书统稿、模块三和模块五的撰写、微课制作，曹冰负责职业资格标准嵌入、模块二的撰写、微课制作，谌梅英负责模块四的撰写、微课制作，董进负责模块一的撰写、附录内容的整理，陈晓刚负责企业工程项目转化和行业规范嵌入并参与模块一和模块五的撰写，刘吉春负责行业规范嵌入并参与模块二的撰写。在编写本教材的过程中，编者得到了江苏电子信息职业学院计算机与通信学院各位领导和老师的大力支持，也得到了大连理工大学出版社的关心和支持，在此表示诚挚的感谢。

本教材可作为高职高专院校通信类专业的教材，也可作为从事通信工程设计、施工、监理等方面工作的工程技术人员参考用书，还可作为参加通信建设工程概预算考试人员的培训教材。建议教学总学时为110学时，其中理论讲授84学时，校内实训操作26学时。

在编写本教材的过程中，编者参考、引用和改编了国内外出版物中的相关资料以及网络资源，在此表示深深的谢意！相关著作权人看到本教材后，请与出版社联系，出版社将按照相关法律的规定支付稿酬。

由于编者水平有限，书中难免会有错误和不妥之处，恳请广大读者批评指正。读者可以通过电子邮箱yonglly@sina.com直接与编者联系。

编　者

所有意见和建议请发往：dutpgz@163.com
欢迎访问职教数字化服务平台：https://www.dutp.cn/sve/
联系电话：0411-84707492　84706671

# 目 录

绪　论 ……………………………………………………………………………………………… 1

## 模块一　项目管理和工程设计

目标导航 …………………………………………………………………………………………… 3
教学建议 …………………………………………………………………………………………… 3
内容解读 …………………………………………………………………………………………… 4

### 学习单元 1　通信建设工程项目管理 ………………………………………………………… 4
1.1　项目管理基础 ……………………………………………………………………………… 4
 1.1.1　建设项目的含义 …………………………………………………………………… 4
 1.1.2　建设项目的分类 …………………………………………………………………… 6
 1.1.3　通信建设工程类别的划分 ………………………………………………………… 8
 1.1.4　通信建设工程设计阶段的划分 …………………………………………………… 9
1.2　通信工程建设流程 ………………………………………………………………………… 10
 1.2.1　立项阶段 …………………………………………………………………………… 11
 1.2.2　实施阶段 …………………………………………………………………………… 11
 1.2.3　验收投产阶段 ……………………………………………………………………… 13
1.3　工程造价 …………………………………………………………………………………… 14
 1.3.1　工程造价概述 ……………………………………………………………………… 14
 1.3.2　工程造价的作用 …………………………………………………………………… 14
 1.3.3　工程造价的计价特征 ……………………………………………………………… 15
 1.3.4　工程造价的控制 …………………………………………………………………… 15

### 学习单元 2　通信线路工程设计 ……………………………………………………………… 16
2.1　通信光缆基础 ……………………………………………………………………………… 16
 2.1.1　光缆的分类 ………………………………………………………………………… 16
 2.1.2　光缆的型号 ………………………………………………………………………… 17
 2.1.3　光缆的选用 ………………………………………………………………………… 21
2.2　光缆线路工程勘测设计 …………………………………………………………………… 22
 2.2.1　光缆线路工程方案勘测 …………………………………………………………… 22
 2.2.2　光缆线路工程设计 ………………………………………………………………… 23
2.3　通信管道工程建设 ………………………………………………………………………… 26

## 学习单元 3　移动通信基站工程设计 ····· 31
### 3.1　分工界面 ····· 31
### 3.2　机房工艺和布局要求 ····· 32
#### 3.2.1　总体要求 ····· 32
#### 3.2.2　机房工艺要求 ····· 33
#### 3.2.3　机房布局要求 ····· 35
### 3.3　机房勘测设计 ····· 36
#### 3.3.1　机房勘测 ····· 36
#### 3.3.2　机房设计 ····· 37
### 知识归纳 ····· 41
### 思政引读 ····· 41
### 自我测试 ····· 42
### 技能训练 ····· 44

# 模块二　通信建设工程定额与使用

### 目标导航 ····· 46
### 教学建议 ····· 46
### 内容解读 ····· 46

## 学习单元 4　预算定额认知与分析 ····· 47
### 4.1　建设工程定额概述 ····· 47
#### 4.1.1　定额的含义 ····· 47
#### 4.1.2　定额的特点 ····· 47
#### 4.1.3　定额的分类 ····· 48
#### 4.1.4　现行通信建设工程定额的构成 ····· 49
### 4.2　2016版信息通信建设工程预算定额详析 ····· 50
#### 4.2.1　预算定额的含义 ····· 50
#### 4.2.2　预算定额的作用 ····· 50
#### 4.2.3　预算定额的编制依据 ····· 50
#### 4.2.4　预算定额的特点 ····· 50
#### 4.2.5　预算定额子目编号 ····· 51
#### 4.2.6　预算定额的构成 ····· 52
#### 4.2.7　预算定额的使用方法 ····· 58

## 学习单元 5　概算定额认知与分析 ····· 63
### 5.1　概算定额的含义 ····· 63
### 5.2　概算定额的作用 ····· 64
### 5.3　概算定额的内容 ····· 64
### 5.4　概算定额的编制方法 ····· 64

**学习单元 6　台班单价定额认知与使用** ···································· 65
　6.1　机械台班单价定额 ························································· 65
　6.2　仪表台班单价定额 ························································· 68
　知识归纳 ············································································ 71
　思政引读 ············································································ 72
　自我测试 ············································································ 72
　技能训练 ············································································ 75

## 模块三　通信建设工程工程量统计

目标导航 ·············································································· 79
教学建议 ·············································································· 79
内容解读 ·············································································· 79

**学习单元 7　通信工程图识读** ······················································ 79
　7.1　通信线路工程图纸识读实例分析 ········································ 80
　7.2　移动通信基站工程图纸识读实例分析 ··································· 82
　7.3　室内分布系统工程图纸识读实例分析 ··································· 82

**学习单元 8　工程量统计** ···························································· 85
　8.1　工程量统计的总体原则 ···················································· 85
　8.2　不同专业的工程量统计 ···················································· 85
　　8.2.1　通信电源设备安装工程 ·············································· 85
　　8.2.2　有线通信设备安装工程 ·············································· 86
　　8.2.3　无线通信设备安装工程 ·············································· 87
　　8.2.4　通信线路工程 ·························································· 89
　　8.2.5　通信管道工程 ·························································· 93
　8.3　工程实例分析 ································································ 94
　　8.3.1　通信线路工程工程量实例分析 ····································· 94
　　8.3.2　通信管道工程工程量实例分析 ····································· 97
　　8.3.3　移动通信基站工程工程量实例分析 ······························ 100
　　8.3.4　室内分布系统工程工程量实例分析 ······························ 104
　知识归纳 ··········································································· 105
　思政引读 ··········································································· 106
　自我测试 ··········································································· 106
　技能训练 ··········································································· 110

## 模块四　通信建设工程费用定额与使用

目标导航 ············································································· 113
教学建议 ············································································· 113
内容解读 ············································································· 113

学习单元 9　通信建设工程费用架构认知 ………………………………………………… 113

学习单元 10　工程费的计取 ……………………………………………………………… 115
 10.1　建筑安装工程费 …………………………………………………………………… 115
  10.1.1　直接费 …………………………………………………………………………… 116
  10.1.2　间接费 …………………………………………………………………………… 125
  10.1.3　利　润 …………………………………………………………………………… 127
  10.1.4　销项税额 ………………………………………………………………………… 127
 10.2　设备、工器具购置费 ……………………………………………………………… 127

学习单元 11　工程建设其他费的计取 …………………………………………………… 128
 11.1　建设用地及综合赔补费 …………………………………………………………… 129
 11.2　项目建设管理费 …………………………………………………………………… 130
 11.3　可行性研究费 ……………………………………………………………………… 130
 11.4　研究试验费 ………………………………………………………………………… 130
 11.5　勘察设计费 ………………………………………………………………………… 131
 11.6　环境影响评价费 …………………………………………………………………… 131
 11.7　建设工程监理费 …………………………………………………………………… 131
 11.8　安全生产费 ………………………………………………………………………… 131
 11.9　引进技术及进口设备其他费 ……………………………………………………… 132
 11.10　工程保险费 ………………………………………………………………………… 132
 11.11　工程招标代理费 …………………………………………………………………… 132
 11.12　专利及专用技术使用费 …………………………………………………………… 133
 11.13　其他费用 …………………………………………………………………………… 133
 11.14　生产准备及开办费 ………………………………………………………………… 133

学习单元 12　预备费和建设期利息的计取 ……………………………………………… 134
 12.1　预备费 ……………………………………………………………………………… 134
 12.2　建设期利息 ………………………………………………………………………… 134
 知识归纳 …………………………………………………………………………………… 135
 思政引读 …………………………………………………………………………………… 135
 自我测试 …………………………………………………………………………………… 135
 技能训练 …………………………………………………………………………………… 142

## 模块五　通信建设工程概预算文件编制

目标导航 ……………………………………………………………………………………… 147
教学建议 ……………………………………………………………………………………… 147
内容解读 ……………………………………………………………………………………… 147

学习单元 13　通信建设工程概预算认知 ………………………………………………… 148
 13.1　概预算的含义 ……………………………………………………………………… 148

13.2 概预算的作用 …… 148
13.3 概预算的构成 …… 150

## 学习单元 14　通信建设工程设计文件构成及解析　150
14.1 通信建设工程设计文件的构成 …… 150
14.2 概预算文件的构成 …… 151
　14.2.1 概预算编制说明 …… 152
　14.2.2 概预算表的填写及分析 …… 152

## 学习单元 15　通信建设工程概预算编制与管理　161
15.1 信息通信建设工程概预算编制规程 …… 161
15.2 通信建设工程概预算编制流程 …… 163
15.3 概预算文件管理 …… 164
　15.3.1 设计概算文件管理 …… 164
　15.3.2 施工图预算文件管理 …… 165

## 学习单元 16　工程项目案例分析　167
16.1 ××学院移动通信基站中继光缆线路工程施工图预算 …… 167
　16.1.1 案例描述 …… 167
　16.1.2 案例解析 …… 169
16.2 ××学院移动通信基站设备安装工程施工图预算 …… 187
　16.2.1 案例描述 …… 187
　16.2.2 案例解析 …… 193
16.3 ××广电学院教学楼室内分布系统设备安装工程施工图预算 …… 206
　16.3.1 案例描述 …… 206
　16.3.2 案例解析 …… 209
知识归纳 …… 217
思政引读 …… 218
自我测试 …… 218
技能训练 …… 222

参考文献 …… 226

附录 A　模拟试题库 …… 227

附录 B　与费用定额相关的规范文件 …… 234

# 本书微课视频列表

| 序 号 | 微课名称 | 页 码 |
| --- | --- | --- |
| 1 | 建设项目的含义 | 4 |
| 2 | 建设项目的分类 | 6 |
| 3 | 立项阶段 | 11 |
| 4 | 实施阶段 | 11 |
| 5 | 验收投产阶段 | 13 |
| 6 | 工程造价的计价特征 | 15 |
| 7 | 定额的含义与特点 | 47 |
| 8 | 定额的分类 | 48 |
| 9 | 预算定额的含义与特点 | 50 |
| 10 | 预算定额子目编号 | 51 |
| 11 | 预算定额的使用方法 | 58 |
| 12 | 例 4-1 | 59 |
| 13 | 例 4-2 | 59 |
| 14 | 例 4-3 | 60 |
| 15 | 例 4-4 | 60 |
| 16 | 例 4-5 | 61 |
| 17 | 例 4-6 | 61 |
| 18 | 例 4-7 | 62 |
| 19 | 例 4-8 | 63 |
| 20 | 例 6-1 | 67 |
| 21 | 例 6-2 | 71 |
| 22 | 通信线路工程图纸识读 | 80 |
| 23 | 移动通信基站工程图纸识读 | 82 |
| 24 | 室内分布系统工程图纸识读 | 82 |
| 25 | 各专业的工程量统计方法 | 85 |
| 26 | 通信电源设备安装工程定额手册的使用 | 85 |

（续表）

| 序 号 | 微课名称 | 页 码 |
| --- | --- | --- |
| 27 | 有线通信设备安装工程定额手册的使用 | 86 |
| 28 | 无线通信设备安装工程定额手册的使用 | 87 |
| 29 | 通信线路工程定额手册的使用 | 89 |
| 30 | 通信管道工程定额手册的使用 | 93 |
| 31 | 费用构成 | 114 |
| 32 | 人工费 | 116 |
| 33 | 材料费 | 116 |
| 34 | 机械使用费 | 118 |
| 35 | 仪表使用费 | 118 |
| 36 | 文明施工费 | 119 |
| 37 | 工程干扰费 | 120 |
| 38 | 施工队伍调遣费 | 123 |
| 39 | 大型施工机械调遣费 | 124 |
| 40 | 规费 | 125 |
| 41 | 企业管理费 | 126 |
| 42 | 设备、工器具购置费 | 127 |
| 43 | 概预算的构成 | 150 |
| 44 | 概预算文件的构成 | 151 |
| 45 | 表一的填写 | 154 |
| 46 | 表二的填写 | 155 |
| 47 | 表三及主要材料的填写 | 156 |
| 48 | 材料分类汇总及表四的填写 | 157 |
| 49 | 表五的填写 | 158 |
| 50 | 概预算表格的填写顺序 | 159 |
| 51 | 概预算表格与费用的对应关系 | 160 |
| 52 | 通信建设工程概预算编制流程 | 163 |
| 53 | 概预算文件管理 | 164 |

# 绪 论

## 一、职业岗位与能力要求

《通信工程设计及概预算》教材主要服务于"通信工程设计及概预算"这门课程,该课程主要讲授工程项目管理和工程设计、通信建设工程定额、工程量统计、费用定额以及概预算文件编制等方面的知识和技能。这门课程所对应的主要职业岗位与能力要求见表1。

表1　　　　　　　　　　　主要职业岗位与能力要求

| 职业岗位名称 | 能力要求 |
| --- | --- |
| 通信工程概预算编制人员 | ①理解和掌握通信工程建设的基本流程和要求,并能正确指导实际工程项目建设<br>②能根据项目管理的基础知识,进行概预算文件编制及工程项目信息的正确设置<br>③熟悉通信工程设计的基本流程及原则<br>④能熟练运用预算定额手册,准确地确定相应定额的基本内容及人工、材料、机械台班、仪表台班等的消耗量<br>⑤能运用通信工程常用图例,正确进行通信工程图纸的识读和绘制,并准确统计出所涉及的工程量<br>⑥能根据通信建设工程各项费用的含义、国家颁布的规范文件要求以及工程的类别和特点,正确进行费用及相应费率的计取<br>⑦独立地按照概预算的编制流程和编制办法,正确完成实际工程项目概预算文件的编制和预算说明的撰写 |

## 二、教材的设计思路与整体架构

以《工业和信息化部关于印发信息通信建设工程预算定额、工程费用定额及工程概预算编制规程的通知》(工信部通信〔2016〕451号)规范文件为基础,以通信建设工程概预算文件编制的实际工作过程为主线,以实际工作岗位及能力要求为依据,嵌入全国职业院校技能大赛的相关内容及技能要求,挖掘和融入工匠精神等思政元素,采用"模块+单元"架构选取和组织教材内容,共有五大模块,包括16个典型学习单元。其设计思路与整体架构如图1所示。

## 三、学习本课程后,能掌握什么?

通过本课程的学习和实践,你将具备通信工程项目概预算文件的编制能力,即能独立运用通信工程制图规范、通信建设工程概预算相关规定和行业标准,结合所学的知识和技能,依据通信工程施工图纸,统计工程量,计取相关的费用费率,最终完成工程项目的概预算文件编制。毕业后,能胜任通信工程建设、设计等方面的工作。

## 通信工程设计及概预算

**设计思路**
- 以实际工作岗位及能力要求为依据
- 以概预算规范文件和行业标准为基础
- 以概预算编制的实际工作过程为主线
- 嵌入职业院校技能大赛内容及技能要求

**五大模块**
- 模块一　项目管理和工程设计
- 模块二　通信建设工程定额与使用
- 模块三　通信建设工程工程量统计
- 模块四　通信建设工程费用定额与使用
- 模块五　通信建设工程概预算文件编制

**模块栏目**
- 目标导航——明确各模块的学习目标
- 教学建议——指明各模块的学时分配及重难点
- 内容解读——阐述各模块的具体学习任务
- 知识归纳——归纳各模块的知识重难点
- 思政引读——融入思政小故事
- 自我测试——提供各模块的知识测试题库
- 技能训练——配套各模块的技能训练项目

**16个典型学习单元**

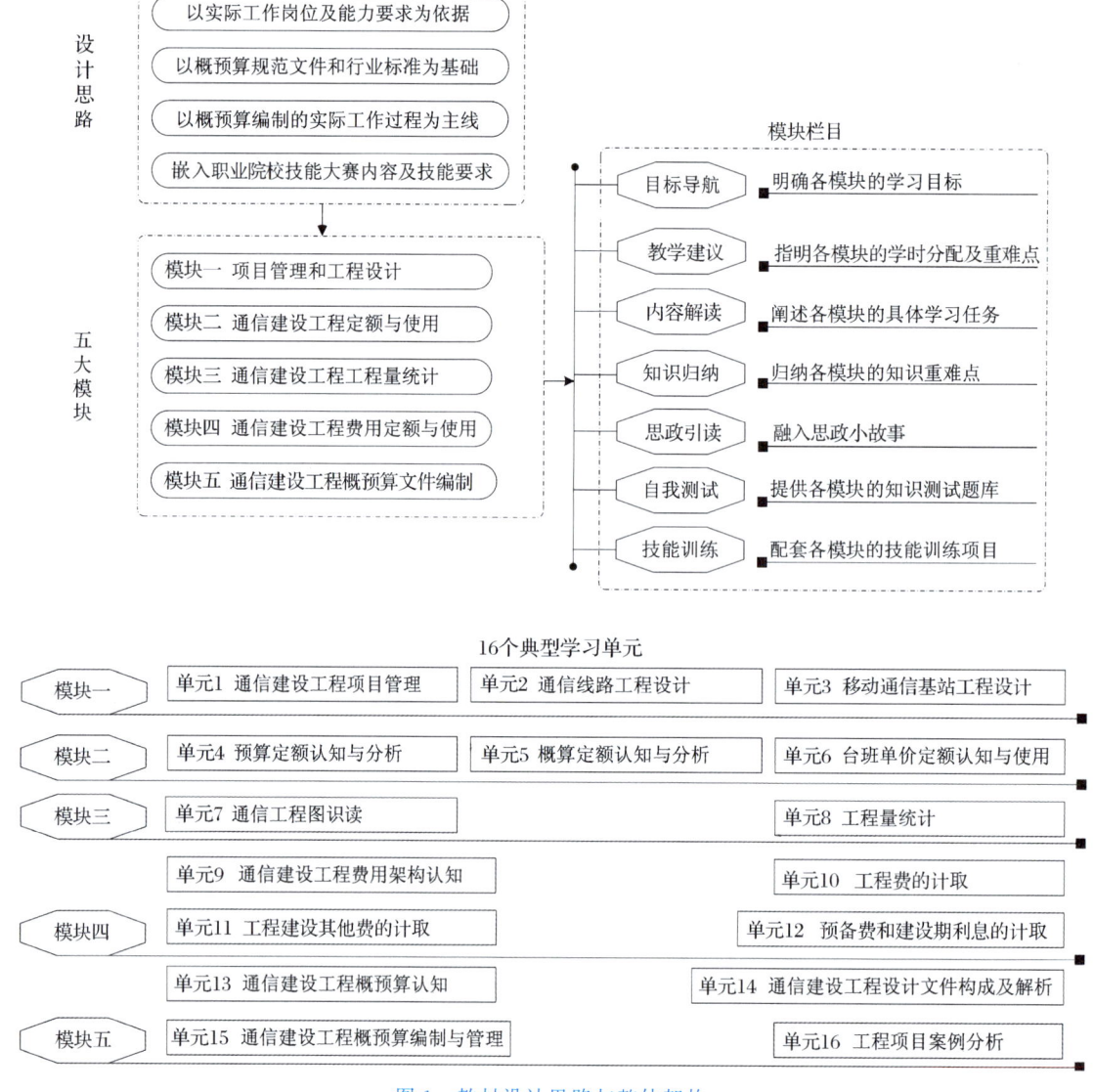

|  |  |
|---|---|
| 模块一 | 单元1 通信建设工程项目管理；单元2 通信线路工程设计；单元3 移动通信基站工程设计 |
| 模块二 | 单元4 预算定额认知与分析；单元5 概算定额认知与分析；单元6 台班单价定额认知与使用 |
| 模块三 | 单元7 通信工程图识读；单元8 工程量统计 |
| 模块四 | 单元9 通信建设工程费用架构认知；单元10 工程费的计取；单元11 工程建设其他费的计取；单元12 预备费和建设期利息的计取 |
| 模块五 | 单元13 通信建设工程概预算认知；单元14 通信建设工程设计文件构成及解析；单元15 通信建设工程概预算编制与管理；单元16 工程项目案例分析 |

图1　教材设计思路与整体架构

### 四、教材特色

(1)依据《工业和信息化部关于印发信息通信建设工程预算定额、工程费用定额及工程概预算编制规程的通知》(工信部通信〔2016〕451号)文件要求,遵循信息通信建设工程项目概预算编制的工作流程,组织教材内容。

(2)大赛引领,将全国职业院校技能大赛的项目内容及技能要求嵌入教材内容中,强化了学生的实践技能的培养。

(3)教材以通信建设工程概预算文件编制的实际工作过程为主线,采用"模块＋单元"架构组织教材内容,此外,挖掘并融入了思政元素。考虑到高职学生的学习特点,各个模块均设有目标导航、教学建议、内容解读、知识归纳、思政引读、自我测试和技能训练,多处嵌入工程项目案例,便于学生自主学习和实践能力培养;同时,以信息化教学为抓手,开发课程重难点微课,既满足学生个性化学习需求,又适应线上线下混合式教学改革需要。

# 模块一 项目管理和工程设计

## 目标导航

1. 能根据项目管理的基础知识,进行概预算文件的编制及工程项目信息的正确设置
2. 理解和掌握通信工程建设的基本流程和要求,并能正确指导实际工程项目的建设
3. 能根据工程造价的基本知识,进行实际工程项目造价的有效控制
4. 能根据通信工程勘测情况和路由选择原则,设计较为合理的线路路由方案
5. 能根据移动通信基站工程勘测情况和工艺、布局要求,设计较为合理的基站布局方案
6. 培养学生一丝不苟、精益求精的工匠精神
7. 培养学生自主学习能力与团队协作精神

## 教学建议

| 模块内容 | 学时分配 | 总学时 | 重点 | 难点 |
| --- | --- | --- | --- | --- |
| 1.1 项目管理基础 | 1 | | √ | |
| 1.2 通信工程建设流程 | 1 | | √ | |
| 1.3 工程造价 | 2 | | | |
| 2.1 通信光缆基础 | 2 | | | |
| 2.2 光缆线路工程勘测设计 | 4 | 24 | √ | |
| 2.3 通信管道工程建设 | 2 | | | √ |
| 3.1 分工界面 | 0.5 | | √ | |
| 3.2 机房工艺和布局要求 | 1.5 | | √ | |
| 3.3 机房勘测设计 | 4 | | √ | |
| 技能训练 | 6 | | √ | |

## 内容解读

在通信工程建设领域大力推行项目管理，对提高工程建设质量、保证工期、降低成本均具有十分重要的作用。

通信工程勘测是工程设计工作的重要环节，勘测所获取的信息是工程设计的基础。通过现场实地勘测，获取工程设计所需要的各种业务、技术和经济方面的有关资料，并在全面调查研究的基础上，结合初步拟定的工程设计方案，会同有关专业人士和单位，认真分析、研究、讨论，最终制订出具体的设计方案。

本模块主要介绍通信建设工程项目管理、通信线路工程设计和移动通信基站工程设计等三个学习单元。

# 学习单元 1　通信建设工程项目管理

## 1.1 项目管理基础

项目管理是一门新兴的管理学科，是现代工程技术、管理理论和项目建设实践有机结合的产物，经过数十年的不断发展和完善已日趋成熟，其经济效益显著，在工程中得到了广泛应用。项目管理对提高通信工程建设的质量、保证工期、降低建设成本均起到了十分重要的作用。

### 1.1.1 建设项目的含义

项目是指一项具有特定目标、有待完成的专门任务，是在一定的组织架构内，在现有限定的资源条件下，在计划规定的时间内，满足一定的质量、进度、投资、安全等要求完成的任务。要注意的是，重复进行的、大批量的、目标不明确的以及局部的任务都不属于项目范畴，因此，项目具有一次性、唯一性、目标明确性和周期性等特点。

建设项目是指按照一个总体设计进行建设，经济上实现统一核算，行政上具有独立的组织形式，实行统一管理，由一个或若干具有内在联系的工程所组成的总体。凡属于一个总体设计的主体工程和相应的附属配套工程、综合利用工程、环境保护工程、供水供电工程等均可作为同一个建设项目。凡不属于一个总体设计，工艺流程上没有直接关系的几个独立工程，应分别作为不同的建设项目。

建设项目按照合理确定工程造价和建设管理工作的需要，可划分为单项工程、单位工程、分部工程和分项工程。

（1）单项工程。单项工程是指具有单独的设计文件，建成后能够独立发挥生产能力或经济效益的工程。单项工程是建设工程项目的组成部分，一个建设工程项目可以仅包含一个单项工程，也可以包含多个单项工程。信息通信建设单项工程项目划分见表 1-1。

表 1-1　　　　　　　　　　　信息通信建设单项工程项目划分

| 专业类别 | | 单项工程名称 | 备注 |
|---|---|---|---|
| 电源设备安装工程 | | ××电源设备安装工程(包括专用高压供电线路工程) | |
| 有线通信设备安装工程 | 传输设备安装工程 | ××数字复用设备及光、电设备安装工程 | |
| | 交换设备安装工程 | ××通信交换设备安装工程 | |
| | 数据通信设备安装工程 | ××数据通信设备安装工程 | |
| | 视频监控设备安装工程 | ××视频监控设备安装工程 | |
| 无线通信设备安装工程 | 微波通信设备安装工程 | ××微波通信设备安装工程(包括天线、馈线) | |
| | 卫星通信设备安装工程 | ××地球站通信设备安装工程(包括天线、馈线) | |
| | 移动通信设备安装工程 | 1.××移动控制中心设备安装工程<br>2.基站设备安装工程(包括天线、馈线)<br>3.分布系统设备安装工程 | |
| | 铁塔安装工程 | ××铁塔安装工程 | |
| 通信线路工程 | | 1.××光、电缆线路工程<br>2.××水底光、电缆线路工程(包括水线房建筑及设备安装)<br>3.××用户线路工程(包括主干及配线光缆、电缆、交换及配线设备、集线器、杆路等)<br>4.××综合布线系统工程<br>5.××光纤到户工程 | 进局及中继光(电)缆工程可将每个城市作为一个单项工程 |
| 通信管道工程 | | ××路(××段)、××小区通信管道工程 | |

(2)单位工程。单位工程是指具有独立的设计文件,具有独立的施工条件并能形成独立使用功能,但竣工后不能独立发挥生产能力或工程效益的工程。单位工程是单项工程的组成部分,如一个生产车间的土建工程、电气照明工程、给排水工程、机械设备安装工程、电气设备安装工程等都是生产车间这个单项工程的组成部分,属于单位工程。

(3)分部工程。分部工程是单位工程的组成部分。分部工程一般按专业性质、工程种类、工程部位来划分,如土石方工程、脚手架工程、钢筋混凝土工程、木结构工程、金属结构工程、装饰工程等。也可按单位工程的构成来划分,如基础工程、墙体工程、梁柱工程、楼地面工程、门窗工程、屋面工程等。

(4)分项工程。分项工程是分部工程的组成部分,分部工程一般由若干分项工程构成。分项工程一般按照不同的施工方法、材料及构件规格,将分部工程分解为一些简单的施工过程。它是工程中最基本的单位内容。例如,架空通信线路工程中的立电杆、架设吊线、光缆敷设等分项工程。分项工程是建设工程的基本构造要素。一般来说,我们将这一基本构造要素称为"假定建设产品"。假定建设产品虽然没有独立存在的意义,但在预算编制原理、计划统计、建筑施工、工程概预算、工程成本核算等方面都是必不可少的重要概念。

建设项目的分类

### 1.1.2 建设项目的分类

为了进一步加强工程项目管理,正确反映建设项目的内容和规模,建设项目可依据不同标准和原则进行划分,具体划分种类如图 1-1 所示。

```
建设项目 ┬ 按投资用途分 ┬ 生产性建设项目
         │              └ 非生产性建设项目
         ├ 按建设性质分 ┬ 基本建设项目 ┬ 新建项目
         │              │              ├ 扩建项目
         │              │              ├ 改建项目
         │              │              ├ 迁建项目
         │              │              └ 恢复项目
         │              └ 技术改造项目
         ├ 按建设阶段分 ┬ 筹建项目
         │              ├ 本年正式施工项目 ┬ 本年新开工项目
         │              │                  ├ 本年续建项目
         │              │                  └ 本年建成投产项目
         │              ├ 本年收尾项目
         │              ├ 竣工项目
         │              └ 停缓建项目
         └ 按建设规模分 ┬ 大中型项目
                        └ 小型项目
```

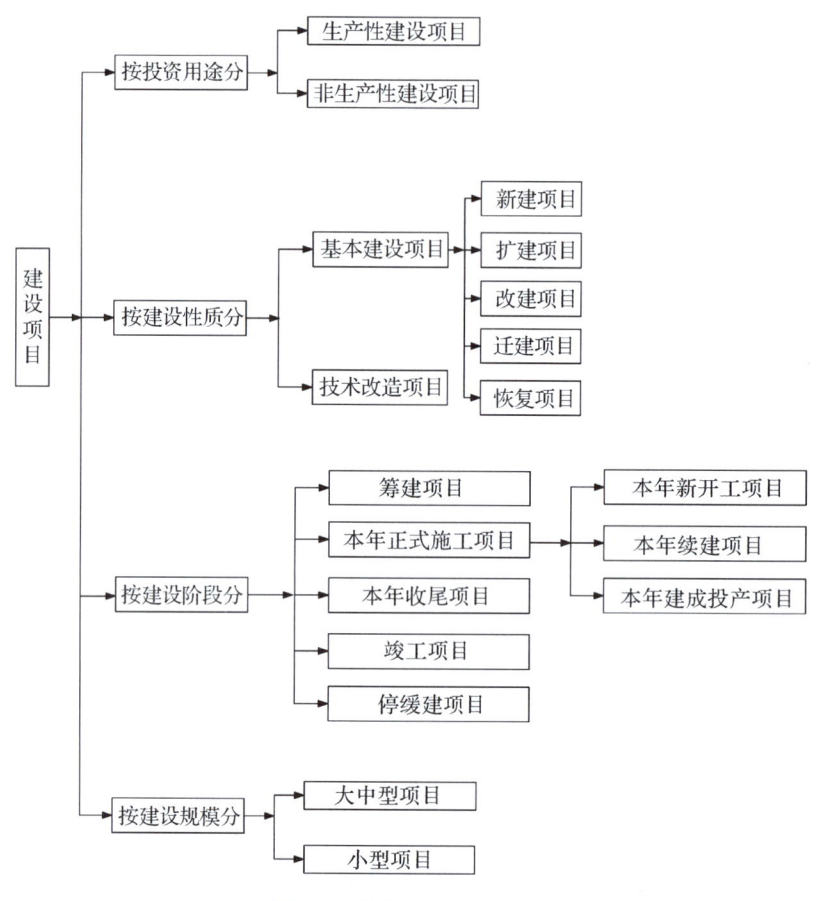

图 1-1 建设项目划分种类

(1)根据投资的用途不同,建设项目可划分为生产性建设项目和非生产性建设项目两大类。

①生产性建设项目。生产性建设项目是指直接用于物质生产或为物质生产服务的建设项目,主要包括工业建设、农林水利气象建设、建筑业建设、运输邮电建设、商业和物资供应建设和地质资源勘探建设。其中,运输邮电建设、商业和物资供应建设两项,也可以称为流通建设。因为流通过程是生产过程的延续,所以"流通过程"被列入生产建设中。

②非生产性建设项目。非生产性建设项目是指用于满足人民物质生活、文化生活所需要的建设,包括住宅建设、文教卫生建设、科学实验研究建设、公用事业建设以及其他建设。

(2)按照建设的性质不同,建设项目可分为基本建设项目和技术改造项目两类。

①基本建设项目。基本建设项目也称为基建项目,是指利用国家预算内基建拨款投资、国内外基本建设贷款、自筹资金以及其他专项资金进行的,以扩大生产能力为主要目的的新建、扩建等工程的经济活动。具体包括以下几个方面:

• 新建项目。新建项目是指从无到有,"平地起家",刚开始建设的项目;或者原有基础很小,需重新进行总体设计,经扩大建设规模后,其新增加的固定资产价值是原有固定资产价值3倍以上的建设项目,也属于新建项目。

• 扩建项目。扩建项目是指原有企业和事业单位为扩大原有产品的生产能力和效益,或者为增加新产品的生产能力和效益,而扩建的主要生产车间或工程。

• 改建项目。改建项目是指原有企业和事业单位,为提高生产效率,改进产品质量,或者为改进产品方向,对原有设备、工艺流程进行技术改造的项目。有些企业和事业单位为了提高综合生产能力,增加一些附属和辅助车间或非生产性工程,以及工业企业为改变产品方案而改装设备的项目,也属于改建项目。

• 迁建项目。迁建项目是指现有的企业和事业单位由于某种原因迁到其他地方建设的项目,不论其是否维持原来的建设规模,都属于迁建项目范畴。

• 恢复项目。恢复项目是指企业和事业单位的固定资产因自然灾害或人为灾害等已全部或部分报废,后来又投资恢复建设的项目。不论是按原来的建设规模恢复,还是在恢复的同时进行扩建,这样的项目均属于恢复项目范畴。

②技术改造项目。技术改造项目,也称为技改项目,是指利用自有资金、国内外贷款、专项基金和其他资金,通过采用新技术、新工艺、新设备、新材料对现有固定资产进行更新、技术改造,以及相关的经济活动。通信技术改造项目主要包括以下几个方面:

• 现有通信企业增装和扩大数据通信、图像通信、程控交换、移动通信以及营业服务各项业务的自动化、智能化处理设备,或者采用新技术、新设备的更新换代及相应的补缺配套工程。

• 原有明线、电缆、光缆、微波传输系统、卫星通信系统和其他无线通信系统的技术改造、更新换代和扩容工程。

• 原有本地网的扩建增容、补缺配套以及采用新技术、新设备的更新和改造工程。

• 其他列入技术改造计划的工程。

(3)按建设阶段不同,建设项目可划分为筹建项目、本年正式施工项目、本年收尾项目、竣工项目、停缓建项目五大类。

①筹建项目。筹建项目是指尚未正式开工,只是进行勘察设计、征地拆迁、场地平整等为建设做准备工作的项目。

②本年正式施工项目。本年正式施工项目是指本年正式进行建筑安装施工活动的建设项目。包括本年新开工的项目,以前年度开工跨入本年继续施工的续建项目,本年建成投产的项目和以前年度全部停缓建在本年恢复施工的项目。

• 新开工项目,是指报告期内新开工的建设项目。包括新开工的新建项目、扩建项目、改建项目、单纯建造生活设施项目、迁建项目和恢复项目。

• 本年续建项目,是指以前年度已经正式开工,跨入本年继续进行建筑安装和购置活动的建设项目。以前年度全部停缓建,在本年恢复施工的项目也属于本年续建项目。

• 建成投产项目,是指报告期内按设计文件规定建成主体工程和相应配套的辅助设施,形成生产能力(或工程效益),经过验收合格,并且已正式投入生产或交付使用的建设项目。

③本年收尾项目。本年收尾项目是指以前年度已经全部建成投产,但尚有少量不影响正常生产或使用的辅助工程或非生产性工程在报告期继续施工的项目。本年收尾项目是报告期施工项目的一部分,但不属于正式施工项目。

④竣工项目。竣工项目是指整个建设项目按设计文件规定的主体工程和辅助、附属工程全部建成,并已正式验收移交生产或使用部门的项目。建设项目的全部竣工是建设项目建设过程全部结束的标志。

⑤停缓建项目。停缓建项目是指经有关部门批准停止建设或近期内不再建设的项目。停缓建项目分为全部停缓建项目和部分停缓建项目。

(4)按建设规模不同,建设项目可以划分为大中型和小型两类。

建设项目的大中型和小型是按项目的建设总规模或总投资确定的。生产单一产品的工业企业,按产品的设计能力划分;生产多种产品的工业企业,按其主要产品的设计能力划分;产品种类繁多,难以按生产能力划分的,按全部投资额划分;新建项目,按整个项目的全部设计能力所需要的全部投资划分;改、扩建项目,按改、扩建新增加的设计能力或改、扩建所需要的全部投资划分。对国民经济具有特殊意义的某些项目,例如,产品为全国服务,或者生产新产品、采用新技术的重大项目,以及对发展边远地区和少数民族地区经济有重大作用的项目,虽然设计能力或全部投资不够大中型标准,但经国家指定,列入大中型项目计划的,也可以按大中型项目管理。工业建设项目和非工业建设项目的大中型、小型划分标准,会根据各个时期经济发展水平和实际工作中的需要而有所变化,执行时以国家主管部门的规定为准。

### 1.1.3 通信建设工程类别的划分

为加强通信建设管理,规范工程施工行为,确保通信建设工程质量,原邮电部在"邮部〔1995〕945号"文件中发布了《通信建设工程类别划分标准》,将通信建设工程分别按照建设项目、单项工程划分为一类工程、二类工程、三类工程和四类工程。对各类工程的设计单位和施工企业级别均有严格的要求,不允许低级别的施工企业承担高级别的工程项目,但高级别的施工企业可以承担相应级别及低级别的工程项目。

(1)按建设项目分

一类、二类、三类和四类工程的具体划分要求如下:

①符合下列条件之一者为一类工程:大中型项目或投资在5 000万元以上的通信工程项目;省际通信工程项目;投资在2 000万元以上的部定通信工程项目。

②符合下列条件之一者为二类工程:投资在2 000万元以下的部定通信工程项目;省内通信干线工程项目;投资在2 000万元以上的省定通信工程项目。

③符合下列条件之一者为三类工程:投资在2 000万元以下的省定通信工程项目;投资在500万元以上的通信工程项目;地市局工程项目。

④符合下列条件之一者为四类工程:县局工程项目;其他小型项目。

(2)按单项工程分

①对于通信线路工程来说,其类别划分见表1-2。

②对于通信设备安装工程来说,其类别划分见表1-3。

表 1-2　　　　　　　　　　　通信线路工程类别划分

| 项目名称 | 一类工程 | 二类工程 | 三类工程 | 四类工程 |
|---|---|---|---|---|
| 长途干线 | 省际 | 省内 | 本地网 | |
| 海缆 | 50 km 以上 | 50 km 以下 | | |
| 市话线路 | | 中继光缆线路工程或 2 万门以上市话主干线路工程 | 局间中继电缆线路工程或 2 万门以下 4 000 门以上市话主干线路工程 | 市话配线工程或 4 000 门以下线路工程 |
| 有线电视网 | | 省会及地市级城市有线电视网线路工程 | 县以下有线电视网线路工程 | |
| 建筑楼综合布线工程 | | 10 000 m² 以上建筑物综合布线工程 | 10 000 m² 以下 5 000 m² 以上建筑物综合布线工程 | 5 000 m² 以下建筑物综合布线工程 |
| 通信管道工程 | | 48 孔以上 | 48 孔以下,24 孔以上 | 24 孔以下 |

表 1-3　　　　　　　　　　通信设备安装工程类别划分

| 项目名称 | 一类工程 | 二类工程 | 三类工程 | 四类工程 |
|---|---|---|---|---|
| 市话交换 | 4 万门以上 | 4 万门以下,1 万门以上 | 1 万门以下,4 000 门以上 | 4 000 门以下 |
| 长途交换 | 2 500 路端以上 | 2 500 路端以下,500 路端以上 | 500 路端以下 | |
| 通信干线传输及终端 | 省际 | 省内 | 本地网 | |
| 移动通信及无线寻呼 | 省会局移动通信 | 地市局移动通信 | 无线寻呼设备工程 | |
| 卫星地球站 | C 频段天线直径 10 m 以上及 Ku 频段天线直径 5 m 以上 | C 频段天线直径 10 m 以下及 Ku 频段天线直径 5 m 以下 | | |
| 天线铁塔 | | 铁塔高度 100 m 以上 | 铁塔高度 100 m 以下 | |
| 数据网、分组交换网等非话业务网 | 省际 | 省会局以下 | | |
| 电源 | 一类工程配套电源 | 二类工程配套电源 | 三类工程配套电源 | 四类工程配套电源 |

注:① 新业务发展按其对应的等级套用;
　　② 本标准中××以上不包括××本身,××以下包括××本身;
　　③ 天线铁塔、市话线路、有线电视网、建筑楼综合布线工程无一类工程;
　　④ 卫星地球站、数据网、分组交换网等项目无三类、四类工程,丙、丁级设计单位和三、四级施工企业不得承担此类工程任务,其他项目依此原则办理。

### 1.1.4　通信建设工程设计阶段的划分

根据工程建设特点和工程项目管理的需要,将工程设计划分为一阶段设计、两阶段设计和三阶段设计三种类型。

一般来说,工业与民用建设项目按两阶段设计进行,即初步设计和施工图设计;对于在技术实现上较为复杂的工程项目,可以按三阶段设计进行,包括初步设计、技术设计和施工图设计;对于规模较小、技术成熟或套用标准设计的工程项目,可直接采用一阶段设计,即施工图设计。

不同的设计阶段要求编制不同的概预算文件:①三阶段设计,初步设计阶段应编制设计概算,技术设计阶段应编制修正概算,而施工图设计阶段应编制施工图预算;②两阶段设计,初步设计阶段应编制设计概算,施工图设计阶段应编制施工图预算;③一阶段设计,应编制施工图预算,按照单项工程进行处理,并要求能够反映工程费、工程建设其他费以及预备费等全部概算费用。

## 1.2 通信工程建设流程

一般的大中型和限额以上的建设项目从建设前期工作到建设、投产要经过项目建议书、可行性研究、初步设计、年度计划、施工准备、施工图设计、施工招投标、开工报告、质量监督申报、施工、初步验收、试运转、竣工验收、竣工验收备案等环节。具体到通信行业基本建设项目和技术改造项目,尽管其投资管理、建设规模等有所不同,但建设过程中的主要程序基本相同。通信工程建设流程如图 1-2 所示。

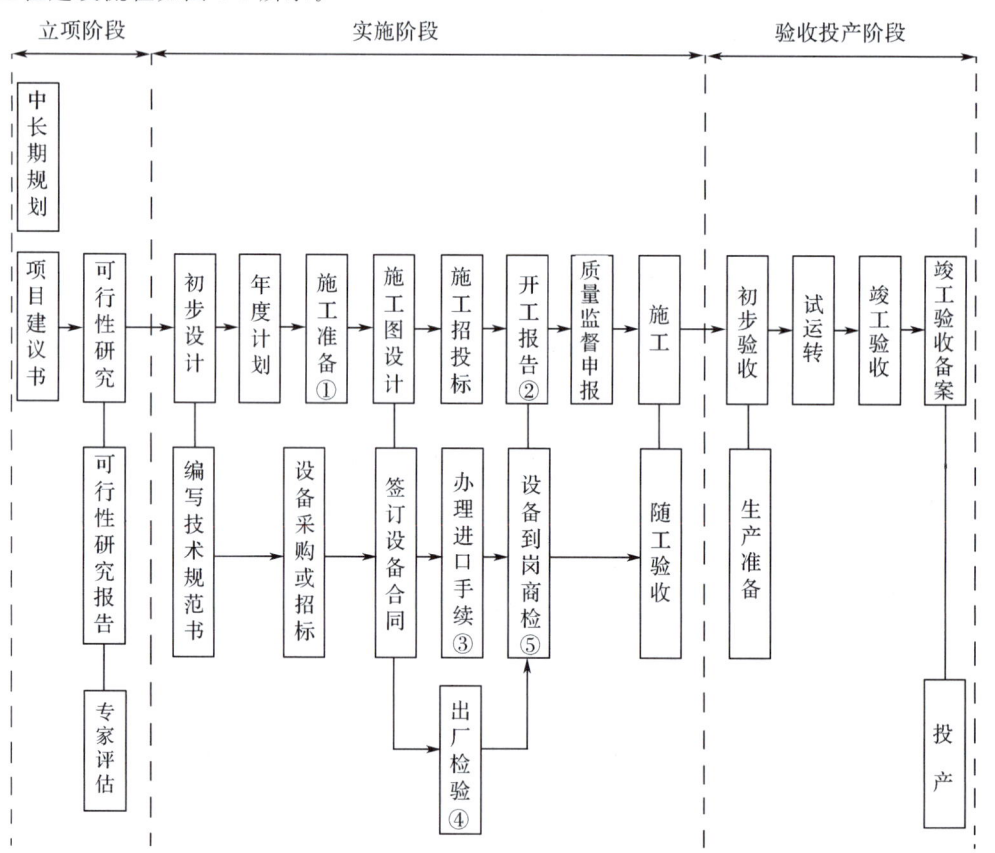

附注:①施工准备:包括征地、拆迁、"三通一平"、地质勘探等。
②开工报告:属于引进项目或设备安装项目(没有新建机房),设备发运后,即可写开工报告。
③办理进口手续:引进项目按国家有关规定办理报批及进口手续。
④出厂检验:对复杂设备(无论购置国内、国外的)都要进行出厂检验工作。
⑤设备到岗商检:非引进项目为设备到货检查。

图 1-2 通信工程建设流程

## 1.2.1 立项阶段

立项阶段是通信工程建设的第一阶段，包括中长期规划、项目建议书、可行性研究、可行性研究报告以及专家评估等环节。

(1)项目建议书。一般来说，根据国民经济和社会发展的长远规划、行业规划、地区规划等要求，经过调查、预测、分析，提出项目建议书，其主要包括项目研究背景和必要性、建设规模和地点的初步设想、工程投资估算和资料来源、工程进度、经济和社会效益估计等内容。项目建议书的审批，视建设规模按国家相关规定执行。

(2)可行性研究。建设项目可行性研究是对拟建项目在决策前进行方案比较、技术经济论证的一种科学分析方法，是工程建设前期工作的重要组成部分，也是整个工程建设程序中的一个重要环节。根据主管部门的相关规定，凡是达到国家规定的大中型建设规模的项目，以及利用外资的项目、技术引进项目、主要设备引进项目、国际出口局新建项目、重大技术改造项目等，都要进行可行性研究。小型通信建设项目，进行可行性研究时，也要求参照其相关规定进行技术经济论证。

可行性研究报告内容依据行业不同而有所差别，信息通信建设工程的可行性研究报告一般包括以下几个方面的内容：

①总论。包括项目提出背景、建设的必要性和投资收益、可行性研究的依据及简要结论等。

②需求预测与拟建规模。包括业务流量、流向预测，通信设施现状，国家从战略、边海防等需要出发对通信特殊要求的考虑，拟建项目的构成范围及工程拟建规模容量等。

③建设与技术方案论证。包括组网方案、传输线路建设方案、局站建设方案、通路组织方案，设备选型方案，原有设施利用、挖潜和技改方案以及主要建设标准的考虑等。

④建设可行性条件。包括资金来源、设备供应、建设与安装条件、外部协作条件以及环保与节能等。

⑤配套及协调建设项目的建议。如进城通信管道、机房土建、市电引入、空调以及配套工程项目的提出等。

⑥建设进度安排的建议。

⑦维护组织、劳动定员与人员培训。

⑧主要工程量和投资估算。包括建设工程项目的主要工程量、投资估算、配套工程投资估算以及单位造价指标分析等。

⑨经济评价。包括财务评价和国民经济评价两方面。财务评价是从通信企业或邮电行业的角度考察项目的财务可行性，计算的主要指标是财务内部收益率和静态投资回收期等；而国民经济评价是从国家角度考察项目对整个国民经济的净效益，论证整个建设工程项目的经济合理性，计算的主要指标是经济内部收益率等。当两者评价结论出现矛盾时，国民经济评价起决定作用。

⑩其他需要说明的问题。

(3)专家评估。专家评估是指由项目主管部门组织实践经验丰富的行、企业专家对所编制的可行性研究报告进行技术经济指标分析和评估，给出具体的建议和意见。

## 1.2.2 实施阶段

总体来说，实施阶段可以划分为工程设计和工程施工两大部分；具体来说，主要包括初步设计、年度计划、施工准备、施工图设计、施工招投标、开工报告、质量监督申报和施工等环节。

(1)初步设计。初步设计是根据批准的可行性研究报告,以及有关的设计标准、规划,并通过现场勘察工作取得可靠的设计基础资料后编制的。初步设计的主要任务是确定项目的建设方案、进行设备选型、编制工程项目的总概算。初步设计中的主要设计方案及重大技术措施等应通过技术经济指标分析,进行多方案比选论证,未采用方案的扼要情况及采用方案的选定理由均应写入设计文件。

每个建设项目都应编制总体设计部分的总体设计文件(综合册)和各单项工程设计文件,其内容深度要求如下:

①总体设计文件内容包括设计总说明及附录,各单项设计总图,总概算编制说明及概算总表。设计总说明的具体内容可参考各单项工程设计内容择要编写。设计总说明的概述一节,应扼要说明设计的依据及其结论,叙述本工程设计文件应包括的各单项工程分册及其设计范围分工(引进设备工程要说明与外商的设计分工),建设地点通信现状及社会需要概况,设计利用原有设备及局所房屋的鉴定意见,本工程需要配合及注意解决的问题(例如抗震设防、人防、环保等要求,后期发展与影响经济效益的主要因素,本工程的网点布局、网络组织、主要的通信组织等),以表格列出本期各单项工程的规模及可提供的新增生产力并附工程量表、增员人数表、工程总投资及新增固定资产值、新增单位生产能力、综合造价、传输质量指标分析、本期工程的建设工程安排意见,以及其他必要的说明等。

②各单项工程设计文件一般由文字说明、图纸和概算三部分组成,具体内容依据各项目的特点而定。概括起来应包括以下内容:概述,设计依据,建设规模,产品方案,原材料、燃料、动力的用量和来源,工艺流程,主要设计标准和技术措施,主要设备选型及配置,图纸,主要建筑物、构筑物,公用、辅助设施,主要材料用量,配套建设项目,占地面积和场地利用情况,综合利用、"三废"治理、环境保护设施和评价,生活区建设,抗震和人防要求,生产组织和劳动定员,主要工程量及总概算,主要经济指标及分析,需要说明的有关问题等。

(2)年度计划。年度计划包括基本建设拨款计划、设备和主材(采购)储备贷款计划、工期组织配合计划等,是编制工程项目总进度要求的重要文件。建设项目必须具有经过批准的初步设计和总概算,经资金、物资、设计、施工能力等综合评定后,才能列入年度计划。经批准的年度计划是进行基本建设拨款或贷款的主要依据。年度计划中应包括整个工程项目的年度投资及进度计划。

(3)施工准备。施工准备是基本建设程序中的重要环节,是衔接基本建设和生产的桥梁。建设单位应根据建设项目或单项工程的技术特点,适时组成机构,落实好以下几项工作:

①制定建设工程管理制度,落实管理人员。

②汇总拟采购设备、主材的技术资料。

③落实施工和生产物资的供货来源。

④落实施工环境的准备工作,如征地、拆迁、"三通一平"(水、电、路通和平整土地)等。

(4)施工图设计。施工图设计文件应根据批准的初步设计文件和主要设备订货合同进行编制,绘制施工详图时,应标明房屋、构筑物、设备的结构尺寸,安装设备的具体配置,布线和施工工艺。要求在设计文件中给出设备、材料明细表,并编制施工图预算。

施工图设计文件一般由文字说明、图纸和预算三部分组成。各单项工程施工图设计文件应简要说明批准的初步设计方案的主要内容并对修改部分进行论述,注明有关批准文件的日期、文号及文件标题,提出详细的工程量表,测绘出完整的线路(建筑安装)施工图纸、设备安装施工图纸,包括建设项目的各部分工程的详图和零部件明细表等。它是初步设计(或技术设计)的完善和补充,是据以施工的依据。施工图设计的深度应满足设备和材料的订货、施工图预算的编制、设备安装工艺以及其他施工技术要求等。施工图设计可不编制总体部分的综合文件。

(5)施工招投标。施工招标是建设单位将建设工程发包,鼓励施工企业投标竞争,从中评定出技术好、管理水平高、信誉可靠且报价合理的中标企业。建设单位编制标书,公开向社会招标,预先明确在拟建工程的技术、质量和工期要求的基础上,建设单位与施工企业各自应承担的责任与义务,依法组成合作关系。建设工程招标依照《中华人民共和国招标投标法》的规定,可采用公开招标和邀请招标两种形式。

施工投标是争取工程业务的重要步骤。通常在得到有关工程项目信息后,即可按照建设单位的要求制作标书。通信建设工程标书的主要内容包括项目工程的整体解决方案、技术方案的可行性和先进性论证、工程实施步骤、工程的设备材料详细清单、工程竣工后所能达到的技术标准、作用和功能、线路和设备安装费用、工程整体报价以及样板工程介绍等。

(6)开工报告。经施工招投标,签订承包合同后,建设单位落实年度资金拨款、设备和主材的供货及工程管理组织,建设项目于开工前一个月由建设单位会同施工单位向主管部门提出开工报告。在项目开工报批前,应由审计部门对项目的有关费用计取标准及资金渠道进行审计,通过后方可正式开工。

(7)质量监督申报。根据相关文件的要求,建设单位应在工程开工前在通信工程质量监督机构办理质量监督申报手续。

(8)施工。通信建设项目的施工应由持有相关资质证书的施工单位承担。施工单位应按批准的施工图设计进行施工。在施工过程中,隐蔽工程在每一道工序完成后由建设单位委派的工地代表随工验收。若是采用监理的工程,则由监理工程师履行此项职责。验收合格后才能进行下一道工序。

## 1.2.3 验收投产阶段

为了保证通信建设工程项目的施工质量,工程项目结束后,必须经验收合格后才能投产使用。本阶段主要包括初步验收、试运转、竣工验收和竣工验收备案四个环节。

(1)初步验收。初步验收通常是指单项工程完工后,检验单项工程各项技术指标是否达到设计要求。初步验收一般是由施工企业完成施工承包合同工程量后,依据合同条款向建设单位提出工程项目完工验收的申请。初步验收由建设单位(或委托监理公司)组织,相关设计、施工、维护、档案及质量管理等部门参加。

除小型项目外,其他所有新建、扩建、改建等基建项目以及具有基建性质的技改项目,均应在完成施工调测后进行初步验收。初步验收应在原定计划建设工期内完成,具体工作主要包括检查工程质量、审查交工材料、分析投资效益、对发现的问题提出处理意见,并组织相关责任单位落实解决。

(2)试运转。试运转是指工程初步验收后,正式验收、移交之前的设备运行,由建设单位负责组织,供货厂商及设计、施工和维护部门参加,对设备、系统的功能等各项技术指标以及工程设计和施工质量等进行全方位考核。试运转期间,若发现有质量问题,应由相关责任单位负责免费返修。通信建设工程项目试运转周期一般为3个月。

（3）竣工验收。竣工验收是通信工程建设过程的最后一个环节，是全面考核工程建设成果、检验设计和工程质量是否符合要求、审查投资使用是否合理的重要环节。竣工验收前，建设单位应向主管部门提出竣工验收报告，编制项目工程总决算（小型项目工程在竣工验收后的1个月内将总决算报上级主管部门；大中型项目工程在竣工验收后的3个月内将总决算报上级主管部门），并系统地整理出相关技术资料（包括工程竣工图纸、测试资料、重大障碍和事故处理记录），清理所有财产和物资等，报上级主管部门审查。竣工项目经验收交接后，应迅速办理固定资产交付使用的转账手续（竣工验收后的3个月内），技术档案移交维护单位统一保管。

（4）竣工验收备案。根据相关文件规定，工程竣工验收后应在质量监督机构进行质量监督备案。

## 1.3 工程造价

### 1.3.1 工程造价概述

工程造价是指建设一项工程的预期开支或实际开支的全部固定资产投资费用。投资者为了获得预期的效益，需要通过项目评估进行决策，然后进行设计招标、工程招标和工程实施，直至竣工验收等一系列建设管理活动，使投资转化为固定资产和无形资产，所有这些开支就构成了工程造价。因此，工程造价实际上就是工程的投资费用，建设项目的工程造价就是建设项目的固定资产投资。

现行的工程造价主要由建筑安装工程费、设备和工器具购置费、工程建设其他费、预备费以及建设期利息等组成。

### 1.3.2 工程造价的作用

工程造价的作用主要体现在以下几点：

（1）工程造价是项目决策的工具。建设工程投资大、生产和使用周期长等特点决定了项目决策的重要性，工程造价决定着项目的一次性投资费用。在工程项目决策阶段，工程造价是项目财务分析和经济评价的重要依据之一。

（2）工程造价是制订投资计划和控制投资的有效工具。工程造价是通过多次预估，最终通过竣工决算确定下来的。每一次预估的过程就是对造价的控制过程，这种控制是在投资者财务能力的限度内，为取得既定的投资效益所必需的。

（3）工程造价是筹集建设资金的主要依据。投资体制的改革和市场经济的建立，要求工程项目的投资者必须具备很强的筹资能力，从而保证工程建设有充足的资金供应。工程造价基本决定了建设资金的需求量，从而为筹集资金提供了比较准确的依据。同时金融机构也需要依据工程造价来确定给予投资者的贷款数额。

（4）工程造价是进行利益合理分配和产业结构有效调节的手段。工程造价的高低，涉及国民经济各部门和企业间的利益分配。工程造价有利于各产业部门按照政府的投资导向加速发展，也有利于它们按照宏观经济的要求调整产业结构。

（5）工程造价是评估投资效果的重要指标之一。工程造价的多层次性，使其自身形成了一个指标体系，为评估工程投资效果提供了多种评价指标，并能形成新的价格信息，为以后类似工程的投资提供了参考。

## 1.3.3 工程造价的计价特征

工程造价主要具有单件性、多次性、组合性等计价特征,熟悉了这些特征,对工程造价的确定和控制十分必要。

(1)单件性计价特征。产品的差别性决定每项工程都必须依据其差别单独计算造价。每个建设项目的地理位置、地形地貌、地质结构、水文、气候、建筑标准以及运输、材料供应等因素不同,因此各自需要一套单独的设计图纸,并采取不同的施工方法和施工组织,不同于一般工业产品按照品种、规格、质量等成批地定价。

(2)多次性计价特征。由于建设工程的周期长、规模大、造价高等特点,所以其建设程序要分阶段进行,相应地在不同阶段进行多次不同方式、不同深度的计价,以保证工程造价确定与控制的科学性。多次性计价是个逐步深入、逐步细化和逐步接近实际造价的过程。

①投资估算(估算造价)。估算造价是指在项目建议书或可行性研究阶段,对拟建工程项目通过编制估算文件确定的项目总投资额。估算造价是决策、筹资和控制设计造价的主要依据。

②概算(概算造价)。概算造价是指在初步设计阶段,按照概算定额或概算指标编制的工程造价。概算造价较估算造价准确,但受估算造价控制。概算造价分为建设项目概算总造价、单项工程概算造价和单位工程概算造价等。

③修正概算(修正概算造价)。修正概算造价是指在技术设计阶段按照概算定额或概算指标编制的工程造价,是对初步设计概算的修正,比概算造价更接近工程项目的实际投资。

④预算(预算造价)。预算造价是指在施工图设计阶段按照预算定额编制的工程造价。它比概算造价、修正概算造价更为接近工程实际。

⑤合同价。合同价是指在工程招投标阶段通过签订总承包合同、建筑安装承包合同、设备采购合同,以及技术和咨询服务合同等确定的价格。合同价具有市场价格的性质,它是由承发包双方根据市场行情共同议定和认可的成交价格,但它并不等同于实际工程造价。

⑥结算价。结算价是指在工程结算时,依据不同合同方式的调价范围和调价方法,对实际发生的工程量增减、设备和材料价格差额等进行调整后的价格。

⑦实际造价。实际造价是指在工程竣工决算阶段,通过编制竣工决算,最终确定建设项目的工程造价。

(3)组合性计价特征。工程造价的计算是分步组合而成的,这一特征和建设项目的组合性有关。一个建设项目是一个工程综合体,这个综合体可以分解为许多有内在联系的独立和不能独立的工程。单位工程的造价可以分解出分部、分项工程的造价。从计价和工程管理的角度来看,分部、分项工程还可以再分解,因此,建设项目的这种组合性决定了计价的过程是一个逐步组合的过程,这一特征在计算概算造价和预算造价时尤为明显,也表现在合同价和结算价中。

## 1.3.4 工程造价的控制

工程造价的控制是指在投资决策阶段、设计阶段、建设项目发包阶段和建设实施阶段,将建设项目工程造价的发生控制在批准的造价限额以内,随时纠正发生的偏差,以保证项目管理目标的实现。工程造价的有效控制是工程建设管理的重要组成部分。

(1)工程造价控制目标的设置。控制是为了确保目标的实现,若一个系统没有目标,也就无法进行有效的控制。工程造价控制目标的设置是随着工程项目建设实践的不断深入而分阶段进行的，即投资估算应作为设计方案选择和初步设计的工程造价控制目标；设计概算应作为技术设计和施工图设计的工程造价控制目标；施工图预算或建筑安装工程承包合同价则应作为施工阶段控制建筑安装工程造价的目标。工程造价控制目标是一个相互联系的有机整体，每个阶段的目标相互制约、相互补充，前者控制后者，后者补充前者。

（2）以设计阶段为重点的建设全过程造价控制。工程造价控制贯穿于项目建设全过程，但必须突出重点。工程造价控制的关键在于施工前的投资决策和设计阶段。而在项目做出投资决策后，控制工程造价的关键就在于设计。在实际操作过程中，经常忽视工程建设项目前期工作阶段的造价控制，将工程造价控制主要集中在过程施工阶段（审核施工图预算、合理结算建筑安装工程价款等），但效果不明显。要有效地控制工程造价，就要高度重视工程建设项目前期工作阶段的造价控制，尤其是设计阶段。

（3）工程造价的主动控制。一般来说，工程管理者在项目建设时的基本任务是对建设项目的建设工期、工程造价和工程质量进行有效的控制，为此，应根据建设的要求及其客观条件进行综合分析，确定一套切合实际的衡量准则。只要工程造价控制的方案符合衡量准则，并取得较好的效果，便可认为工程造价控制达到了预期目标。工程造价控制，不仅要反映投资决策，反映设计、发包和施工，更要能动地影响投资决策，影响设计、发包和施工，所以主动地控制工程造价尤为重要。

（4）技术和经济的有机结合是工程造价控制的有效手段。要有效地控制工程造价，应从组织、技术、经济、合同与信息管理等多方面采取措施。组织上，明确项目组织结构，明确工程造价控制者及其任务，明确管理职能分工；技术上，重视多种方案的设计，严格审查初步设计、技术设计、施工图设计以及施工组织设计，深入技术领域研究节约型投资；经济上，动态地比较造价的计划值和实际值，严格审核各项费用支出，对节约投资采取有效的激励措施等。

# 学习单元 2　通信线路工程设计

## 2.1　通信光缆基础

通信光缆是由光纤、高分子材料、金属-塑料复合带以及金属加强构件等共同构成的光信息传输介质。

### 2.1.1　光缆的分类

（1）按线路敷设方式分

按线路的敷设方式，光缆可划分为架空光缆、管道光缆、直埋光缆、隧道光缆和水底光缆。

①架空光缆是指光缆线路在经过陡峭地形、跨越江河等特殊地形和经过城市市区无法直埋及赔偿昂贵的地段时，借助吊挂钢索或自身具有的抗拉元件悬挂在已有的电线杆、塔上的光缆。

②管道光缆是指在城市光缆环路、人口稠密区和横穿马路时,置入用于保护的聚乙烯管内的光缆。

③直埋光缆是指光缆线路经过市郊或农村时,直接埋入规定深度和宽度的缆沟的光缆。

④隧道光缆是指经过公路、铁路等交通隧道的光缆。

⑤水底光缆是指穿越江河湖海水底的光缆。

(2)按光缆中光纤状态分

按光纤在光缆中是否处于可自由移动的状态,光缆可划分为松套光纤光缆、半松半紧光纤光缆和紧套光纤光缆。

①松套光纤光缆的特点是光纤在光缆中有一定的自由移动空间,这样的结构有利于减少外界机械应力(或应变)对涂覆光纤的影响。

②半松半紧光纤光缆中的光纤在光缆中的自由移动空间介于松套光纤光缆和紧套光纤光缆之间。

③紧套光纤光缆的特点是光缆中的光纤无自由移动空间。紧套光纤光缆是在光纤预涂覆层外直接紧贴一层合适的塑料紧套层。紧套光纤光缆直径小,质量轻,易剥离、敷设和连接,但较大的拉伸应力会直接影响光纤的衰减等性能。

(3)按缆芯结构分

按缆芯结构的特点,光缆可划分为层绞式光缆、中心管式光缆和骨架式光缆。

①层绞式光缆是将几根至十几根甚至更多根光纤或光纤带围绕中心加强构件螺旋绞合(S绞或SZ绞)成一层或几层的光缆。

②中心管式光缆是将光纤或光纤带无绞合地直接放到光缆中心位置而制成的光缆。

③骨架式光缆是将光纤或光纤带经螺旋绞合置于塑料骨架槽中而制成的光缆。

(4)按光缆使用环境和场合分

根据光缆的使用环境和场合,光缆可划分为室外光缆、室内光缆及特种光缆三大类。由于外界环境(气候、地貌、破坏力)相差很大,故这几类光缆在构造、材料、性能等方面有很大的区别。

①室外光缆由于使用条件恶劣,所以必须具有足够的机械强度、防渗能力和良好的温度特性,其结构复杂。

②室内光缆则主要具有结构紧凑、轻便柔软的特点并应具有阻燃性能。

③特种光缆用于特殊场合,如海底、污染区或高原地区等。

(5)按网络层次分

按网络层次的不同,光缆可划分为长途光缆、市内光缆和接入网光缆三类。

①长途光缆是指长途端局之间的线路,包括省际一级干线、省内二级干线。

②市内光缆是指长途端局与市话端局以及市话端局之间的中继线路。

③接入网光缆是指市话端局到用户之间的线路。

## 2.1.2　光缆的型号

根据中华人民共和国工业和信息化部发布的通信行业标准《光缆型号命名方法》(YD/T 908—2020),光缆的型号由型式代号、规格代号和特殊性能标识(可缺省)三个部分组成。

(1)光缆的型式代号

光缆的型式代号由分类代号、加强构件、结构特征、护套代号以及外护层代号五部分组成,如图 2-1 所示。

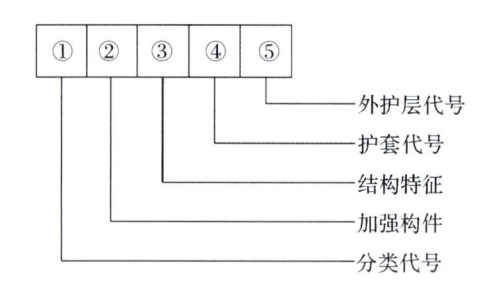

```
①  ②  ③  ④  ⑤
            │  │  └── 外护层代号
            │  └───── 护套代号
            └──────── 结构特征
         └─────────── 加强构件
      └────────────── 分类代号
```

图 2-1　光缆的型式代号构成

① 分类代号

部分分类代号基本含义见表 2-1。

表 2-1　　　　　　　　　　部分分类代号基本含义

| 分类代号 | 代号含义 | 分类代号 | 代号含义 |
| --- | --- | --- | --- |
| GY | 通信用室（野）外光缆 | GS | 通信用设备光缆 |
| GM | 通信用移动式光缆 | GH | 通信用海底光缆 |
| GJ | 通信用室（局）内光缆 | GT | 通信用特殊光缆 |

② 加强构件

加强构件是指护套内或嵌入护套中用于增强光缆抗拉力的构件。无符号表示金属加强构件，F 表示非金属加强构件。

③ 结构特征

光缆结构特征应表示出缆芯的主要结构类型和光缆的派生结构。当光缆型式有几个结构特征需要表明时，可用组合代号表示，其组合代号按下列相应的各代号自上而下的顺序排列。

　　a. 光纤组织方式

（无符号）——分立式　　　　　　　　D——光纤带式
S——固化光纤束式

注：固化光纤束式是指经固化形成一体的相对位置固定的束状光纤分布结构。

　　b. 二次被覆结构

（无符号）——光纤松套被覆结构　　　M——金属松套被覆结构
E——无被覆结构　　　　　　　　　　J——紧套被覆结构

　　c. 缆芯结构

（无符号）——层绞式结构　　　　　　G——骨架式结构
R——束状式结构　　　　　　　　　　X——中心管式结构

注：层绞式结构也包含无中心加强件的单元绞结构。

　　d. 阻水结构特征

（无符号）——全干式　　　　　　　　HT——半干式
T——填充式

e.缆芯外护套内加强层

| （无符号）——无加强层 | 0——强调无加强层 |
|---|---|
| 1——钢管 | 2——绕包钢带 |
| 3——单层圆钢丝 | 33——双层元钢丝 |
| 4——不锈钢带 | 5——镀铬钢带 |
| 6——非金属丝 | 7——非金属带 |
| 8——非金属杆 | 88——双层非金属杆 |

f.承载结构

| （无符号）——非自承式结构 |
|---|
| C——自承式结构 |

g.吊线材料

| （无符号）——金属加强吊线或无吊线 |
|---|
| F——非金属加强吊线 |

h.截面形状

| （无符号）——圆形 | 8——"8"字形状 |
|---|---|
| B——扁平形状 | E——椭圆形状 |

④护套代号

护套的代号表示出护套的材料和结构,当护套有几个特征需要表明时,可用组合代号表示,其组合代号按下列相应的各代号自上而下的顺序排列。

a.护套阻燃代号

| （无符号）——非阻燃材料护套 |
|---|
| Z——阻燃材料护套 |

注1:V、U和H护套具有阻燃特性,省略Z；注2:此处的Z只代表护套材料为阻燃材料。

b.护套结构

| 无符号——单一材质的护套 | A——铝-塑料粘接护套 |
|---|---|
| S——钢-塑料粘接护套 | W——夹带平行加强件的钢-塑料粘接护套 |
| P——夹带平行加强件的塑料护套 | K——螺旋钢管-塑料护套 |

c.护套材料

| 无符号——当与护套结构代号组合时,表示聚乙烯护套 | |
|---|---|
| Y——聚乙烯护套 | V——聚氯乙烯护套 |
| H——低烟无卤护套 | U——聚氨酯护套 |
| N——尼龙护套 | L——铝护套 |
| G——钢护套 | |

⑤外护层代号

当有外护层时,它可包括垫层、铠装层和外被层,其代号用两组数字表示(垫层不需表示),第一组表示铠装层,它可以是一位或两位数字；第二组表示外被层,它应是一位数字。当存在两层以上的外护层时,每层外护层代号之间用"+"连接。

a.铠装层代号及含义

铠装层的代号及含义见表 2-2。

表 2-2　　　　　　　　　　　铠装层的代号及含义

| 代　号 | 含　义 | 代　号 | 含　义 |
| --- | --- | --- | --- |
| 0 或(无符号)a | 无铠装层 | 5 | 镀铬钢带 |
| 1 | 钢管 | 6 | 非金属丝 |
| 2 | 绕包双钢带 | 7 | 非金属带 |
| 3 | 单层圆钢丝 | 8 | 非金属杆 |
| 33 | 双层圆钢丝 | 88 | 双层非金属杆 |
| 4 | 不锈钢带 | | |

注:a 当光缆有外被层时,用代号"0"表示"无铠装层";当光缆无外被层时,用代号"(无符号)"表示"无铠装层"。

b.外被层代号及含义

外被层的代号及含义见表 2-3。

表 2-3　　　　　　　　　　　外被层的代号及含义

| 代　号 | 含　义 | 代　号 | 含　义 |
| --- | --- | --- | --- |
| 0 或(无符号)a | 无外被层 | 5 | 尼龙套 |
| 1 | 纤维外被层 | 6 | 阻燃聚乙烯套 |
| 2 | 聚氯乙烯套 | 7 | 尼龙套加覆聚氯乙烯套 |
| 3 | 聚乙烯套 | 8 | 低烟无卤阻燃聚烯烃套 |
| 4 | 聚乙烯套加覆尼龙套 | 9 | 聚氨酯套 |

注:a 当光缆有铠装层时,用代号"0"表示"无外被层";当光缆无铠装层时,用代号"(无符号)"表示"无外被层"。

(2)光缆的规格代号

光缆的规格代号由光纤数目代号和光纤类别代号组成。当同一根光缆中有两种或两种以上规格(光纤数目和光纤类别)的光纤时,中间应用"+"号连接。

①光纤数目代号。用数字表示,即光缆中同类别光纤的实际有效数目。

②光纤类别代号。光纤类别应采用光纤产品的分类代号来表示,按照国际标准 IEC 60793-2-10:2019《光纤 第 2-10 部分:产品规范 A1 类多模光纤用分规范》等标准的规定,用大写 A 表示多模光纤,见表 2-4;用大写 B 表示单模光纤,见表 2-5;再用数字和小写字母表示不同种类、类型的光纤。

表 2-4　　　　　　　　　　　部分多模光纤类别代号含义

| 分类代号 | 特　性 | 纤芯直径/mm | 包层直径/mm | 材　料 |
| --- | --- | --- | --- | --- |
| A1a | 渐变折射率 | 50 | 125 | 二氧化硅 |
| A1b | 渐变折射率 | 62.5 | 125 | 二氧化硅 |
| A1c | 渐变折射率 | 85 | 125 | 二氧化硅 |
| A1d | 渐变折射率 | 100 | 140 | 二氧化硅 |
| A2a | 突变折射率 | 100 | 140 | 二氧化硅 |

表 2-5　　　　　　　　　　部分单模光纤类别代号含义

| 分类代号 | 名　称 | 材　料 |
|---|---|---|
| B1.1(或 B1) | 非色散位移型 | 二氧化硅 |
| B1.2 | 截止波长位移型 | 二氧化硅 |
| B2 | 色散位移型 | 二氧化硅 |
| B4 | 非零色散位移型 | 二氧化硅 |

（3）实例分析

**例 2-1**　分析光缆型号 GYTA53-24A1 的基本含义。

**分析**：GYTA53-24A1 的基本含义是通信用室（野）外光缆，金属加强构件，分立式结构，光纤松套被覆结构，层绞式结构，填充式结构，铝-塑料粘接护套，镀铬钢带铠装层，聚乙烯套外护层，内含 24 芯渐变型多模光纤。

**例 2-2**　分析光缆型号 GYDXTW-96B1 的基本含义。

**分析**：GYDXTW-96B1 的基本含义是通信用室（野）外光缆，金属加强构件，光纤带式结构，中心管式结构，填充式结构，夹带平行加强件的钢-塑料粘接护套，内含 96 芯常规单模光纤。

**例 2-3**　分析光缆型号 GJFBZY-12B1 的基本含义。

**分析**：GJFBZY-12B1 的基本含义是通信用室（局）内光缆，非金属加强构件，分立式结构，光纤松套被覆结构，层绞式结构，全干式阻水结构，扁平形状，阻燃，聚乙烯护套，内含 12 芯常规单模光纤。

### 2.1.3　光缆的选用

大致说来，中继光缆芯数少时，一般使用层绞式光缆；100 芯以下，使用骨架式或大束管式光缆；10～200 芯，使用单元式光缆；超过 200 芯时，使用带式光缆。在局内使用时，把光纤制成软线，再把软线制成软线型光缆。

对于城市内或城市间使用的中继线路，光缆中的光纤数量从几芯到两百多芯不等。上述应用于中继线路的几种光缆，一般都能满足需求。

公用通信网所用光缆一览表，见表 2-6。

表 2-6　　　　　　　　　　公用通信网所用光缆一览表

| 光缆种类 | 结　构 | 光纤芯数 | 需要条件 |
|---|---|---|---|
| 中继光缆 | 层绞式 | <10 | 低损耗、宽频带、长盘长 |
| | 骨架式 | <100 | |
| | 大束管式 | <100 | |
| | 单元式 | 10～200 | |
| | 带式 | >200 | |
| 海底光缆 | 层绞式、骨架式、大束管式、单元式 | 4～100 | 低损耗、耐水压、耐张力 |
| 用户光缆 | 单元式 | <200 | 高密度、多芯、低(中)损耗 |
| | 带式 | >200 | |
| 局内光缆 | 软线型、带式、单元式 | 2～20 | 质量轻、芯径细、柔软 |

单模光纤（Single-Mode Fiber），通常光纤表皮会标注"SM"字样，其玻璃芯很细（芯径一般

为 9 $\mu m$ 或 10 $\mu m$），只能传一种模式的光，所以其模间色散很小，适用于远程通信，但还存在材料色散和波导色散，所以单模光纤要求光源具有较窄的谱宽和较好的稳定性。在 1.31 $\mu m$ 波长区，单模光纤的材料色散和波导色散一个为正，一个为负，且大小相等，也就是说在该波长处，单模光纤的总色散为零。从光纤的损耗特性来看，1.31 $\mu m$ 波长区恰好是光纤的一个低损耗窗口，因此该波长区可以作为光纤通信较为理想的工作窗口，也是目前光纤通信系统的主要工作波段。

多模光纤（Multi-Mode Fiber），通常光纤表皮会标注"MM"字样，其玻璃芯较粗（50 $\mu m$ 或 62.5 $\mu m$），可以传多种模式的光，但其模间色散较大，且随距离的增加会更加严重，这就限制了传输时数字信号的频率。

一般来说，用户要求光纤的传输距离比较短，比如几百米，用多模光纤即可；但如果传输距离有几千米甚至更远，在不采取信号中继的情况下必须用单模光纤。

## 2.2 光缆线路工程勘测设计

### 2.2.1 光缆线路工程方案勘测

1. 光缆线路工程方案勘测的主要任务
（1）拟定光缆通信系统及光缆的规格型号；
（2）拟定工程大的路由走向及重点地段的路由方案；
（3）拟定终端站、转接站、中继站及无人站的设站方案、规模及配套工程；
（4）提出本工程的技术、经济指标和投资方案，并提出工程实施的可行性意见。

2. 光缆线路工程方案勘测的主要内容
（1）从工程沿线的相关部门收集资料。这些资料的来源是：
① 从电信部门调查收集：a. 现有的长途干线，包括电缆、光缆系统的组成、规模、容量、线路路由，长途业务量，设施发展概况以及发展前景；b. 市区相关市话管道分布、管孔占用及是否可以利用等情况；c. 沿线主要相关电信部门对工程的要求和建议；d. 现有的通信维护组织系统、分布情况。

② 从水电部门调查收集：a. 农业水利建设和发展规划，光缆线路路由上新挖河道、新修水库工程计划；b. 水底光缆过河地段的拦河坝、水闸、护堤、水下设施的现状和规划，重要地段河流的平、断面及河床土质状况，河堤加宽、加高的规划等；c. 主要河流的洪水流量，洪流出现规律，水位及其对河床断面的影响；d. 电力高压线路现状，包括地下电力电缆的位置、发展规划、路由与光缆线路路由平行段的长度、间距及交越等相互位置；e. 沿路由走向的高压线路的电压等级、电缆护层的屏蔽系数、工作电流、短路电流等。

③ 从铁道部门调查收集：a. 光缆线路路由附近的现有、规划铁路线的状况，电气化铁道的位置以及平行、交越等相互位置；b. 电气化铁道的通信线路和设施的防护情况。

④ 从气象部门调查收集：a. 路由沿途地区室外（包括地下 1.5 m 深度处）的温度资料；b. 近十年雷电日数及雷击情况；c. 沟河水流结冰、市区水流结冰以及野外土壤冻土层的厚度，持续时间及封冻、解冻时间；d. 雨季时间及雨量等。

⑤ 从农村、地质部门调查收集：a. 路由沿途土壤分布情况，土壤翻浆、冻裂情况；b. 地下水位高低，水质情况；c. 山区岩石分布，石质类型；d. 沿线地下矿藏及开采地段的地下资料；e. 农作

物、果树园林及经济作物情况,损物赔偿标准。

⑥从石油化工部门调查收集:a.油田、气田的分布及开采情况;b.输油、输气管道的路径、内压、防蚀措施以及管道与光缆线路路由间距、交越等相互位置。

⑦从公路及航运部门调查收集:a.与线路路由有关的现有及规划公路的分布;与公路交越等相互位置和对光缆沿路肩敷设、穿越公路的要求及赔偿标准;b.现有公路的改道、升级和大型桥梁、隧道、涵洞建设整修计划;c.光缆穿越的通航河流的船只种类、吨位、抛锚地段、航道疏浚及码头扩建、新建等;d.光缆线路禁止抛锚地段、禁锚标志设置及信号灯光要求;e.临时租用船只应办理的手续及租用费用标准。

⑧从城市规划及城建部门调查收集:a.城市现有及规划的街道分布、地下隐蔽工程、地下设施、管线分布,城建部门对市区光缆的要求;b.城区、郊区光缆线路路由附近影响光缆安全的工程、建筑设施;c.城市街道建筑红线的规划位置,道路横断面、地下管线的位置,指定敷设光缆的平、断面位置及相关图纸。

⑨从其他单位调查收集。

(2)光缆线路路由及站址的查勘

光缆线路路由的查勘要根据已收集到的资料到现场核对拟定光缆的线路路由,若发现情况不符,应修改该路由,选取最佳路由方案。同时还要确定特殊地段光缆线路路由的位置,拟定光缆防雷、防机械损伤、防白蚁的地段及措施。

站址的查勘就是要拟定终端站、转接站、有人中继站位置,机房内平面布置及进局(站)光缆的路由;拟定无人中继站的位置、建筑方式、防护措施、光缆进站方位等。

(3)工程方案勘测的资料整理

现场查勘结束后,应按下列要求进行资料整理,必要时写出查勘报告。

①经查勘确定的光缆线路路由、站址应绘在1∶50 000的地形图上。

②将调查到的矿区范围,水利设施,电力线路,铁道,输气、输油管线等,标注在1∶50 000的地形图上。

③将光缆线路路由总长度、站间距离及周围重要建筑设施以及路由所处的不同土质、不同地形,铁道、公路、电力线、防雷、防白蚁、防机械损伤等地段的相关长度,标注在1∶50 000的地形图上。

④列出光缆线路路由、终端站、转接站、有人及无人中继站的不同方案比较资料。

⑤统计不同敷设方式的不同结构光缆的长度、接头材料及配件数量。

⑥将查勘报告向建设单位交底,听取建设单位的意见,对重大方案及原则性问题,应呈报上级主管部门,审批后方可进行初步设计阶段的工作。

### 2.2.2 光缆线路工程设计

1.光缆线路工程路由选择总体要求

(1)长途光缆线路路由的选择,应以工程设计任务书和干线通信网规划为依据,遵循"路由稳定可靠、走向合理、便于施工维护及抢修"的原则,进行多方案技术、经济指标比较。

(2)选择光缆线路路由时,尽量兼顾国家、军队、地方的利益,多勘测、多调查,综合考虑,尽可能使其投资少、见效快。

(3)选择光缆线路路由,应以现有的地形、地物、建筑设施和既定的建设规划为主要依据,并考虑有关部门的长远发展规划。应选择路径最短、弯曲较少的路由。

(4)光缆线路路由应尽量远离干线铁路、机场、车站、码头等重要设施和相关的重大军事目标。

(5)光缆线路路由在符合路由走向的前提下,可沿公路(包括高等级公路、等级公路、非等级公路)或乡村大道敷设,但应避开路旁的地上、地下设施和道路计划扩建地段,距公路的垂直距离不宜小于 50 m。

(6)光缆线路路由应选择在地质稳固、地势平坦的地段,避开湖泊、沼泽、排涝蓄洪地带,尽可能少穿越水塘、沟渠。穿越山区时,应选择在地势起伏小、土(石)方工作量较小的地方,避开陡峭山壁、沟壑、滑坡、泥石流分布区以及水流冲刷严重的地方。

(7)光缆线路穿越河流,应选择在河床稳定、冲刷深度较浅的地方,并兼顾大的路由走向,不宜偏离太远,必要时可采用光缆飞线架设方式。对特大河流来说,可选择在桥上架设。

(8)光缆线路尽量远离水库位置,通过水库时也应设在水库的上游。当必须在水库的下游通过时,应考虑水库发生事故,危及光缆安全时的保护措施。光缆不应在坝上或坝基上敷设。

(9)光缆线路不宜穿过大的工业基地、矿区、城镇、开发区、村庄。当不能避开时,应采用修建管道等措施加以保护。

(10)光缆线路不应通过森林、果园等经济林带。当必须穿越时,应考虑经济作物根系对光缆的破坏性。

(11)光缆线路应尽量远离高压线,避开高压线杆塔及变电站和杆塔的接地装置,穿越时尽可能与高压线垂直,当有条件限制时,最小交越角不得小于 45°。

(12)光缆线路尽量少与其他管线交越,必须交越时,应在管线下方 0.5 m 以下加钢管保护。当敷设管线埋深大于 2 m 时,光缆也可从其上方适当位置通过,交越处应加钢管保护。

(13)光缆线路不宜通过存在鼠害、腐蚀和雷击的地段,不能避开时应考虑采用保护措施。

(14)光缆在接头处的预留长度应包括光缆接续长度,光纤在接头盒内的盘留长度以及光缆施工接续时所需要的长度等。光缆接头处每侧预留的长度依据敷设方式的不同而不同,一般来说,管道光缆工程为 6~10 m,直埋光缆工程为 7~10 m,架空光缆工程为 6~10 m。

(15)管道光缆每个人(手)孔中弯曲的预留长度为 0.5~1.0 m;架空光缆可在杆路路由中适当距离的电杆上预留长度;局内光缆可在进线室内预留不大于 20 m 的长度或按实际需要确定。

2.管道光缆工程

(1)管道光缆接头人(手)孔的确定应便于施工维护。

(2)管道光缆占用管孔位置的选择应符合下列规定:

①选择光缆占用的管孔时,应优先选用靠近管孔群两侧的管孔。

②同一光缆占用各段管道的管孔位置应保持不变。当管道空余管孔不具备上述条件时,应优先选用管孔群中同一侧的管孔。

③人(手)孔内的光缆应有醒目的识别标志。

(3)在人(手)孔中,光缆应采取有效的防损伤保护措施。

(4)子管的敷设安装应符合下列规定:

①子管宜采用半硬质塑料管材。

②子管数量应按管孔直径大小及工程需要确定,但数根子管的等效外径应不大于管孔内径的 90%。

③一个管孔内安装的数根子管应一次穿放且颜色不同。子管在两人(手)孔间的管道段内不应有接头。

④子管在人(手)孔内伸出长度宜在 200~400 mm。

⑤本期工程不用的子管,管口应堵塞。

⑥光缆接头盒在人(手)孔内宜安装在常年积水水位以上的位置,并采用保护托架或其他方法承托。

3. 直埋光缆工程

(1)直埋光缆线路不宜敷设在地下水位高、常年积水的地方,也避免敷设在今后可能建筑房屋、车行道的地方以及常有挖掘可能的地方。

(2)石质、半石质地段应在沟底和光缆上方各铺 100 mm 厚的细土或沙土。

(3)直埋光缆穿越电车轨道或铁路轨道时,应设于水泥管或钢管等保护管内,保护管埋设要求可参照通信管道与通道工程设计规范。

(4)直埋光缆接头盒应安置在地势平坦和地质稳固的地方,应避开水塘、河渠、沟坎、快慢车道等施工和维护不便的地点,可采用水泥盖板或其他适宜的防机械损伤的保护措施。

(5)直埋光缆线路通过村镇等动土可能性较大的地段时,可采用大长度半硬塑料管保护,穿越地段不长时,可采用铺砖或水泥盖板保护,必要时可加铺塑料标志带。

(6)直埋光缆敷设在坡度>20°、坡长>30 m 的斜坡地段时,宜采用"S"形敷设。

(7)光缆在桥上敷设时应考虑机械损伤、振动和环境温度的影响,避免在桥上做接头,并采取相应的保护措施。

4. 架空光缆工程

(1)架空光缆线路不宜选择在地质松软地区和以后可能发生线路搬迁的地方。

(2)架空光缆可用于轻、中负荷区。对于重负荷区、超重负荷区、气温低于 −30 ℃、经常遭受台风袭击的地区不宜采用架空光缆。

(3)利用现有杆路架挂光缆,应对电杆强度进行核算。新建杆路的电杆强度和杆高配置应适当兼顾加挂其他光缆或电缆的需要。

(4)架空光缆宜采用吊线架挂方式。光缆可采用电缆挂钩安装,也可采用螺旋线绑扎。

(5)直埋光缆局部架空时,可不改变光缆外护层结构。

(6)架空光缆接头盒视具体情况可安装在吊线上或电杆上,但应固定牢靠。

(7)架空光缆在交(跨)越其他缆线时,应采用纵剖半硬、硬塑料管或竹管等保护。

5. 水底光缆工程

(1)水底光缆线路的过河位置

水底光缆线路的过河位置,应选择在河道顺直、流速不大、河面较窄、土质稳固、河床平缓、两岸坡度较小的地方。不应在以下地点敷设水底光缆:

①河道的转弯处。

②两条河流的汇合处。

③水道经常变更的地段。

④沙洲附近。

⑤产生漩涡的地段。

⑥河岸陡峭、常遭激烈冲刷易塌方的地段。

⑦险工地段。

⑧有冰凌堵塞危害的地段。

⑨有拓宽和疏浚计划的地段。

⑩有腐蚀性污水排泄的地段。

⑪附近有其他水底电缆、光缆、沉船、爆炸物、沉积物等的区域,同时在码头、港口、渡口、桥梁、抛锚区、避风区和水上作业区的附近,不宜敷设水底光缆,若需敷设,要远离,在 500 m 以外。

(2)水底光缆的最小埋设深度

①枯水季节水深小于 8 m 的区域,按下列情况分别确定:河床不稳定或土质松软时,光缆埋入河底的深度不应小于 1.5 m;河床稳定或土质坚硬时,不应小于 1.2 m。

②枯水季节水深大于 8 m 的区域,一般可将光缆直接放在河底不加掩埋。

③在冲刷严重和极不稳定的区段,应将光缆埋设在变化幅度以下。如遇特殊困难,在河底的埋深不应小于 1.5 m,并根据需要将光缆做适当预留。

④有疏浚计划的区段,应将光缆埋设在计划深度以下 1.0 m 或在施工时暂按一般埋深,但需将光缆做适当预留,待疏浚时再下埋至要求深度。

⑤石质或风化石河床,埋深不应小于 0.5 m。

⑥水底光缆在岸滩比较稳定的地段,埋深不应小于 1.5 m。

⑦水底光缆在洪水季节会受到冲刷或土质松散不稳定的地段应适当增加埋深,光缆上岸的坡度不应大于 30°。

6.光(电)缆长度计取规则

(1)敷设光(电)缆长度

$$敷设光(电)缆长度 = 施工测量长度 \times (1 + K‰) + 设计预留$$

式中,$K$——自然弯曲系数;直埋光缆 $K=7$,管道、架空光缆 $K=5$。

(2)敷设光(电)缆使用长度

$$敷设光(电)缆使用长度 = 敷设光(电)缆长度 \times (1 + M‰)$$

式中,$M$——损耗系数;直埋光缆 $M=5$,管道光缆 $M=15$,架空光缆 $M=7$。

## 2.3 通信管道工程建设

(1)计算人孔坑挖深(单位:m)

人孔设计示意图如图 2-2 所示。

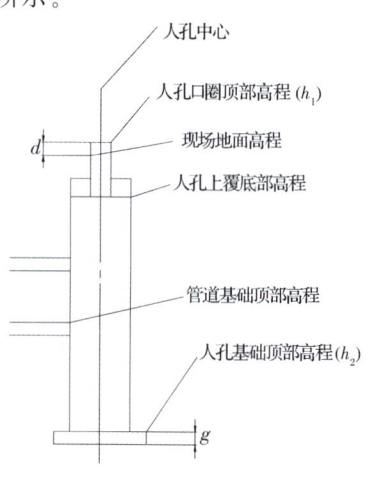

图 2-2 人孔设计示意图

$$H = h_1 - h_2 + g - d$$

式中，$H$——人孔坑挖深；$h_1$——人孔口圈顶部高程；$h_2$——人孔基础顶部高程；$g$——人孔基础厚度；$d$——路面厚度。

（2）计算管道沟挖深（单位：m）

某段管道沟挖深是在两端分别计算挖深后，取平均值，再减去路面厚度。

$$H = [(h_1 - h_2 + g)_{人孔1} + (h_1 - h_2 + g)_{人孔2}]/2 - d$$

式中，$H$——管道沟挖深（平均埋深，不含路面厚度）；$h_1$——人孔口圈顶部高程；$h_2$——管道基础顶部高程；$g$——管道基础厚度；$d$——路面厚度。

管道沟挖深和管道设计示意图如图 2-3 所示。

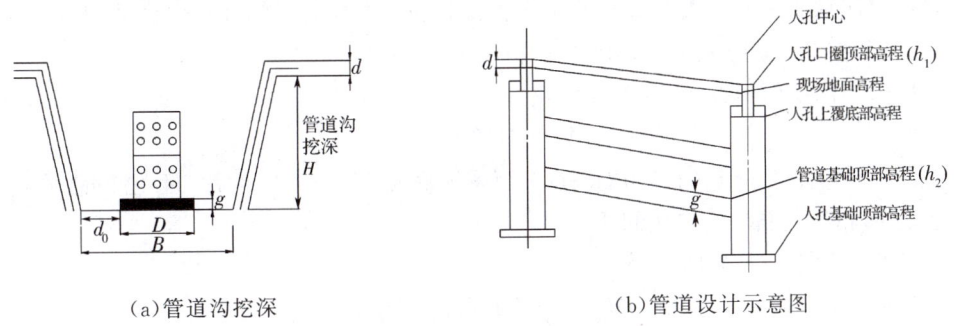

（a）管道沟挖深　　　　　　　（b）管道设计示意图

图 2-3　管道沟挖深和管道设计示意图

（3）计算开挖路面总面积（单位：100 m²）

① 开挖管道沟路面面积工程量（不放坡）

$$A = BL/100$$

式中，$A$——路面面积工程量；$B$——沟底宽度（沟底宽度 $B$ = 管道基础宽度 $D$ + 施工余度 $2d_0$）；$L$——管道沟路面长（两相邻人孔坑坑口边间距）；施工余度 $2d_0$：管道基础宽度 $D$ > 630 mm 时，$2d_0$ = 0.6 m（每侧各 0.3 m）；管道基础宽度 $D$ ≤ 630 mm 时，$2d_0$ = 0.3 m（每侧各 0.15 m）。

② 开挖管道沟路面面积工程量（放坡）

$$A = (2Hi + B)L/100$$

式中，$A$——路面面积工程量；$H$——管道沟挖深；$B$——沟底宽度（沟底宽度 $B$ = 管道基础宽度 $D$ + 施工余度 $2d_0$）；$i$——放坡系数（由设计者按规范确定）；$L$——管道沟路面长（两相邻人孔坑坑口边间距）。

③ 开挖一个人孔坑路面面积工程量（不放坡）

人孔坑开挖土（石）方示意图如图 2-4 所示。

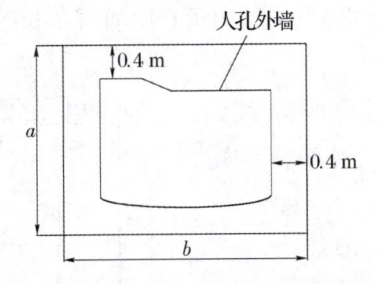

图 2-4　人孔坑开挖土（石）方示意图

$$A = ab/100$$

式中,$A$——人孔坑路面面积工程量;$a$——人孔坑坑底长度($a$=人孔外墙长度+0.8 m=人孔基础长度+0.6 m);$b$——人孔坑坑底宽度($b$=人孔外墙宽度+0.8 m=人孔基础宽度+0.6 m)。

④开挖一个人孔坑路面面积工程量(放坡)

$$A = (2Hi+a)(2Hi+b)/100$$

式中,$A$——人孔坑路面面积工程量;$H$——坑深(不包括路面厚度);$i$——放坡系数(由设计者按规范确定);$a$——人孔坑坑底长度;$b$——人孔坑坑底宽度。

⑤开挖路面总面积

开挖路面总面积=各人孔坑开挖路面面积总和+各段管道沟开挖路面面积总和

(4)计算开挖、回填土(石)方体积(单位:100 m³)

①开挖管道沟土(石)方体积(不放坡)

$$V_1 = BHL/100$$

式中,$V_1$——开挖管道沟土(石)方体积;$B$——沟底宽度;$H$——沟深(不包括路面厚度);$L$——沟长(两相邻人孔坑坑口边间距)。

②开挖管道沟土(石)方体积(放坡)

$$V_2 = (B+Hi)HL/100$$

式中,$V_2$——开挖管道沟土(石)方体积;$B$——沟底宽度;$H$——沟深(不包括路面厚度);$L$——沟长(两相邻人孔坑坑口边间距);$i$——放坡系数(由设计者按规范确定)。

③开挖一个人孔坑土(石)方体积(不放坡)

$$V_1 = abH/100$$

式中,$V_1$——开挖人孔坑土(石)方体积;$H$——人孔坑深(不包括路面厚度);$a$——人孔坑坑底长度;$b$——人孔坑坑底宽度。

④开挖一个人孔坑土(石)方体积(放坡)

$$V_2 = \left[ab+(a+b)Hi+\frac{4}{3}H^2i^2\right]H/100$$

式中,$V_2$——开挖人孔坑土(石)方体积;$H$——人孔坑深(不包括路面厚度);$a$——人孔坑坑底长度;$b$——人孔坑坑底宽度;$i$——放坡系数(由设计者按规范确定)。

⑤总开挖土(石)方体积(在无路面情况下)

总开挖土(石)方体积=各人孔坑开挖土(石)方体积总和+各段管道沟开挖土(石)方体积总和

⑥光(电)缆沟土(石)方开挖工程量(或回填量)

石质光(电)缆沟和土质光(电)缆沟结构示意图如图2-5所示。

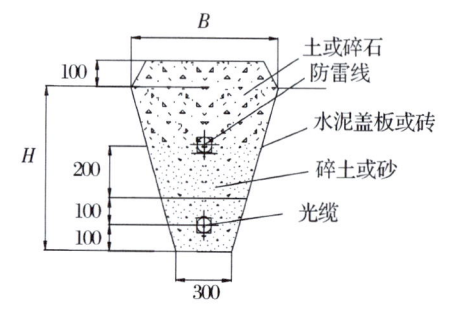

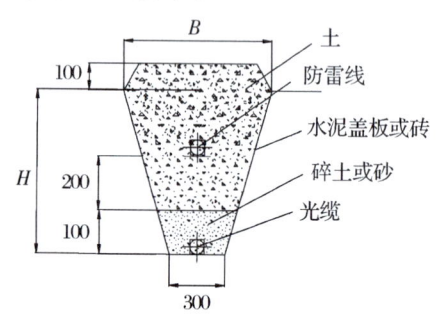

(a)石质光(电)缆沟　　(b)土质光(电)缆沟

图2-5　石质光(电)缆沟和土质光(电)缆沟结构示意图(单位:mm)

$$V=[(B+0.3)HL/2]/100$$

式中，$V$——光(电)缆沟土(石)方开挖工程量(或回填量)；$B$——沟上口宽；0.3——沟下底宽；$H$——沟深；$L$——沟长。

⑦通信管道回填土(石)方工程量

通信管道回填土(石)方工程量＝[开挖管道沟土(石)方体积＋人孔坑土(石)方体积]－(管道建筑体积＋人孔建筑体积)

其中：管道建筑体积含基础、管群、包封。埋式光(电)缆沟土(石)方回填量等于开挖量，光(电)缆本身体积忽略不计。

(5) 通信管道工程

通信管道工程包括铺设各种通信管道及砖砌人(手)孔等工程。当人孔净空高度大于标准图设计时，其超出定额部分应另行计算工程量。

①混凝土管道基础工程量(单位：100 m)

$$数量\ n=\sum_{i=1}^{m}L_i/100$$

式中，$\sum_{i=1}^{m}L_i$——$m$ 段同一种管群组合的管道总长度；$L_i$——第 $i$ 段管道的长度。

②铺设水泥管道工程量(单位：100 m)

$$数量\ n=\sum_{i=1}^{m}L_i/100$$

式中，$\sum_{i=1}^{m}L_i$——$m$ 段同一种管群组合的管道总长度；$L_i$——第 $i$ 段管道的长度(两相邻人孔中心间距)。

③通信管道包封混凝土工程量(单位：m)

$$包封体积\ V=V_1+V_2+V_3$$

其中，$V_1=2(d-0.05)gL$；$V_2=2dHL$；$V_3=(b+2d)dL$。

式中，$V_1$——管道基础侧包封混凝土体积；$V_2$——管道基础以上管群侧包封混凝土体积；$V_3$——管道顶包封混凝土体积；$d$——包封厚度(左、右和上部相等)；0.05——管道基础每侧外露宽度；$g$——管道基础厚度；$L$——管道基础长度；$H$——管群侧高。

通信管道包封示意图如图 2-6 所示。

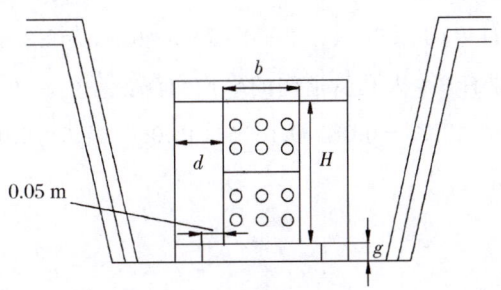

图 2-6　通信管道包封示意图

④无人孔部分砖砌通道工程量(单位:100 m)

$$数量\ n = \sum_{i=1}^{m} L_i / 100$$

式中,$\sum_{i=1}^{m} L_i$——m 段同一种型号通道总长度;$L_i$——第 i 段通道长度(两相邻人孔中心间距减去 1.6 m)。

⑤混凝土基础加筋工程量(单位:100 m)

$$数量\ n = L/100$$

式中,L——除管道基础两端 2 m 以外的需加筋的管道基础长度。

其实,对于标准的通信管道工程建设,其主要工程量可以通过查阅预算定额手册《通信管道工程》的附录部分获得。

**例 2-4** 如图 2-7 所示,求:(1)新建 1#人孔的挖深;(2)新建 1#人孔至原有 3#人孔管道沟的平均沟深。

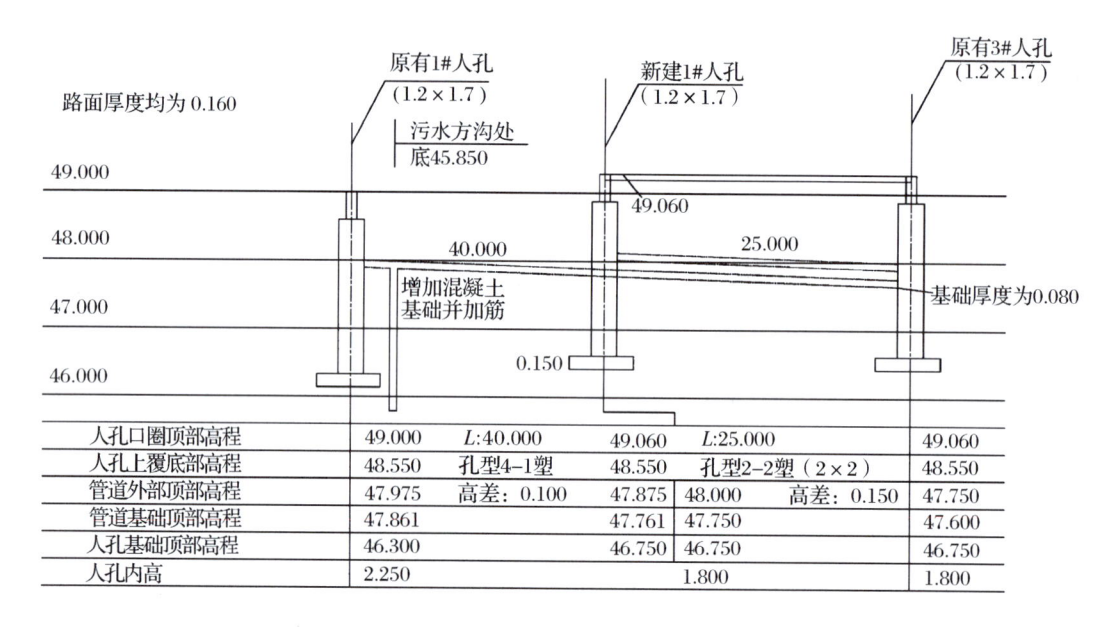

| | 原有1#人孔 | | 新建1#人孔 | | 原有3#人孔 |
|---|---|---|---|---|---|
| 人孔口圈顶部高程 | 49.000 | L:40.000 | 49.060 | L:25.000 | 49.060 |
| 人孔上覆底部高程 | 48.550 | 孔型4-1塑 | 48.550 | 孔型2-2塑(2×2) | 48.550 |
| 管道外部顶部高程 | 47.975 | 高差:0.100 | 47.875 | 48.000 高差:0.150 | 47.750 |
| 管道基础顶部高程 | 47.861 | | 47.761 | 47.750 | 47.600 |
| 人孔基础顶部高程 | 46.300 | | 46.750 | 46.750 | 46.750 |
| 人孔内高 | 2.250 | | | 1.800 | 1.800 |

图 2-7 管道高程示意图(单位:m)

**解**:(1)新建 1#人孔的挖深:

$$H = (49.06 - 46.75 + 0.15 - 0.16)\ \text{m} = 2.3\ \text{m}$$

(2)新建 1#人孔至原有 3#人孔管道沟的平均沟深:

$$H_{平均} = [(49.06 - 47.75 + 0.08 - 0.16) + (49.06 - 47.6 + 0.08 - 0.16)]/2\ \text{m}$$
$$= 1.305\ \text{m}$$

**例 2-5** 根据例 2-4 所得结果,若新建 1# 人孔的外墙长度为 2.5 m,外墙宽度为 2.0 m,分别计算不放坡和放坡时开挖人孔坑土方体积。(放坡系数取定为 0.33)

**解**:(1)不放坡时:

$$a = 2.5 + 0.4 \times 2 = 3.3 \text{ m}$$

$$b = 2.0 + 0.4 \times 2 = 2.8 \text{ m}$$

$$V_{不放坡} = a \times b \times H = 3.3 \times 2.8 \times 2.3 = 21.252 \text{ m}^3$$

(2)放坡时:

$$S_{上口} = (a + 2Hi) \times (b + 2Hi) = (3.3 + 2 \times 2.3 \times 0.33) \times (2.8 + 2 \times 2.3 \times 0.33) \approx 20.804 \text{ m}^2$$

$$S_{下口} = a \times b = 3.3 \times 2.8 = 9.24 \text{ m}^2$$

$$V_{放坡} = H \times (S_{上口} + S_{下口} + \sqrt{S_{上口} \times S_{下口}})/3$$

$$= 2.3 \times (30.044 + \sqrt{192.192})/3 \approx 33.662 \text{ m}^3$$

# 学习单元 3　移动通信基站工程设计

## 3.1　分工界面

分工是为了系统各模块能相互无缝衔接,通信系统越来越庞大,分工也随之增多,分工的接口界面变得更加复杂,因此,设计人员应根据工程的实际情况做好责任分工,并依据通信系统建设原则、功能原则做好分工界面图。通信系统各专业之间需要通过联系才能实现配合功能,各专业之间有相应衔接链路。

系统的迅速膨胀,使得接口数量呈大幅度增长趋势,为了更好地操作与维护各系统,出现了系统间的接口设备,即两个专业系统互通要通过的设备,这种系统间的信息交互称为界面交换。

交换、无线以及数据设备都是面向用户的网络设备,称为应用系统设备,对应的系统称为应用系统;其他的系统称为支撑型系统,如电源系统、传输系统、计费系统、网管系统以及监控系统等。

下面以 TD-SCDMA 基站系统为例,给出其分工界面,如图 3-1 所示。一般用虚线表示所涉及的设备、材料等由建设方提供,而用实线表示所涉及的设备、材料等由厂商提供;用空心圆圈表示端子由建设方提供,而用实心圆圈表示端子由厂商提供。

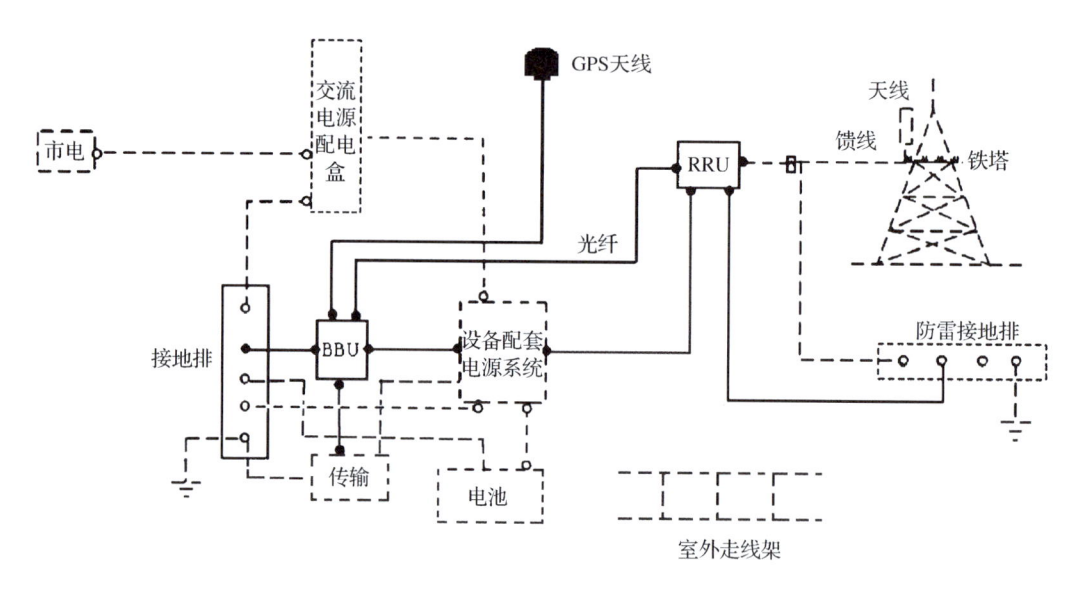

图 3-1　TD-SCDMA 基站系统分工界面

## 3.2　机房工艺和布局要求

### 3.2.1　总体要求

机房分为原有机房和新建机房,勘测时需要对机房的工艺有一些认识。对于外围而言,就是机房选址是否合适,应该选在什么地方;对于内部而言,就是作为安装设备的基础条件是否具备,如果具备,设备在后续安装中遇到问题就能够及时解决。判断什么样的机房适合通信设备的安装,如不适合,从哪些方面改进;了解什么级别的设备在哪种级别的机房内安装。站址选用原则应符合《通信建筑工程设计规范》(YD 5003—2014)的要求,具体信息如下:

(1)局、站址应有安全环境,不应选择在生成及储存易燃、易爆、有毒物质的建筑物和堆积场附近。

(2)局、站址应避开断层、土坡边缘、故河道,有可能塌方、滑坡、泥石流及含氡土壤的威胁和有开采价值的地下矿藏或古迹遗址的地段,不利地段应采取可靠措施。

(3)局、站址不应选择在易受洪水淹灌的地区;无法避开时,可选在场地高程高于计算洪水水位 0.5 m 以上的地方;仍达不到上述要求时,应符合 GB 50201—2014《防洪标准》的要求。

(4)局、站址应有较好的卫生环境,不宜选择在生产过程中散发有害气体、较多烟雾、粉尘、有害物质的工业企业附近。

(5)除营业厅外,局、站址应有安静的环境,不宜选在城市广场、闹市地带、汽车停车场、火车站以及有较大震动和较强噪声的工业企业附近。

(6)局、站址选择时应满足通信网络规划和通信技术要求,并应结合水文、气象、地理、地形、地质、地震、交通、城市规划、土地利用、名胜古迹、环境保护、投资效益等因素及生活设施综合比较选定。场地建设不应破坏当地文物、自然水系、湿地、基本农田、森林和其他保护区。

(7)局、站址的占地面积应满足业务发展的需要,局址选择时应节约用地。

（8）局、站址选择时应考虑邻近的高压电站、高压输电线铁塔、交流电气化铁道、广播电视台、雷达站、无线电台及磁悬浮列车输变电系统等干扰源的影响。安全距离按相关规范确定。

（9）局、站址选择时应符合通信安全保密、国防、人防、消防等要求。

（10）局、站址选择时应有可靠的电力供应。

（11）市内有多个局、站址时，不同局、站址之间应有一定距离，且分布于城市的不同方向。局、站址宜选择交通便利、传输缆线出入方便的位置；本地网通信楼的局址，应置于或接近用户线路网的中心。

（12）局、站址选择时应考虑对周围环境的影响及防护对策。通过天线发射产生电磁波辐射的通信工程项目选址对周围环境的影响应符合 GB 8702—2014《电磁环境控制限值》的要求。

（13）地球站站址选择时应满足其系统间的干扰容限要求。周围的电场强度应执行 GB 4824—2019《工业、科学和医疗设备 射频骚扰特性 限值和测量方法》的规定。

### 3.2.2 机房工艺要求

（1）机房空间

机房内使用面积应能满足通信建设长远规划要求，能满足将来业务需求的设备安装要求。可根据现有装机容量及可预见的装机要求确定机房的建筑面积。

（2）机房地面、墙面、屋顶

①对地面的要求。地面应坚固耐久，防止不均匀下沉。表面光洁、不起灰，易于清洁。建议采用水磨石或深灰色地面。无论是平房地面还是楼层地面，承重需考虑设备荷载。

②对墙面的要求。墙面应坚固耐久、平整，防止起皮、脱落、积灰，易于清洁。墙的饰面色彩应以明快、淡雅为宜。

③对屋顶的要求。屋顶应坚固耐久、平整，防止起皮、脱落、积灰，能做吊挂，灯具安装应牢固。顶面和墙面的颜色及喷涂材料应一致。屋顶上面应做防水处理，应有隔热层。

（3）机房门窗

①各机房的大门应向外开，采用单扇门，门洞宽 1.0 m，门扇高不小于 2.0 m；大门采用防盗门，条件许可时应加装门禁系统，以便统一管理，做好安全防范工作。

②为了减少外部灰尘进入机房内部，机房不设窗户。

（4）机房照明

①机房的主要光源应采用 40 W 荧光灯，灯管的安装位置不能在走线架正上方，尽量采用吸顶式安装，交换机房的光照强度为 150 lx。

②照明电缆应与工作电缆（设备用电及空调用电）分开布放。

③各机房内均应安装电源插座（单相、三相）1 个，插座应安装在设备附近的墙上，距地 0.3 m。

（5）机房耐火等级

①每个机房内均应设烟感报警器和灭火装置（两套），耐火等级不低于二级。

②在标准耐火试验条件下，建筑构件、配件或结构从受到火的作用时起，到失去稳定性、完整性或隔热性时止的这段时间，用小时表示。具体耐火等级见表 3-1。

表 3-1　　　　　　　　　　　　　　　耐火等级

| 名称 | | 耐火等级 | | | |
|---|---|---|---|---|---|
| 构件 | | 一级 | 二级 | 三级 | 四级 |
| 墙 | 防火墙 | 不燃烧体 3.00 | 不燃烧体 3.00 | 不燃烧体 3.00 | 不燃烧体 3.00 |
| | 承重墙 | 不燃烧体 3.00 | 不燃烧体 2.50 | 不燃烧体 2.00 | 不燃烧体 0.50 |
| | 楼梯间和电梯井的墙 | 不燃烧体 2.00 | 不燃烧体 2.00 | 不燃烧体 1.50 | 不燃烧体 0.50 |
| | 疏散走道两侧的隔墙 | 不燃烧体 1.00 | 不燃烧体 1.00 | 不燃烧体 0.50 | 不燃烧体 0.25 |
| | 非承重外墙 | 不燃烧体 0.75 | 不燃烧体 0.50 | 不燃烧体 0.50 | 不燃烧体 0.25 |
| | 房间隔墙 | 不燃烧体 0.75 | 不燃烧体 0.50 | 不燃烧体 0.50 | 不燃烧体 0.25 |
| 柱 | | 不燃烧体 3.00 | 不燃烧体 2.50 | 不燃烧体 2.00 | 不燃烧体 0.50 |
| 梁 | | 不燃烧体 2.00 | 不燃烧体 1.50 | 不燃烧体 1.00 | 不燃烧体 0.50 |
| 楼板 | | 不燃烧体 1.50 | 不燃烧体 1.00 | 不燃烧体 0.75 | 不燃烧体 0.50 |
| 屋顶承重构件 | | 不燃烧体 1.50 | 不燃烧体 1.00 | 不燃烧体 0.50 | 燃烧体 |
| 疏散楼梯 | | 不燃烧体 1.50 | 不燃烧体 1.00 | 不燃烧体 0.75 | 燃烧体 |
| 吊顶(包括吊顶格栅) | | 不燃烧体 0.25 | 不燃烧体 0.25 | 不燃烧体 0.15 | 燃烧体 |

(6)机房温湿度

①电信机房及控制室内应放置长年运转的恒温恒湿空调设备,并要求机房在任何情况下均不得出现结露状态。电信机房内按信息产业部所提的规范要求,其温湿度范围应有如下标准:温度 15～28 ℃(设计标准 24 ℃),湿度 40%～65%(设计标准 55%)。

②机房温湿度主要依靠空调设备调节,所安装的空调应具备来电自启动功能及远程监控接口。空调电源线应从交流配电箱中引接,空调电源线不能在走线架上布放,应沿墙壁布放,并用 PVC 管保护。

(7)走线方式

①基站机房采用上走线方式,机房内电源线和信号线在走线架上应分开布放。

②电缆走线架宽度根据线缆规格、数量定制。

③线缆布放时尽量距离短而整齐,排列有序,信号电缆与电力电缆应分别由不同路由敷设,如采用同一路由布放,电缆之间平行距离应保持至少 100 mm。电力电缆应加塑料管保护。

(8)防雷与接地

①移动通信基站机房应有完善的防直击雷及抑制二次感应雷的防雷装置(避雷网、避雷带、接闪器等)。

②机房顶部的各种金属设施,均应分别与屋顶避雷带就近连通。机房屋顶的彩灯应安装在避雷带下方。

③机房内走线架、吊挂铁件、机架或机壳、金属通风管道、金属门窗等均应做保护接地。保护接地引线一般宜采用截面积不小于 35 $mm^2$ 的多股铜导线。

④机房地网应沿机房建筑物散水点外设环形接地装置,同时还应利用机房建筑物基础横竖梁内两根以上主钢筋共同组成机房地网。当机房建筑物基础有地桩时,应将地桩内两根以上主钢筋与机房地网焊接连通。

⑤地网与机房地网之间应每隔 3～5 m 相互焊接连通一次,连接点不应少于两点。当通信铁塔位于机房屋顶时,铁塔四脚应与屋顶避雷带就近不少于两处焊接连通,同时宜在机房地

网四角设置辐射式接地体,便于雷电流散流。

(9)市电引入

接入机房供电的市电至少为三类市电,要求有一路可靠市电引入,市电引入方式为直埋或架空电力电缆引入基站机房。交流电源质量要求:

①供电电压:三相380 V,电压波动范围为323~418 V。

②市电引入容量:计算后容量应为规划机房容量。

③交流引入线采用三相五线:保护接地线单独引入,交流零线严禁与保护接地线、工作地线相连。如机房所在区域地处偏远,引入交流电压不稳,有较大的波动,可在市电引入机房后加装交流稳压器或采用专用变压器。

(10)机房节能环保

机房节能环保主要包括通信设备节能、配电系统节能、机房环境节能以及机房建筑节能等。

### 3.2.3 机房布局要求

(1)设备布置的基本原则

①近、远期统一规划,统筹安排。设备布置应根据近、远期规划统一安排,做到近、远期结合,以近期为主。除标明本期设备外,还需标出扩容设备位置。

②机房利用率最大化。设备布局应有利于提高机房面积和公用设备的利用率。

③布线规范。设备布置应使设备之间的布线路由合理、整齐,尽可能地减少交叉和往复,使布线距离最短。

④便于操作与维护。设备布置应便于操作、维护、施工和扩容。操作维护量大的设备(如配线架)应尽量安装在距门口较近的地方。

⑤整齐性、美观性。设备布置应考虑整个机房的整齐和美观。面积较大(20 m² 以上)的机房应考虑留一条维护走道。

⑥设备摆放要考虑线缆的走向,相互配合,同类型的设备尽量放在一起。

⑦深度设计要求:遵循系统间的配合原则,接口是否一致,包括接口的类型、数量是否匹配。

⑧运营商选择设备。遵循成熟性、经济性、可扩容性、简易维护操作性等原则。

⑨机房的类型及征地面积要求。新建机房一般建在塔的旁边、塔下、楼顶;TD 接入机房面积一般要求在 12~25 m²,有长方形、近似正方形、塔内正方形三种类型。

在楼顶和塔下建机房时,一般情况下采用铁皮机房:周期短,不需养护,但成本较高,建成后即可投入使用,一般周期在 3 天左右。注意:在塔下建机房时,必须等到铁塔建完后,才能建设机房。建砖房时,周期较长,一般在 15 天左右,但成本相对铁皮机房低。

征地面积要求如下:

单管塔和塔边房,征地面积为:10 m×6 m=60 m²

角钢塔和塔边房,征地面积为:15 m×10 m=150 m²

单管塔和塔下房,征地面积为:10 m×10 m=100 m²

(2)机房平面布局实例

机房平面布局如图 3-2、图 3-3 所示,设备清单见表 3-2。

①设计方案一(图3-2)

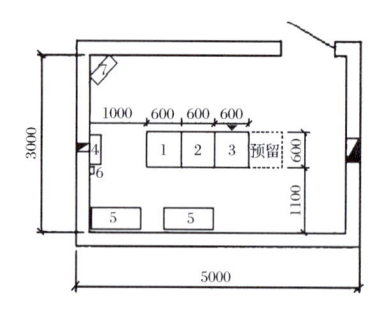

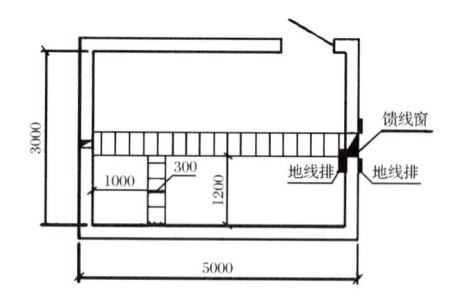

图3-2 TD-SCDMA基站设计方案一

②设计方案二(图3-3)

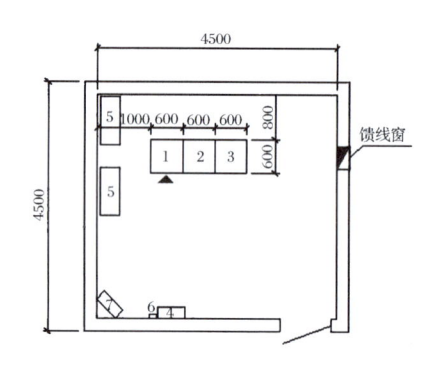

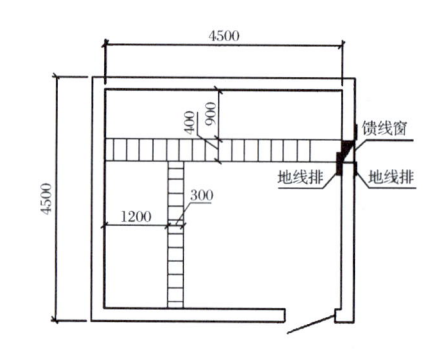

图3-3 TD-SCDMA基站设计方案二

表3-2　　　　　　　　　　TD-SCDMA基站设备清单

| 序号 | 设备名称 | 设备规格 | 设备尺寸(长×宽×高/mm³) | 单位 | 数量 | 备注 |
| --- | --- | --- | --- | --- | --- | --- |
| 1 | 开关电源 | PS48300-1B/30-150A | 600×600×2 000 | 架 | 1 | |
| 2 | 综合柜 | | 600×600×2 000 | 架 | 1 | |
| 3 | 基站设备 | | 600×600×1 560 | 架 | 1 | |
| 4 | 交流配电箱 | | | 架 | 1 | |
| 5 | 蓄电池 | 400 Ah | | 组 | 2 | |
| 6 | 浪涌抑制器 | | | 个 | 1 | |
| 7 | 空调 | | | 架 | 1 | |

## 3.3 机房勘测设计

### 3.3.1 机房勘测

(1)勘测准备

在进行机房勘测之前应做好如下准备工作:

①落实勘测的具体日期和相关联络人。

②制订可行的勘测计划,包括勘测路线、日程安排及相关联系人。

③确认前期规划方案,包括机房位置、设备配置和天线类型等。

④了解本期工程设备的基本特性,包括设备供应商、基站、天馈系统、电源设备以及蓄电池等。

⑤对已有机房的勘测,应在勘测前打印出现有基站图纸,以便进行现场核实,节省勘测的时间。

⑥配备必要的勘测工具,包括 GPS、皮尺、指北针、钢卷尺、数码相机、测距仪、测高仪以及笔记本电脑等。

(2)勘测草图绘制

机房勘测草图内容及注意事项如下:

①机房平面图(原有机房和新建机房)。

②天馈线安装示意图。

③建筑立面图、天线安装位置、馈线路由图、铁塔位置、抱杆位置、记录天面勘测内容。

④应反映出防雷接地情况。

⑤勘测时,尽量把所有相关的情况信息都记录下来,如记录不够详细,拍照存档。

(3)勘测步骤

机房勘测步骤如下:

①记录所选站址建筑物的地址信息、所属信息等。

②记录机房的基本信息,包括建筑物总楼层,机房所在楼层,结合室外天面草图画出建筑内机房所在位置的侧视图,画出机房平面图草图。

③机房内设备勘测,确定走线架、馈线窗位置。

④了解市电引入情况或机房内交直流供电情况,做详细记录,拍照存档。

⑤了解传输情况,如传输方式、容量、路由、DDF 端子使用情况等。

⑥确定机房防雷接地情况。

⑦必要时对机房局部特别情况拍照。

天馈系统勘测步骤如下:

①基站经纬度、天线安装位置、方位角和下倾角、馈线走线路由、室外防雷情况。

②绘制天馈系统安装草图。

③拍摄基站所在地全貌。

④绘制室外草图,包括塔桅与机房位置,馈线路由、主要障碍物、共址塔桅的相对位置等。

⑤尽可能真实地记录基站周围环境,铁塔、机房位置和主要障碍物,以备日后分析研究之需。

### 3.3.2 机房设计

机房设计主要包括移动基站设备及配套机架、传输综合柜、电源系统以及走线架等的安装设计。下面重点介绍一下电源系统的设计。

移动基站电源系统一般由市电、组合电源架、蓄电池组、用电设备构成,并配备移动油机组,如图 3-4 所示。

(1)蓄电池容量计算与选型

计算公式如下:

$$Q \geqslant \frac{KIT}{\eta[1+\alpha(t-25)]}$$

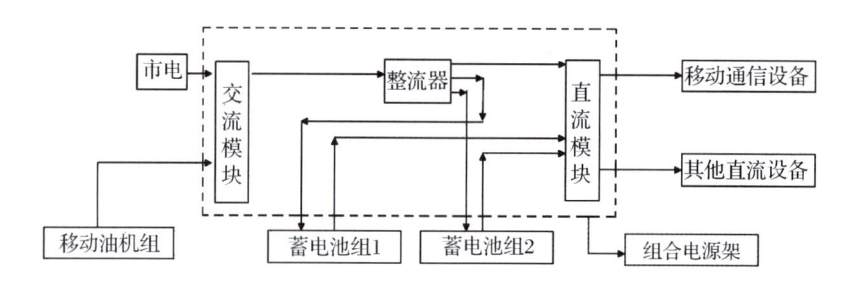

图 3-4 移动基站电源系统组成

其中,字母说明如下。

$T$——蓄电池放电时间。一般来说,一类市电为 1 小时,二类市电为 2 小时,三类市电为 3 小时,四类市电为 10 小时。

$t$——机房最低环境温度。

$K$——安全系数,一般取值为 1.25。

$\alpha$——电池温度系数。取值如下:$\alpha=0.006$,放电小时率≥10;$\alpha=0.008$,1≤放电小时率<10;$\alpha=0.01$,放电小时率<1。

$\eta$——蓄电池逆变效率。一般取值为 0.75。

$I$——放电电流。放电电流即机房内所有直流设备的最大负载电流之和,包括数据设备、传输设备、无线设备以及其他设备的直流用电。

**例 3-1** 假设机房直流电压均为 $-48$ V,近期各设备负荷如下:传输设备 20 A、数据设备 60 A、其他设备(不含无线专业)20 A,采用高频开关电源供电。统计无线专业的负荷容量并计算蓄电池的总容量及选定的配置情况。

(假设 $K$ 取 1.25,放电时间 $T$ 为 3 小时,不计最低环境温度的影响,即假设 $t=25$ ℃,蓄电池逆变效率 $\eta$ 为 0.75,电池温度系数 $\alpha=0.006$。)

**分析**:已知 $K=1.25$,$T=3$ h,$\eta=0.75$,$\alpha=0.006$,$t=25$ ℃。

假定通过无线设备手册查询得知:基站设备 B328 满负荷功耗为 400 W,R08 满负荷功耗为 200 W,每个 B328 最多可带 3 个 R08。考虑到近期规划,本次工程安装两套 B328,因此最多可配置 6 个 R08。

无线设备总功耗可以定为 $400\times2+200\times6=2\,000$ W,直流电流 $I_{无线}\approx2\,000/50=40$ A。

则总的放电电流 $I=20+60+20+40=140$ A

依据计算公式得:$Q\geqslant1.25\times140\times3/0.75=700$ Ah

蓄电池一般分两组安装,此时每组蓄电池的额定容量按照 1/2 计算容量来选择。选择的总容量略大于计算容量。

即:$Q\times1/2\geqslant350$ Ah

根据计算结果可以选用相应型号的设备,因此,应选取两个 SNS-400Ah 的蓄电池组,两组蓄电池总容量为 800 Ah。见表 3-3。

表 3-3　　　　　　　　　　　　蓄电池组型号一览表

| 序号 | 系列 | 组电压 | 排列方式 | 规格/mm 长 | 规格/mm 宽 | 规格/mm 高 | 质量/kg | 荷载/kg·m⁻² | 备注 |
|---|---|---|---|---|---|---|---|---|---|
| 1 | SNS-300Ah | 48 V | 双层双列 | 933 | 495 | 1 032 | 530 | 1 322 | |
| | | | 单层双列 | 1 746 | 495 | 412 | 522 | 636 | |
| | | | 双层单列 | 1 776 | 293 | 1 032 | 535 | 1 105 | |
| 2 | SNS-400Ah | 48 V | 双层双列 | 1 128 | 566 | 1 042 | 734 | 1 350 | |
| | | | 单层双列 | 2 118 | 566 | 422 | 720 | 703 | |
| | | | 双层单列 | 2 156 | 338 | 1 042 | 835 | 1 421 | |
| 3 | SNS-500Ah | 48 V | 双层双列 | 1 198 | 656 | 1 042 | 835 | 1 421 | |
| | | | 单层双列 | 2 195 | 656 | 422 | 823 | 743 | |
| | | | 双层单列 | 2 233 | 383 | 1 042 | 839 | 1 285 | |
| 4 | SNS-600Ah | 48 V | 双层双列 | 998 | 990 | 1 032 | 1 060 | 1 170 | |
| | | | 单层双列 | 1 811 | 990 | 412 | 1 044 | 578 | |
| | | | 双层单列 | 1 841 | 495 | 1 032 | 1 069 | 1 184 | |
| 5 | SNS-800Ah | 48 V | 双层双列 | 1 213 | 970 | 1 162 | 1 496 | 1 607 | |
| | | | 单层双列 | 2 210 | 970 | 432 | 1 470 | 837 | |
| | | | 双层单列 | 2 248 | 545 | 1 162 | 1 497 | 1 517 | |

(2)开关电源容量计算与选型

开关电源整流模块的容量主要依据额定输出电流来选取。其电流 $I_k$ 满足以下条件:

$$I_k \geqslant I + I_c$$

其中,$I$ 为直流设备最大负荷电流,即放电电流值。

$I_c$ 为蓄电池充电电流,若为 10 小时允冲电流,则对于电网较好的站,可取 $I_c = (0.1 \sim 0.15) \times Q$。

整流模块数目选择原则:当整流模块数目小于 10 时,整流模块数目按照 $n+1$ 冗余原则确定;当整流模块数目大于 10 时,每 10 个要备用一个。则整流模块数目 $n$ 计算如下:

$$n \geqslant I_k / I_{me}$$

其中,$I_{me}$ 为单个整流模块的额定输出电流。

**例 3-2** 假设机房直流电压均为 −48 V,近期各设备负荷如下:传输设备 20 A、数据设备 60 A、其他设备(不含无线专业)20 A,采用高频开关电源供电。(假设 $K$ 取 1.25,放电时间 $T$ 为 3 小时,不计最低环境温度的影响,即假设 $t = 25$ ℃,蓄电池逆变效率 $\eta$ 为 0.75,电池温度系数 $\alpha = 0.006$)。结合例 3-1 计算出的蓄电池总容量,蓄电池按照 10 小时允冲电流考虑,计算开关电源配置容量并选择型号。

**分析:** 根据计算公式 $I_k \geqslant I + I_c$,由例 3-1 计算得知,$I = 140$ A。

由题意知:$I_c$ 为 10 小时允冲电流,则 $I_c = 800 \times 0.15 = 120$ A。

即:$I_k \geqslant 260$ A,假设供选用开关电源的单个整流模块额定输出电流 $I_{me}$ 为 30 A,$n \geqslant I_k / I_{me} = 260/30 \approx 9$,依据整流模块数目选择原则,整流模块数目应取 10 个,查看表 3-4 可知所选用设备型号为 PS48300-1B/30-300A。

表 3-4　　　　　　　　　　　开关电源设备型号一览表

| 序号 | 产品型号 | 单位 | 整流模块数目/个 | 规格尺寸(高×宽×深/mm³) | 荷载/kg·m⁻² |
|---|---|---|---|---|---|
| 1 | PS48300-1B/30-180A | 架 | 6 | 2 000×600×600 | 435 |
| 2 | PS48300-1B/30-210A | 架 | 7 | 2 000×600×600 | 442 |
| 3 | PS48300-1B/30-240A | 架 | 8 | 2 000×600×600 | 458 |
| 4 | PS48300-1B/30-270A | 架 | 9 | 2 000×600×600 | 465 |
| 5 | PS48300-1B/30-300A | 架 | 10 | 2 000×600×600 | 480 |
| 6 | PS48600-2B/50-400A | 架 | 8 | 2 000×600×600 | 520 |

（3）交流配电箱容量计算与选型

$I_e \geq S_e/(3 \times 220)$。

$S_e \geq S/0.7$（变压器所带负载为额定负载的 0.7～0.8）。

$S = K_0 \times P_有$，这里仅考虑有功功率，若考虑无功功率和无功功率补偿，则计算公式为 $S = K_0 \times [P_有^2 + (P_有 - P_补)^2]^{1/2}$。

上述字母说明如下：

$S$——全局所有交流负荷，包括设备用电、生活用电、照明用电等。

$S_e$——变压器的额定容量。

$K_0$——同时利用系数，一般取 $K_0 = 0.9$。

$I_e$——交流配电箱(配电屏)的每相电流。

**例 3-3**　已知照明用电、空调功率为 5 000 W，监控设备以及其他设备功率为 2 000 W，其他条件同例 3-1，计算交流配电箱的容量及选型。

**分析：** 整流模块功率为 260×50＝13 000 W。

由题目可知，照明用电、空调功率为 5 000 W，监控设备以及其他设备功率为 2 000 W。若不考虑无功功率，全局所有交流负荷 $S$ 计算如下：

$$S = K_0 \times P_有 = 0.9 \times (13\,000 + 5\,000 + 2\,000) = 20\,000 \times 0.9 = 18 \text{ kVA}$$

则

$$S_e = 18/0.7 \approx 26 \text{ kVA}$$

因此，$I_e \geq S_e/(3 \times 220) = 26 \times 1\,000/660 \approx 40$ A。查表 3-5 可知选用交流配电箱规格型号为 380V/100A/3P。

表 3-5　　　　　　　　　　　交流配电箱设备型号一览表

| 序号 | 名称 | 规格型号 | 外形尺寸(高×宽×深/mm³) | 单位 |
|---|---|---|---|---|
| 1 | 交流配电箱 | 380V/100A/3P | 600×500×200 | 套 |
| 2 | 交流配电箱 | 380V/150A/3P | 700×500×200 | 套 |
| 3 | 交流配电箱 | 380V/200A/3P | 800×500×200 | 套 |

（4）电源线径的确定

电源线径可以根据电流及压降（ΔU）来计算，公式如下：

$$S = \sum I \times L/(r \times \Delta U)$$

其中，$S$ 为电源线截面积(mm²)；$\sum I$ 为流过的总电流(A)；$L$ 为该段线缆长度(m)；$\Delta U$ 为该段线缆的允许电压(V)；$r$ 为该段线缆的导电率(铜质为 54.4 S/m，铝质为 34 S/m)。$\Delta U$ 的取值规则为：从蓄电池组至直流电源时，$\Delta U \leqslant 0.2$ V；从直流电源至直流配电箱时，$\Delta U \leqslant 0.8$ V；从直流配电箱至设备机架时，$\Delta U \leqslant 0.4$ V。

**例 3-4**　计算蓄电池组与开关电源之间的连接线缆的线径，假定线缆长度为 20 m。

**分析**：首先其必须满足市电停电时的所有负荷要求，即最大电流为 $\sum I = 150$ A，$L = 20$ m，采用铜导线 $r = 54.4$ S/m，$\Delta U = 0.2 + 0.8 = 1.0$ V，则：$S = \sum I \times L / (r \times \Delta U) = 150 \times 20 / (54.4 \times 1.0) \approx 55.15$ mm²，因此可以选用 70 mm² 线径的线缆。

## 知识归纳

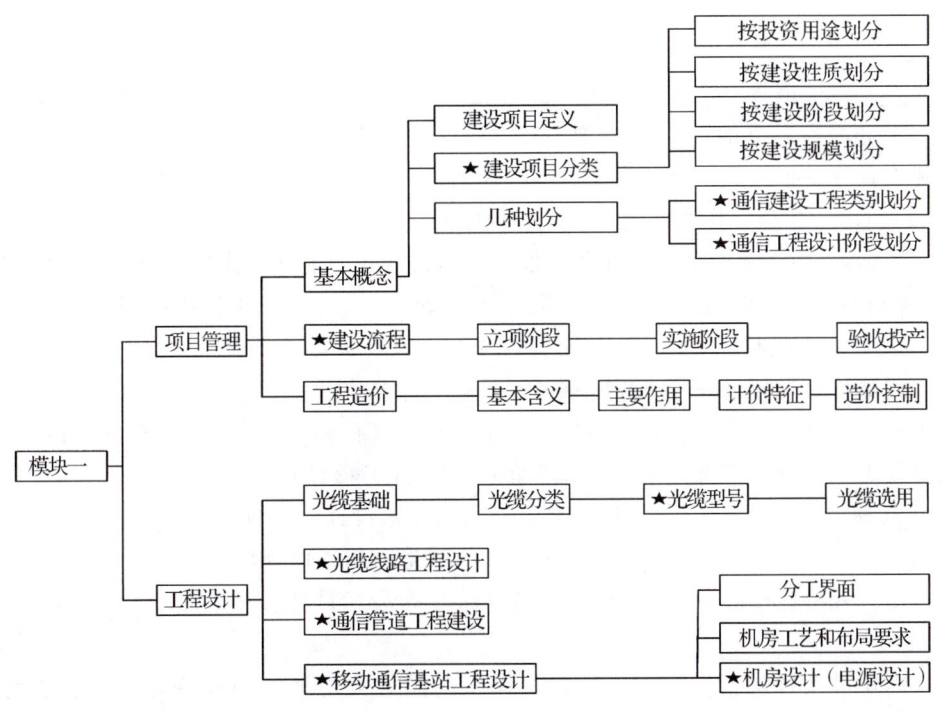

```
模块一 ── 项目管理 ── 基本概念 ── 建设项目定义
                              ★建设项目分类 ── 按投资用途划分
                                            ── 按建设性质划分
                                            ── 按建设阶段划分
                                            ── 按建设规模划分
                              几种划分 ── ★通信建设工程类别划分
                                      ── ★通信工程设计阶段划分
                  ★建设流程 ── 立项阶段 ── 实施阶段 ── 验收投产
                  工程造价 ── 基本含义 ── 主要作用 ── 计价特征 ── 造价控制
       工程设计 ── 光缆基础 ── 光缆分类 ── ★光缆型号 ── 光缆选用
                ★光缆线路工程设计
                通信管道工程建设
                ★移动通信基站工程设计 ── 分工界面
                                     ── 机房工艺和布局要求
                                     ── ★机房设计（电源设计）
```

注：★表示本模块的重点内容。

## 思政引读

李云鹤，敦煌第一位专职修复工匠，敦煌研究院保护所原副所长（图 S1）。他是国内石窟整体异地搬迁复原成功的第一人，也是国内运用金属骨架修复保护壁画获得成功的第一人。他六十余载潜心修复，八十八岁耕耘不歇，写下一百多本修复笔记，建立起一套科学的工序流程。他独创了大型壁画整体剥离的巧妙技法，既不伤害上层壁画，又让掩藏的更为久远的历史舒展卷轴，无限增值。他说，要对得起先人，对得起子孙，把这么多珍贵遗产的生命延续下去。

图 S1 "大国工匠"李云鹤

（资料来源：央视新闻）

## 自我测试

### 一、填空题

1._____是指具有单独的设计文件，建成后能够独立发挥生产能力或效益的工程。_____是指具有独立的设计，可以独立组织施工的工程。

2.建设程序是指建设项目从设想、选择、评估、决策、_____、施工、竣工验收到投入生产整个建设过程中，各项工作必须遵循的先后顺序的法则。

3.在我国，一般的大中型项目和限额以上的项目从建设前期工作到建设、投产要经过项目建议书、可行性研究、初步设计、年度计划、施工准备、_____、施工招投标、开工报告、质量监督申报、施工、初步验收、_____、竣工验收和竣工验收备案等环节。

4.工程造价是指建设一项工程时预期开支或实际开支的_____费用。

5.可行性研究的主要目的是对项目在技术上是否可行和_____进行科学分析和论证。

6.根据工程建设特点和工程项目管理的需要，将工程设计划分为_____、_____和_____三种类型。一阶段设计应编制_____，技术设计阶段应编制_____。

7.项目一般具有_____、唯一性、_____和寿命周期性等特点。

8.建设工程招标依照《中华人民共和国招标投标法》的规定，可采用_____和_____两种形式。

9.基本建设项目是指投资建设的以扩大生产能力或增加工程效益为主要目的的新建、_____、改建、_____工程以及有关工作。

10.机房设计主要包括移动基站设备及配套机架、_____、_____以及走线架等的安装设计。

11.光缆通常由_____、加强芯、填充物和_____等部分组成。

12.按照投资金额，通信建设工程可以划分为一类、二类、三类和四类。投资在 2 000 万元以下的部定通信工程项目或者省内通信干线工程项目，投资在 2 000 万元以上的省定通信工程项目，我们称其为_____类工程，国家八横八纵光缆工程可称为_____类工程，二类施工企业可以承担_____工程。

### 二、判断题

1.工程造价控制贯穿于建设全过程，但在项目责任人做出投资决策后，控制工程造价的关键就在于设计。 （　　）

2. 不允许低级别的施工企业承担高级别的工程项目,但高级别的施工企业可以承担相应级别及以下级别的工程项目。　　　　　　　　　　　　　　　　　　　　(　　)

3. 不同的设计阶段要求编制不同的概预算文件。　　　　　　　　　　(　　)

4. 同一个总体设计中的工程,按地区或施工单位不同可划分为几个建设项目。(　　)

5. 本年正式施工项目包括新开工项目、续建项目以及建成投产项目三种。(　　)

6. 一般的大中型和限额以上的建设项目的整个建设过程可划分为立项、实施和验收投产三个阶段。　　　　　　　　　　　　　　　　　　　　　　　　　　　　(　　)

7. 工程造价是指建设一项工程时预期开支或实际开支的全部固定资产投资费用。(　　)

8. 在 TD-SCDMA 基站系统建设中,机房的大门应向外开,采用单扇门,门洞宽 1.2 m,门扇高不小于 2.0 m。　　　　　　　　　　　　　　　　　　　　　　　　(　　)

9. 空调电源线应从交流配电箱中引接,在走线架上布放,并用 PVC 管保护。(　　)

10. 长途光缆线路路由的选择,应以工程设计任务书和干线通信网规划为依据。(　　)

## 三、选择题

1. 符合下列条件之一者为一类工程:大中型项目或投资在(　　)万元以上的通信工程项目;省际通信工程项目;投资在(　　)万元以上的部定通信工程项目。

　　A.2 000　　　　B.3 000　　　　C.5 000　　　　D.500

2. 光缆在接头处的预留长度不包括(　　)。

　　A.光缆接续长度　　　　　　　　B.光纤在接头盒内的盘留长度
　　C.光缆施工接续时所需要的长度　　D.富余长度

3. 给机房供电时至少为(　　)市电,要求有一路可靠市电引入,市电引入方式为直埋或架空电力电缆引入基站机房。

　　A.三类　　　　B.二类　　　　C.一类　　　　D.四类

4. 光缆线路尽量少与其他管线交越,必须交越时应在管线下方(　　)以下加钢管保护。

　　A.0.5 m　　　　B.1 m　　　　C.1.5 m　　　　D.0.8 m

5. 大致说来,中继光缆芯数少,一般使用层绞式光缆;(　　)以下,使用骨架式或大束管式光缆;超过(　　)时,使用带式光缆。

　　A.100 芯　　　　B.150 芯　　　　C.200 芯　　　　D.200 芯

## 四、简答题

1. 简述工程造价的主要作用。
2. 光缆线路工程方案勘测的内容主要有哪些?
3. 写出光缆型号 GMFA52-24A1 的基本含义。
4. 写出蓄电池组容量的计算公式及参数含义。

## 五、计算题

1. 某 －48 V 的通信电源系统,其电源线允许电压为 2 V,电流强度为 300 A,铜线导电率为 54.4 S/m,长度为 5 m,计算其电力线的截面积。

2. 假设机房直流电压均为 －48 V,近期各设备负荷如下:传输设备 30 A、数据设备 50 A、无线设备 40 A 以及其他设备 20 A,采用高频开关电源供电。计算蓄电池组的总容量。(假设 $K$ 取 1.25,放电时间 $T$ 为 3 h,不计最低环境温度的影响,即假设 $t=25$ ℃,蓄电池逆变效率 $\eta$ 为 0.75,电池温度系数 $\alpha=0.006$)

## 技能训练

## 技能训练一　通信工程勘测与设计

### 一、实训目的

1. 掌握通信工程勘测的总体流程
2. 掌握通信工程设计的总体流程
3. 掌握通信工程勘测工具的使用方法
4. 能根据通信线路工程勘测情况和路由选择原则,设计较为合理的线路路由方案
5. 能根据移动通信基站工程勘测情况和工艺、布局要求,设计较为合理的基站布局方案

### 二、实训场所和器材

校园通信线路环境、现网移动通信基站、通信工程设计实训室(勘测工具:测距小车、激光测距仪、皮尺、测高仪、GPS、指北针、绘图板等;装有专用概预算软件的微型计算机1台)

### 三、实训内容

1. 通信工程勘测设计

(1)充分利用学校周围的条件(如各大运营商的现网基站),组织学生进行该基站的室外通信线路路由的勘测和方案设计,并绘制出草图。

(2)充分利用学校周围的条件(如各大运营商的现网基站),组织学生进行该基站的室内基站勘测和基站设备布局方案设计,并绘制出草图。

2. 工程信息设置

如果学校有专用的概预算软件,让学生运用本模块所学的工程项目管理方面的知识,完成概预算编制时实际工程项目信息的设置。

这里给出某学院移动基站室外通信线路路由示意图(图J1-1)供读者参考。

### 四、总结与体会

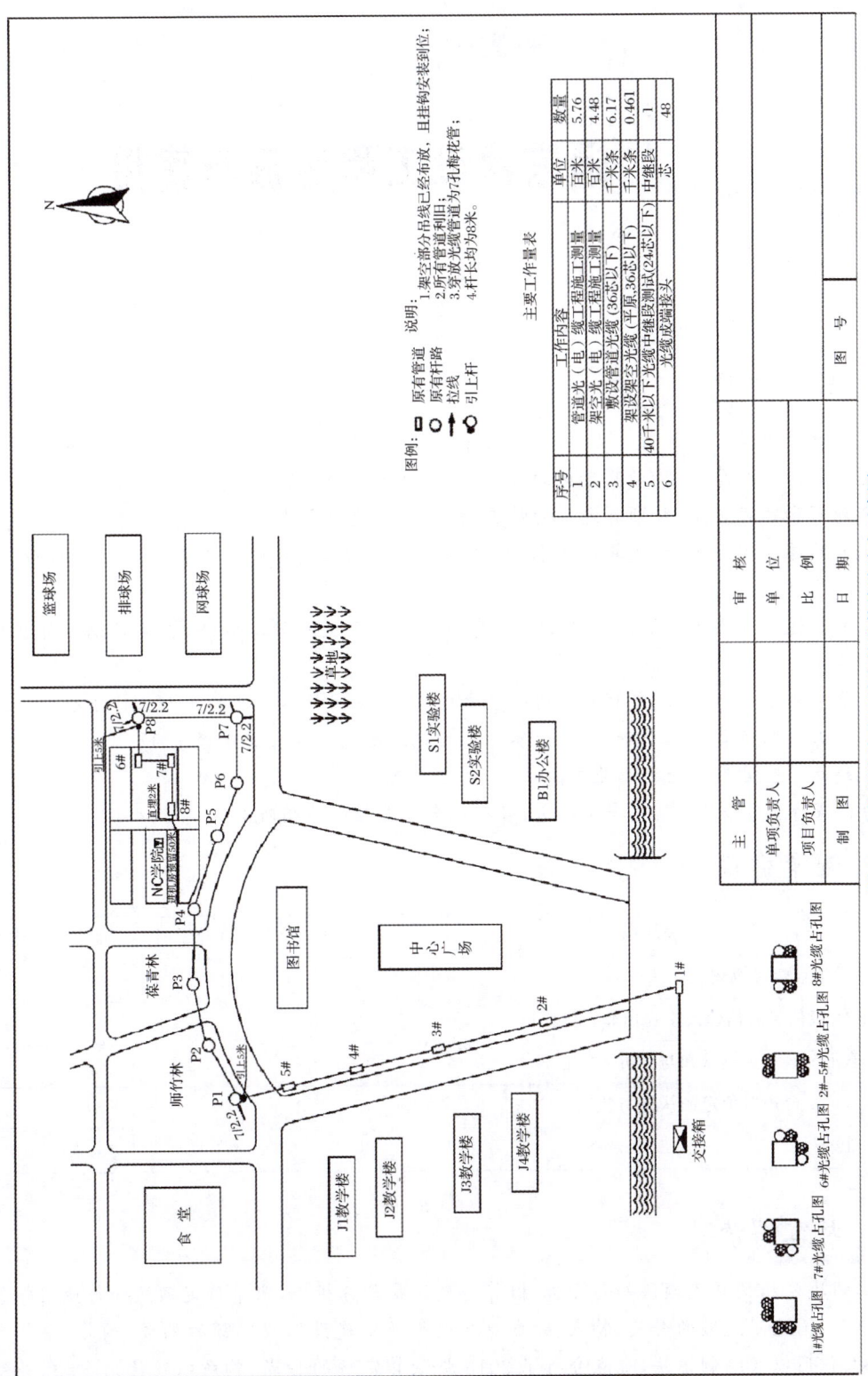

图 J1-1 某学院移动基站室外通信线路路由示意图

# 模块二 通信建设工程定额与使用

## 目标导航

1. 熟悉建设工程定额的含义、特点以及分类,掌握现行通信建设工程定额的构成
2. 能够区分概算定额、预算定额的含义、作用以及编制方法
3. 理解和掌握2016版预算定额的特点、构成以及使用方法
4. 能熟练运用2016版预算定额手册,准确地确定相应定额的基本内容,人工、材料、机械台班以及仪表台班等消耗量
5. 熟悉通信建设工程机械和仪表台班费用定额的含义和计算方法,能够正确计算机械和仪表使用费
6. 能根据2016版预算定额各手册的主要内容,弄清通信各专业的基本工作流程
7. 能够对照预算定额手册,统计出实际工程施工图纸所包含的定额子目
8. 培养学生爱岗敬业的职业道德
9. 培养学生的爱国情怀、守法观念,弘扬社会主义核心价值观

## 教学建议

| 模块内容 | 学时分配 | 总学时 | 重点 | 难点 |
|---|---|---|---|---|
| 4.1 建设工程定额概述 | 1 | 10 | | |
| 4.2 2016版信息通信建设工程预算定额详析 | 5 | | ✓ | ✓ |
| 学习单元5 概算定额认知与分析 | 1 | | | |
| 学习单元6 台班单价定额认知与使用 | 1 | | ✓ | |
| 技能训练 | 2 | | | |

## 内容解读

本模块包括预算定额认知与分析、概算定额认知与分析、台班单价定额认知与使用等三个学习单元,阐述了定额的含义、特点、分类以及现行通信建设工程定额的构成,预算、概算定额的含义、作用以及编制方法,重点分析了2016版预算定额的特点、构成以及使用方法,并结合通信建设工程施工机械和仪表台班费用定额,以实例分析了机械和仪表使用费的统计方法。

# 学习单元 4　预算定额认知与分析

## 4.1　建设工程定额概述

### 4.1.1　定额的含义

在生产过程中，为了完成某一单位合格产品，就要消耗一定的人工、材料、机具设备和资金。由于这些消耗受生产技术水平、管理水平及其他客观条件的影响，所以其消耗水平是不相同的。因此，为了统一考核其消耗水平，便于经营管理和经济核算，就需要有一个统一的平均消耗标准，这个标准就是定额。

所谓定额，就是在一定的生产技术和劳动组织条件下，完成单位合格产品在人力、物力、财力的利用和消耗方面应当遵守的标准。

它反映行业在一定时期内的生产技术和管理水平，是企业搞好经营管理的前提，也是企业组织生产、引入竞争机制的手段，还是进行经济核算和贯彻"按劳取酬"原则的依据。

### 4.1.2　定额的特点

（1）科学性。一方面是指建设工程定额必须和生产力发展水平相适应，反映出工程建设中生产消费的客观规律；另一方面是指建设工程定额管理在理论、方法和手段上必须科学化，以适应现代科学技术和信息社会发展的需要。具体表现在以下三个方面：

①以科学的态度制定定额，尊重客观实际，力求定额水平高低合理。

②在制定定额的技术方法上，利用现代科学管理的成就，形成一套系统的、完整的、在实践中行之有效的方法。

③定额制定和贯彻的一体化。制定是为了提供贯彻的依据，贯彻是为了实现管理的目标，也是对定额的信息反馈。

（2）系统性。首先，建设工程定额是多种定额的结合体，其结构复杂、层次鲜明、目标明确，实际上，建设工程定额本身就是一个系统；其次，建设工程定额的系统性是由工程建设的特点决定的，工程建设本身的多种类、多层次就决定了以它为服务对象的建设工程定额的多种类、多层次，如各类工程建设项目的划分和实施过程中经历的不同逻辑阶段，都需要一套多种类、多层次的建设工程定额与之相适应。

（3）统一性。一方面，从其影响力和执行范围角度考虑，有全国统一定额、地区性定额和行业定额等，层次清楚，分工明确，具有统一性；另一方面，从定额制定、发布和贯彻执行角度考虑，有统一的程序、统一的原则、统一的要求和统一的用途，具有统一性。

（4）权威性和强制性。建设工程定额一经主管部门审批发布，就具有很大的权威性。具体表现在一些情况下建设工程定额具有经济法规性质和执行的强制性，并且反映了统一的意志和统一的要求,以及信誉和信赖程度。强制性反映刚性约束,反映定额的严肃性,不得随意修改使用。

如最新版《信息通信建设工程预算定额》由《工业和信息化部关于印发信息通信建设工程预算定额、工程费用定额及工程概预算编制规程的通知》(工信部通信〔2016〕451号)发布。

(5)稳定性和时效性。建设工程定额反映了一定时期的技术发展和管理情况,体现出其稳定性,依据具体情况不同,稳定的时间有长有短。保持建设工程定额的稳定性是维护建设工程定额的权威性所必需的,更是有效地贯彻建设工程定额所必需的。若建设工程定额常处于修改变动中,必然导致执行上的困难和混乱,使人们不能认真对待,易丧失其权威性。建设工程定额的稳定性是相对的。任何一种建设工程定额,都只能反映一定时期内的生产力水平,当生产力发展时,原有的定额不再适用。至今我国通信建设工程定额经历了1990年"433定额"、1995年"626定额"、2008年"75定额"和2016年"451定额"四次调整变化。

建设工程定额在具有稳定性特点的同时,也具有显著的时效性。当定额不能再起到促进生产力发展的作用时,它就要重新编制或修订。从一段时期来看,定额是稳定的;从长期看,定额是变动的。

### 4.1.3　定额的分类

为了加深对通信建设工程定额的认识和理解,依据不同的原则和方法进行了科学的分类。

1.按定额反映物质消耗的内容分

可以将定额分为劳动消耗定额、材料消耗定额以及机械消耗定额三种。

(1)劳动消耗定额(也称"劳动定额")。它是指完成一定合格产品(工程实体或劳务)所规定的活劳动消耗的数量标准,大多采用工作时间消耗量来计算劳动消耗的数量,因此其主要表现为时间定额,同时也表现为产量定额。

(2)材料消耗定额(也称"材料定额")。它是指完成一定合格产品所需消耗材料(工程建设中使用的原材料、成品、半成品、构配件等)的数量标准。材料的消耗量是多少,消耗是否合理,不仅关系到资源的有效利用,影响市场的供求状况,而且对建设工程的项目投资、产品成本控制有着决定性的影响。

(3)机械消耗定额(也称"机械定额")。它是指完成一定合格产品(工程实体或劳务)所规定的施工机械消耗的数量标准。机械消耗定额不仅表现为机械时间定额,也表现为产量定额。

2.按定额的编制程序和用途分

可以将定额分为施工定额、预算定额、概算定额、投资估算指标以及工期定额五种。

(1)施工定额。它是施工单位直接用于施工管理的一种定额,包括劳动定额、机械台班定额和材料消耗定额三种。施工定额是编制施工作业计划、施工预算,计算工料,向班组下达任务书的有效依据。按照平均、先进的原则编制,以同一性质的施工过程为对象,规定劳动消耗量、机械工作时间以及材料消耗量。

(2)预算定额。它是编制预算时使用的定额标准。它是指确定一定计量单位的分部、分项工程或结构构件的人工(工日)、机械(台班)、仪表(台班)和材料的消耗数量标准。每一项分部、分项工程的定额,都规定了工作内容,以确定该项定额的适用对象。

(3)概算定额。它是编制概算时使用的定额标准。它是指确定一定计量单位的扩大分部、分项工程的人工、材料和机械、仪表台班消耗量的标准。作为设计单位在初步设计阶段确定建筑（构筑物）总体估价、编制概算、进行设计方案经济比较的依据，它粗略地计算人工、材料和机械、仪表台班所需的数量，作为编制基建工程主要材料申请计划的依据。与预算定额相似，但其划分较粗，没有预算定额的准确性高。

（4）投资估算指标。它是指在项目建议书、可行性研究阶段编制投资估算、计算投资需要量时使用的一种定额标准。一般来说，以独立的单项工程或完整的建设项目为计算对象。投资估算指标虽然常依据以往的预、决算资料，价格变动资料等进行编制，但其编制基础仍离不开概预算定额，它为项目决策和投资控制提供了依据。

（5）工期定额。它是指为各类工程规定的施工期限（也称"定额天数"），包括建设工期定额和施工工期定额两个方面。建设工期是指建设项目或独立的单项工程在建设过程中所耗用的时间总量（一般以月数或天数表示），即从开工建设时起到全部建成投产或交付使用时为止所经历的时间，但不包括由于计划调整而停、缓建所延误的时间。施工工期是指单项工程或单位工程从开工到完工所经历的时间。工期定额是评价工程建设速度、编制施工计划、签订承包合同、评价全优工程的可靠依据。

3. 按主编单位和管理权限分

可以将定额分为行业定额、地区性定额、企业定额和临时定额四种。

（1）行业定额。它是指各行业主管部门根据其行业工程技术特点以及施工生产和管理水平编制的，在本行业范围内使用的定额，如通信建设工程定额、建筑工程定额以及矿井建设工程定额等。

（2）地区性定额（包括省、自治区、直辖市定额）。它是指各地区主管部门考虑本地区特点而编制的，在本地区范围内使用的定额。

（3）企业定额。它是指由施工企业考虑本企业具体情况，参照行业或地区性定额的水平编制的定额。企业定额只在本企业内部使用，是体现企业素质的一个标志。企业定额水平一般应高于行业或地区现行施工定额，这样才能满足生产技术发展、企业管理和市场竞争的需要。

（4）临时定额。它是指随着设计、施工技术的发展，在现行各种定额不能满足需要的情况下，为了补充缺项而由设计单位会同建设单位所编制的定额。设计中编制的临时定额只能使用一次，并需向有关定额管理部门报备，作为修、补定额的基础资料。

### 4.1.4 现行通信建设工程定额的构成

目前，通信建设工程有预算定额和费用定额。由于现在还没有概算定额，所以在编制概算定额时，暂时用预算定额代替。现行通信建设工程定额主要执行文件如下：

（1）工信部通信〔2016〕451号文件提到的修订形成的《信息通信建设工程预算定额》。主要包括：第一册（通信电源设备安装工程，TSD）、第二册（有线通信设备安装工程，TSY）、第三册（无线通信设备安装工程，TSW）、第四册（通信线路工程，TXL）、第五册（通信管道工程，TGD）。

（2）工信部通信〔2016〕451号文件提到的修订形成的《信息通信建设工程概预算编制规程》。

（3）工信部通信〔2016〕451号文件提到的修订形成的《信息通信建设工程费用定额》。

（4）《关于发布〈无源光网络（PON）等通信建设工程补充定额〉的通知》（工信部通〔2011〕426号）。

（5）《工业和信息化部发布〈住宅区和住宅建筑内光纤到户通信设施工程预算定额〉》（中华人民共和国工业和信息化部公告2014年第6号）。

(6)《关于印发＜基本建设项目建设成本管理规定＞的通知》(财建〔2016〕504 号)。

(7)《国家发展改革委关于进一步放开建设项目专业服务价格的通知》(发改价格〔2015〕299 号)。

(8)《关于印发＜企业安全生产费用提取和使用管理办法＞的通知》(财企〔2012〕16 号)。

## 4.2 2016 版信息通信建设工程预算定额详析

### 4.2.1 预算定额的含义

预算定额是规定消耗在单位工程基本结构要素上的劳动力、材料、机械台班和仪表台班数量上的标准，是计算建筑安装产品价格的基础。预算定额属于计价定额。预算定额是工程建设中一项重要的技术经济指标，反映了完成单位分项工程所消耗的活劳动和物化劳动的数量限制，这种限制最终决定了单项工程和单位工程的成本和造价。

### 4.2.2 预算定额的作用

(1)预算定额是编制施工图预算、确定和控制建筑安装工程造价的计价基础。

(2)预算定额是落实和调整年度建设计划、对设计方案进行技术经济指标比较分析的依据。

(3)预算定额是施工企业进行经济活动分析的依据。

(4)预算定额是编制标底、投标报价的基础。

(5)预算定额是编制概算定额和概算指标的基础。

### 4.2.3 预算定额的编制依据

现行《信息通信建设工程预算定额》编制依据和基础的相关文件、资料如下：

(1)《住房城乡建设部 财政部关于印发＜建筑安装工程费用项目组成＞的通知》(建标〔2013〕44 号)。

(2)现行设计规范、施工质量验收规范、质量评定标准和安全操作规程。预算定额在确定人工、材料、机械和仪表台班消耗数量时，必须考虑上述各项法规的要求和影响。

(3)具有代表性的典型工程施工图及有关标准图。对这些图纸进行仔细分析研究，并计算出工程数量，作为编制定额时选择施工方法、确定定额量的依据。

(4)新技术、新结构、新材料和先进的施工方法等。这类资料是调整定额水平和增加新的定额项目所必需的依据。

(5)有关科学试验、技术测定和统计、经验资料。这类资料是确定定额水平的重要依据。

(6)现行的预算定额、材料预算价格及有关文件规定等。包括过去定额编制过程中积累的基础资料，也是编制预算定额的依据和参考。

(7)有关省、自治区、直辖市的通信设计、施工企业以及建设单位的专家提供的意见和资料。

### 4.2.4 预算定额的特点

2016 版预算定额具有严格控制量、实行量价分离和技普分开等 3 个特点。

预算定额的含义与特点

(1)严格控制量

预算定额中的人工、材料、机械台班、仪表台班的消耗量是法定的,任何单位和个人都不得擅自调整。

(2)实行量价分离

预算定额只反映人工、材料、机械台班、仪表台班的消耗量,而不反映其单价。单价由主管部门或造价管理归口单位根据市场实际情况另行发布。

(3)技普分开

凡是由技工操作的工序内容均按技工计取工日,凡是由非技工操作的工序内容均按普工计取工日。要注意的是,对于设备安装工程一般均按技工计取工日(即普工工日为零);对于通信线路工程和通信管道工程按上述相关要求分别计取技工工日和普工工日。

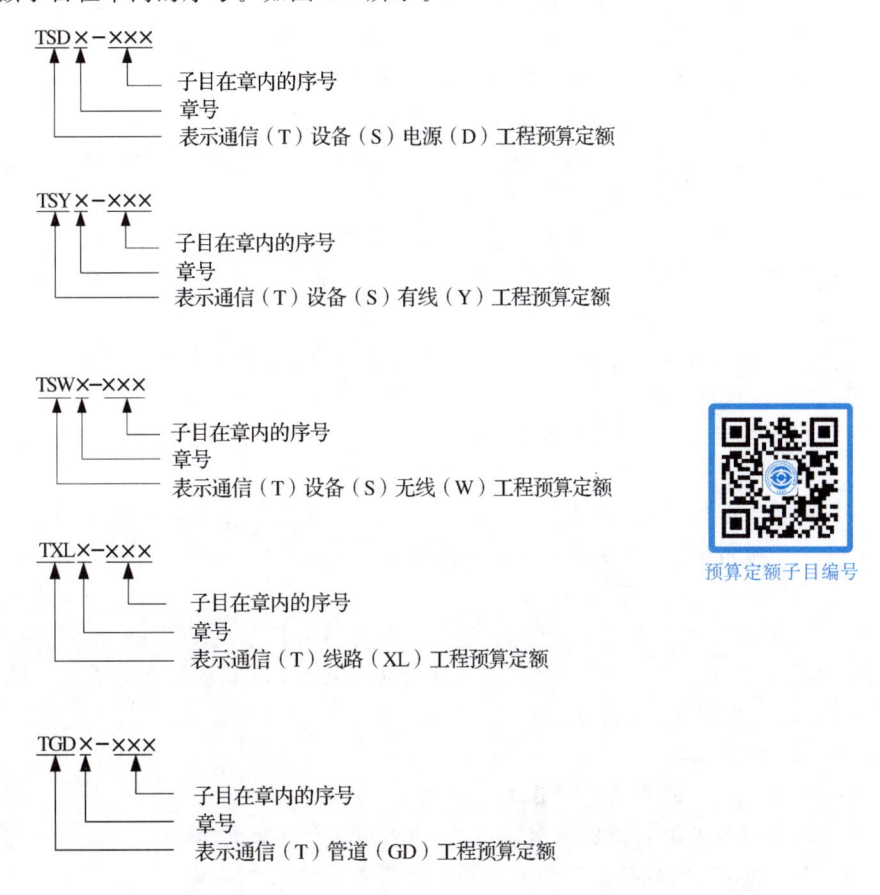

### 4.2.5 预算定额子目编号

预算定额子目编号由三部分组成:第一部分为汉语拼音缩写(三个字母),表示预算定额的名称;第二部分为一位阿拉伯数字,表示预算定额子目所在章的章号;第三部分为三位阿拉伯数字,表示预算定额子目在章内的序号。如图 4-1 所示。

TSDx-xxx
— 子目在章内的序号
— 章号
— 表示通信(T)设备(S)电源(D)工程预算定额

TSYx-xxx
— 子目在章内的序号
— 章号
— 表示通信(T)设备(S)有线(Y)工程预算定额

TSWx-xxx
— 子目在章内的序号
— 章号
— 表示通信(T)设备(S)无线(W)工程预算定额

TXLx-xxx
— 子目在章内的序号
— 章号
— 表示通信(T)线路(XL)工程预算定额

TGDx-xxx
— 子目在章内的序号
— 章号
— 表示通信(T)管道(GD)工程预算定额

图 4-1 预算定额子目编号规则

比如,预算定额子目编号"TSD3-002"表示《信息通信建设工程预算定额》手册第一册《通信电源设备安装工程》第三章中第 2 个定额子目,其内容为"第三章 安装交直流电源设备、不间断电源设备"中"第一节 安装电池组及附属设备"中的"安装蓄电池抗震架(单层双列)",其定额单位为"m",单位技工工日为 0.55 工日,单位普工工日为 0 工日,无主要材料、施工机械和仪表。

### 4.2.6 预算定额的构成

《信息通信建设工程预算定额》主要由总说明、册说明、章节说明、定额项目表(也称定额子目表)和必要的附录构成。

(1)总说明

总说明一方面简述了定额的编制原则、指导思想、编制依据以及适用范围,另一方面还说明编制定额时已经考虑和没有考虑的各种因素、有关规定和使用方法等。现将 2016 版《信息通信建设工程预算定额》总说明引用如下:

一、《信息通信建设工程预算定额》(以下简称"预算定额")是完成规定计量单位工程所需要的人工、材料、施工机械和仪表的消耗量标准。

二、"预算定额"共分五册,包括:

第一册 通信电源设备安装工程(册名代号 TSD)

第二册 有线通信设备安装工程(册名代号 TSY)

第三册 无线通信设备安装工程(册名代号 TSW)

第四册 通信线路工程(册名代号 TXL)

第五册 通信管道工程(册名代号 TGD)

三、"预算定额"是编制信息通信建设项目投资估算、概算、预算和工程量清单的基础,也可作为信息通信建设项目招标、投标报价的基础。

四、"预算定额"适用于新建、扩建工程,改建工程可参照使用。用于扩建工程时,其扩建施工降效部分的人工工日按乘以系数 1.1 计取,拆除工程的人工工日计取办法见各册的相关内容。

五、"预算定额"是以现行通信工程建设标准、质量评定标准及安全操作规程等文件为依据,按符合质量标准的施工工艺、合理工期及劳动组织形式条件进行编制的。

1.设备、材料、成品、半成品、构件符合质量标准和设计要求。

2.通信各专业工程之间、与土建工程之间的交叉作业正常。

3.施工安装地点、建筑物、设备基础、预留孔洞均符合安装要求。

4.气候条件、水电供应等应满足正常施工要求。

六、定额子目编号原则:

定额子目编号由三部分组成:第一部分为册名代号,由汉语拼音(字母)缩写而成;第二部分为定额子目所在的章号,由一位阿拉伯数字表示;第三部分为定额子目所在章内的序号,由三位阿拉伯数字表示。

七、关于人工:

1.定额人工分为技工和普工。

2.定额人工消耗量包括基本用工、辅助用工和其他用工。

基本用工:完成分项工程和附属工程实体单位的加工量。

辅助用工:定额中未说明的工序用工量。包括施工现场某些材料临时加工、排除故障、维持安全生产的用工量。

其他用工:定额中未说明的而在正常施工条件下必然发生的零星用工量。包括工序间搭接、工种间交叉配合、设备与器材施工现场转移、施工现场机械(仪表)转移、质量检查配合以及不可避免的零星用工量。

八、关于材料：

1.材料分为主要材料和辅助材料。定额中仅计列构成工程实体的主要材料,辅助材料以费用的方式表现,其计算方法按《信息通信建设工程费用定额》的相关规定执行。

2.定额中的主要材料消耗量包括直接用于安装工程中的主要材料净用量和规定的损耗量。规定的损耗量指施工运输、现场堆放和生产过程中不可避免的合理损耗量。

3.施工措施性消耗部分和周转性材料按不同施工方法、不同材质分别列出一次使用量和一次摊销量。

4.定额不含施工用水、电、蒸汽消耗量,此类费用在设计概算、预算中根据工程实际情况在建筑安装工程费中按相关规定计列。

九、关于施工机械：

1.施工机械单位价值在2 000元以上,构成固定资产的列入定额的机械台班。

2.定额的机械台班消耗量是按正常合理的机械配备综合取定的。

十、关于施工仪表：

1.施工仪器仪表单位价值在2 000元以上,构成固定资产的列入定额的仪表台班。

2.定额的施工仪表台班消耗量是按信息通信建设标准规定的测试项目及指标要求综合取定的。

十一、"预算定额"适用于海拔高程2 000 m以下,地震烈度为7度以下的地区,超过上述情况时,按有关规定处理。

十二、在以下的地区施工时,定额按下列规则调整：

1.高原地区施工时,定额人工工日、机械台班消耗量乘以下表列出的系数。

高原地区调整系数表

| 调整系数 | 海拔高程 | 2 000 m以上 | 3 000 m以上 | 4 000 m以上 |
| --- | --- | --- | --- | --- |
| | 人工 | 1.13 | 1.30 | 1.37 |
| | 机械 | 1.29 | 1.54 | 1.84 |

2.原始森林地区(室外)及沼泽地区施工时人工工日、机械台班消耗量乘以系数1.30。

3.非固定沙漠地带,进行室外施工时,人工工日乘以系数1.10。

4.其他类型的特殊地区按相关部分规定处理。

以上四类特殊地区若在施工中同时存在两种以上情况时,只能参照较高标准计取一次,不应重复计列。

十三、"预算定额"中带有括号表示的消耗量,系供设计选用;"*"表示由设计确定其用量。

十四、凡是定额子目中未标明长度单位的均指"mm"。

十五、"预算定额"中注有"××以内"或"××以下"者均包括"××"本身;"××以外"或"××以上"者则不包括"××"本身。

十六、本说明未尽事宜,详见各章节和附注说明。

(2)册说明

册说明阐述该册的内容、编制基础和使用该册应注意的问题及有关规定等。列举如下：

第一册《通信电源设备安装工程》的册说明引用如下：

一、《通信电源设备安装工程》预算定额涵盖了通信设备安装工程中所需的全部供电系统配置的安装项目,内容包括10 kV以下的变、配电设备,机房空调和动力环境监控,电力缆线布放,接地装置,供电系统配套附属设施的安装与调试。

二、本册定额不包括10 kV以上电气设备安装;不包括电气设备的联合试运转工作。

三、本册定额人工工日均以技术工(简称技工)作业取定。

四、本册定额中的消耗量,凡有需要材料但未予列出的,其名称及用量由设计按实计列。

五、本册定额用于拆除工程时,其人工按下表系数进行计算。

| 名称 | 拆除工程人工工日系数 ||
| --- | --- | --- |
| | 不需入库 | 清理入库 |
| 第一章的变压器 | 0.55 | 0.70 |
| 第四章的室外直埋电缆 | 1.00 | — |
| 第五章的接地极、板 | 1.00 | — |
| 除以上内容外 | 0.40 | 0.60 |

第二册《有线通信设备安装工程》的册说明引用如下:

一、《有线通信设备安装工程》预算定额共包括五章内容:安装机架、缆线及辅助设备;安装、调测光纤通信数字传输设备;安装、调测数据通信设备;安装、调测交换设备;安装、调测视频监控设备。

二、本册定额第一章"安装机架、缆线及辅助设备"为有线设备安装工程的通用设备安装项目。

三、本册定额人工工日均以技工作业取定。

四、本册定额中的消耗量,凡是带有括号表示的,系供设计时根据安装方式选用其用量。

五、使用本定额编制预算时,凡明确由设备生产厂家负责系统调测工作的,仅计列承建单位的"配合调测用工"。

六、本册定额中所列"配合调测"定额子目,是指施工单位无法独立完成,需配合专业调测人员所做工作(包括配合测试区域的协调、调测过程中故障处理、旁站配合硬件调整等),由设计根据工程实际套用。

七、本册定额用于拆除工程时,其人工工日按下表系数进行计算:

| 章号 | 第一章 | 第二章 | 第三章 | 第四章 |
| --- | --- | --- | --- | --- |
| 拆除工程系数 | 0.40 | 0.15 | 0.30 | 0.40 |

第三册《无线通信设备安装工程》的册说明引用如下:

一、《无线通信设备安装工程》预算定额共包括五章内容:安装机架、缆线及辅助设备;安装移动通信设备;安装微波通信设备;安装卫星通信地球站设备;安装铁塔及铁塔基础施工。

二、本册定额第一章"安装机架、缆线及辅助设备"为无线设备安装工程的通用设备安装项目,第二章至第五章为各专业设备安装项目。

三、本册定额人工工日均以技工作业取定。

四、本册定额用于拆除工程时,其人工工日按下表系数进行计算:

| 名称 | 拆除工程人工工日系数 |
| --- | --- |
| 第二章的天、馈线及室外基站设备 | 1.00 |
| 第三章的天、馈线及室外单元 | 1.00 |
| 第四章的天、馈线及室外单元 | 1.00 |
| 第五章的铁塔 | 0.70 |
| 除以上内容外 | 0.40 |

第四册《通信线路工程》的册说明引用如下：

一、《通信线路工程》预算定额适用于通信光（电）缆的直埋、架空、管道、海底等线路的新建工程。

二、通信线路工程，当工程规模较小时，人工工日以总工日为基数按下列规定系数进行调整：

1. 工程总工日在 100 工日以下时，增加 15％；

2. 工程总工日在 100～250 工日时，增加 10％。

三、本定额中以分数表示的消耗量，系供设计选用。

四、本定额拆除工程，不单立子目，发生时按附表规定执行。

| 序号 | 拆除工程内容 | 占新建工程定额的百分比 ||
|---|---|---|---|
| | | 人工工日 | 机械台班 |
| 1 | 光（电）缆（不需清理入库） | 40％ | 40％ |
| 2 | 埋式光（电）缆（清理入库） | 100％ | 100％ |
| 3 | 管道光（电）缆（清理入库） | 90％ | 90％ |
| 4 | 成端电缆（清理入库） | 40％ | 40％ |
| 5 | 架空、墙壁、室内、通道、槽道、引上光（电）缆（清理入库） | 70％ | 70％ |
| 6 | 线路工程各种设备以及除光（电）缆外的其他材料（清理入库） | 60％ | 60％ |
| 7 | 线路工程各种设备以及除光（电）缆外的其他材料（不需清理入库） | 30％ | 30％ |

五、敷设光（电）缆工程量计算时，应考虑敷设的长度和设计中规定的各种预留长度。

第五册《通信管道工程》的册说明引用如下：

一、《通信管道工程》预算定额主要是用于城区通信管道的新建工程。

二、本定额中带有括号表示的材料，系供设计选用；"＊"表示由设计确定其用量。

三、通信管道工程，当工程规模较小时，人工工日以总工日为基数按下列规定系数进行调整：

1. 工程总工日在 100 工日以下时，增加 15％。

2. 工程总工日在 100～250 工日时，增加 10％。

四、本定额的土质、石质分类参照国家有关规定，结合通信工程实际情况，划分标准详见附录一。

五、开挖土（石）方工程量计算见附录二。

六、主要材料损耗率及参考容重表见附录三。

七、水泥管管道每百米管群体积参考表见附录四。

八、通信管道水泥管块组合图见附录五。

九、100 米长管道基础混凝土体积一览表见附录六。

十、定型人孔体积参考表见附录七。

十一、开挖管道沟土方体积一览表见附录八。

十二、开挖 100 米长管道沟上口路面面积见附录九。

十三、开挖定型人孔土方及坑上口路面面积见附表十。

十四、水泥管通信管道包封用混凝土体积一览表见附录十一。

(3)章节说明

章节说明主要说明分部分项工程的工作内容，工程量计算方法和本章节有关规定、计量单

位、起讫范围,应扣和应增加的部分等。现将第三册《无线通信设备安装工程》相关章节说明引用如下:

第三册《无线通信设备安装工程》中"第二章 安装移动通信设备"章说明:

安装移动天线时:

1.不包括基础及支撑物的安装,基础施工及支撑物的安装定额见第五章内容。

2.天线安装高度均指天线底部距塔或杆底座的高度。

3.在无平台铁塔上安装天线时,人工工日按定额乘以系数1.3计算。

4.安装宽400 mm以上的宽体定向天线时,人工工日按定额乘以系数1.2计算。

5.安装室外天线RRU一体化设备时,人工工日按RRU安装工日乘以系数0.5后,再与天线安装工日相加进行计算。安装室内天线RRU一体化设备的安装工日,按室内天线安装工日乘以系数1.2。

6.美化罩内安装天线时,人工工日按定额乘以系数1.3计算。

7.当安装天线遇到多种情况同时存在时,按最高系数计取。

8.楼顶增高架上安装天线按楼顶铁塔上安装天线处理。

9.天线单位为"副",指一根或一个物理实体。

"第二章 安装移动通信设备"中"第二节 安装、调测基站设备"节说明:

一、安装基站设备

工作内容:1.安装基站主设备:开箱检验、清洁搬运、定位、(吊装)安装加固机架、安装机盘、加电检查、清理现场等。

2.安装射频拉远单元、小型基站设备工作内容:开箱检验、清洁搬运、定位、安装加固设备、硬件加电检查、清理现场等。

3.安装多系统合路器(POI)、落地式基站功率放大器:开箱检验、清洁搬运、安装固定、插装设备机盘、硬件加电检查、清理现场等。

4.安装调测直放站设备:开箱检验、清洁搬运、定位、安装固定机架、安装机盘、加电检查、功率测试、频率调整、清理现场等。

5.扩装设备板件:开箱检验、清洁搬运、插装设备板件、硬件加电检查、清理现场等。

(4)定额项目表

定额项目表是预算定额的主要内容,项目表列出了分部分项工程所需的人工、主要材料、机械、仪表的消耗量。现将预算定额手册第四册《通信线路工程》中"第六章 光(电)缆接续与测试"的"第一节 光缆接续与测试"相关定额项目表引用如下:

| 定额编号 | | | TXL6-007 | TXL6-008 | TXL6-009 | TXL6-010 | TXL6-011 | TXL6-012 | TXL6-013 | TXL6-014 |
|---|---|---|---|---|---|---|---|---|---|---|
| 项 目 | | | 光缆接续 |||||||||
| | | | 4芯以下 | 12芯以下 | 24芯以下 | 36芯以下 | 48芯以下 | 60芯以下 | 72芯以下 | 84芯以下 |
| 定额单位 | | | 头 |||||||||
| 名称 | | 单位 | 数 量 |||||||||
| 人工 | 技工 | 工日 | 0.50 | 1.50 | 2.49 | 3.42 | 4.29 | 5.10 | 5.90 | 6.54 |
| | 普工 | 工日 | — | — | — | — | — | — | — | — |

(续表)

| 定额编号 | | | TXL6-007 | TXL6-008 | TXL6-009 | TXL6-010 | TXL6-011 | TXL6-012 | TXL6-013 | TXL6-014 |
|---|---|---|---|---|---|---|---|---|---|---|
| 主要材料 | 光缆接续器材 | 套 | 1.01 | 1.01 | 1.01 | 1.01 | 1.01 | 1.01 | 1.01 | 1.01 |
| | 光缆接头托架 | 套 | (*) | (*) | (*) | (*) | (*) | (*) | (*) | (*) |
| 机械 | 汽车发电机(10 kW) | 台班 | 0.08 | 0.10 | 0.15 | 0.25 | 0.30 | 0.35 | 0.40 | 0.45 |
| | 光纤熔接机 | 台班 | 0.15 | 0.20 | 0.30 | 0.45 | 0.55 | 0.70 | 0.80 | 0.95 |
| 仪表 | 光时域反射仪 | 台班 | 0.60 | 0.70 | 0.80 | 0.95 | 1.10 | 1.25 | 1.40 | 1.60 |

注:"*"光缆接头托架仅限于管道光缆,数量由设计根据实际情况确定。

(5) 附录

预算定额手册仅第四册《通信线路工程》、第五册《通信管道工程》两册有附录,供工程量统计时参考。现将第五册《通信管道工程》中附录八的部分内容引用如下:

附录八 开挖管道沟土方体积一览表

| 序号 | 深沟/m | 开挖百米长管道沟土方量/m³ | | | | | |
|---|---|---|---|---|---|---|---|
| | | 一立型(底宽0.65 m) | | 一平、二平、三平、四平型(底宽0.76 m) | | 二立、四立型(底宽0.915 m) | |
| | | $i=0.33$ | $i=0.25$ | $i=0.33$ | $i=0.25$ | $i=0.33$ | $i=0.25$ |
| 1 | 1.10 | 111.4 | 101.8 | 123.5 | 113.9 | 140.6 | 130.9 |
| 2 | 1.15 | 118.4 | 107.8 | 131.0 | 120.5 | 148.9 | 138.3 |
| 3 | 1.20 | 125.5 | 114.0 | 138.7 | 127.2 | 157.3 | 145.8 |
| 4 | 1.25 | 132.8 | 120.3 | 146.6 | 134.1 | 165.9 | 153.4 |
| 5 | 1.30 | 140.3 | 126.8 | 154.6 | 141.1 | 174.7 | 161.1 |
| 6 | 1.35 | 147.9 | 133.3 | 162.7 | 148.2 | 183.7 | 169.1 |
| 7 | 1.40 | 155.7 | 140.0 | 171.1 | 155.4 | 192.8 | 177.1 |
| 8 | 1.45 | 163.6 | 146.6 | 179.6 | 162.8 | 202.1 | 185.2 |
| 9 | 1.50 | 171.8 | 153.8 | 188.3 | 170.3 | 211.5 | 193.5 |
| 10 | 1.55 | 180.0 | 160.8 | 197.1 | 177.1 | 221.1 | 201.9 |
| 11 | 1.60 | 188.5 | 168.0 | 206.1 | 185.1 | 230.9 | 210.4 |
| 12 | 1.65 | 197.1 | 175.3 | 215.2 | 193.5 | 240.8 | 219.0 |
| 13 | 1.70 | 205.9 | 182.8 | 224.6 | 201.5 | 250.9 | 227.8 |
| 14 | 1.75 | 214.8 | 190.3 | 234.1 | 209.6 | 261.2 | 236.7 |
| 15 | 1.80 | 223.9 | 198.0 | 243.7 | 217.8 | 271.6 | 245.7 |
| 16 | 1.85 | 233.2 | 205.8 | 253.5 | 226.2 | 282.2 | 254.0 |
| 17 | 1.90 | 242.6 | 213.8 | 263.5 | 234.7 | 293.0 | 264.1 |
| 18 | 1.95 | 252.2 | 221.8 | 273.7 | 243.3 | 303.9 | 273.5 |
| 19 | 2.00 | 262.0 | 230.0 | 284.0 | 252.0 | 315.0 | 283.3 |
| 20 | 2.05 | 271.9 | 238.3 | 294.5 | 260.9 | 326.3 | 292.6 |

注：①本土方表中的土方系道路面结构层土方。

②土方计算公式：$V=(Hi+B)×H×100$，其中 $V$ 为土方体积、$H$ 为沟（坑）深度、$i$ 为放坡系数、$B$ 为沟底宽度。

③放坡系数：普通土取 0.33，砂砾土取 0.25。

④放坡起点：普通土 1 m 以上放坡；硬土 1.5 m 以上放坡；砂砾土 2 m 以上放坡。

⑤本表未考虑用挡土板增加的宽度。

### 4.2.7 预算定额的使用方法

要准确套用定额，除了对定额作用、内容和适用范围应有必要的了解以外，还应该仔细了解定额的相关规定，正确理解定额的基本工作内容。一般来说，在选用预算定额项目时要注意以下几点。

(1) 准确确定定额项目名称

若不能准确确定定额项目名称，则无法找到与其对应的定额编号，且预算的计价单位应与定额项目表规定的定额单位一致，否则不能直接套用，另外，当遇到定额数量换算时，应按定额规定的系数进行调整。如定额"海拔 4 200 m 原始森林地带挖、松填光缆沟及接头坑（硬土）"，从第四册定额手册中可以直接查到"TXL2-002 挖、松填光（电）缆沟及接头坑（硬土）"，但不能直接套用，因为未考虑"海拔 4 200 m 原始森林地带"，从预算定额手册总说明可以得知其人工工日、机械台班消耗量的调整系数分别为 1.37 和 1.84。

(2) 正确使用定额的计量单位

预算定额在编制时，对许多定额项目采用了扩大计量单位的办法，在使用定额时必须注意计量单位的规定，避免出现小数点定位错误的情况发生。如第三册中"室内布放电力电缆（单芯相线截面积）"项目定额单位为"十米条"，第四册中"挖、松填光（电）缆沟及接头坑"项目定额单位为"百立方米"，第五册中"人工开挖管道沟及人（手）孔坑"项目定额单位为"百立方米"。

(3) 注意查看定额项目表下的注释

因为注释说明了人工、主要材料、机械、仪表消耗量的使用条件和增减等相关规定，往往会针对特殊情况给出调整系数等。如定额"敷设室外通道光缆（24 芯）"，从第四册定额手册可以发现，定额项目表中只有"敷设管道光缆"，进一步查看注释得知，需要参考套用"敷设管道光缆"定额，即室外通道中布放光缆按本管道光缆相应子目工日的 70% 计取，光缆托板、托板垫由设计按实计列，其他主材同本定额。

为了加深学生对 2016 版预算定额使用方法的理解，下面将给出相关实例的具体解析过程。

**例 4-1** 套用 2016 版预算定额，完成表 4-1 的相关内容。

表 4-1　　　　　　　　　　　　例 4-1 的工程量信息表

| 定额编号 | 项目名称 | 定额单位 | 数量 | 单位定额值/工日 ||  合计值/工日 ||
|---|---|---|---|---|---|---|---|
| | | | | 技工 | 普工 | 技工 | 普工 |
| | 安装蓄电池抗震架（单层双列） | | 5.68 米/架 | | | | |

**分析：** 根据表 4-1 所给的项目名称"安装蓄电池抗震架（单层双列）"，属于第一册《通信电源设备安装工程》，查看第一册目录可知第三章第一节"安装电池组及附属设备"在定额手册第 28 页。查看定额项目表，其定额编号为 TSD3-002，定额单位为 m，单位定额值技工 0.55 工日，普工 0 工日，且题目给定单位和定额单位相同，合计值技工应为 0.55×5.68＝3.124 工日，其正确结果见表 4-2。

表 4-2　　　　　　　　　　例 4-1 的工程量信息结果表

| 定额编号 | 项目名称 | 定额单位 | 数量 | 单位定额值/工日 技工 | 单位定额值/工日 普工 | 合计值/工日 技工 | 合计值/工日 普工 |
|---|---|---|---|---|---|---|---|
| TSD3-002 | 安装蓄电池抗震架（单层双列） | m | 5.68 米/架 | 0.55 | 0 | 3.124 | 0 |

**例 4-2**　套用 2016 版预算定额，完成表 4-3 的相关内容。

表 4-3　　　　　　　　　　例 4-2 的工程量信息表

| 定额编号 | 项目名称 | 定额单位 | 数量 | 单位定额值/工日 技工 | 单位定额值/工日 普工 | 合计值/工日 技工 | 合计值/工日 普工 |
|---|---|---|---|---|---|---|---|
|  | 室内布放 2 芯 25 mm² 电力电缆 |  | 152 m |  |  |  |  |

**分析：** 根据表 4-3 所给的项目名称"室内布放 2 芯 25 mm² 电力电缆"，属于第一册《通信电源设备安装工程》、第二册《有线通信设备安装工程》、第三册《无线通信设备安装工程》，在这三个预算定额手册里均有布放电力电缆部分，第二册和第三册人工消耗量一致，但与第一册不同。这里分两种情况来分析：

假如为通信电源设备安装工程，查看第一册目录可知第五章第三节"布放电力电缆"在定额手册第 57 页。查看定额项目表，其定额编号为 TSD5-022，定额单位为十米条，单位定额值技工 0.20 工日，普工 0 工日。但要注意两点，第一定额项目表里的定额是针对单芯相线而言的，注释说明"对于 2 芯电力电缆的布放，按单芯相应工日数乘以系数 1.1 计取"，则此时单位定额值技工 0.20×1.1＝0.22 工日；第二定额单位和题目给定单位不同，要进行正确换算为 15.2（十米条），所以合计值技工应为 0.22×15.2＝3.344 工日。

假如为有线/无线通信设备安装工程，以有线为例，查看第二册目录可知第一章第五节"布放设备缆线、软光纤"在定额手册第 10 页。查看定额项目表，其定额编号为 TSY1-090，定额单位为十米条，单位定额值技工 0.25 工日，普工 0 工日。同样需要注意上述两点，本定额注释说明"对于 2 芯电力电缆的布放，按单芯电缆相应工日数乘以 1.35 系数"，则此时单位定额值技工 0.25×1.35＝0.337 5 工日；第二定额单位和题目给定单位不同，要进行正确换算为 15.2（十米条），所以合计值技工应为 0.337 5×15.2＝5.13 工日。

上述两种情况的正确结果见表 4-4。

表 4-4　　　　　　　　　　　例 4-2 的工程量信息结果表

| 定额编号 | 项目名称 | 定额单位 | 数量 | 单位定额值/工日 技工 | 单位定额值/工日 普工 | 合计值/工日 技工 | 合计值/工日 普工 |
| --- | --- | --- | --- | --- | --- | --- | --- |
| TSD5-022 | 室内布放 2 芯 25 mm² 电力电缆 | 十米条 | 152 m | 0.22 | 0 | 3.344 | 0 |
| TSY1-090 | 室内布放 2 芯 25 mm² 电力电缆 | 十米条 | 152 m | 0.337 5 | 0 | 5.13 | 0 |

**例 4-3**　套用 2016 版预算定额,完成表 4-5 的相关内容。

表 4-5　　　　　　　　　　　例 4-3 的工程量信息表

| 定额编号 | 项目名称 | 定额单位 | 数量 | 单位定额值/工日 技工 | 单位定额值/工日 普工 | 合计值/工日 技工 | 合计值/工日 普工 |
| --- | --- | --- | --- | --- | --- | --- | --- |
|  | 安装室外馈线走道（沿女儿墙内侧） |  | 0.832 m |  |  |  |  |

**分析**:根据表 4-5 所给的项目名称"安装室外馈线走道（沿女儿墙内侧）",属于第三册《无线通信设备安装工程》,查看第三册目录可知第一章第一节"安装室内外缆线走道"在定额手册第 2 页。查看定额项目表和相应注释"沿女儿墙内侧安装馈线走道套用'水平'安装定额子目",其定额编号应为 TSW1-004,定额单位为 m,单位定额值技工 0.35 工日,普工 0 工日,且题目给定单位和定额单位相同,合计值技工应为 0.35×0.832＝0.291 2 工日,其正确结果见表 4-6。

表 4-6　　　　　　　　　　　例 4-3 的工程量信息结果表

| 定额编号 | 项目名称 | 定额单位 | 数量 | 单位定额值/工日 技工 | 单位定额值/工日 普工 | 合计值/工日 技工 | 合计值/工日 普工 |
| --- | --- | --- | --- | --- | --- | --- | --- |
| TSW1-004 | 安装室外馈线走道（沿女儿墙内侧） | m | 0.832 m | 0.35 | 0 | 0.291 2 | 0 |

**例 4-4**　套用 2016 版预算定额,完成表 4-7 的相关内容。

表 4-7　　　　　　　　　　　例 4-4 的工程量信息表

| 定额编号 | 项目名称 | 定额单位 | 数量 | 单位定额值/工日 技工 | 单位定额值/工日 普工 | 合计值/工日 技工 | 合计值/工日 普工 |
| --- | --- | --- | --- | --- | --- | --- | --- |
|  | 布放泄漏式 1/2 英寸射频同轴电缆（4 m 以下） |  | 10 条 |  |  |  |  |

**分析**:根据表 4-7 所给的项目名称"布放泄漏式 1/2 英寸射频同轴电缆（4 m 以下）",属于第三册《无线通信设备安装工程》,查看第三册目录可知第二章第一节"安装、调测移动通信天、馈线"在定额手册第 22 页。查看定额项目表和相应注释"布放泄漏式射频同轴电缆定额工日,按本定额相应子目工日乘以系数 1.1",其定额编号应为 TSW2-027,定额单位为条,单位定额值技工 0.20 工日,普工 0 工日,且题目给定单位和定额单位相同,单位定额值技工应为 0.20×1.1＝0.22 工日,合计值技工应为 0.22×10＝2.2 工日,其正确结果见表 4-8。

表 4-8　　　　　　　　　　　例 4-4 的工程量信息结果表

| 定额编号 | 项目名称 | 定额单位 | 数量 | 单位定额值/工日 技工 | 单位定额值/工日 普工 | 合计值/工日 技工 | 合计值/工日 普工 |
|---|---|---|---|---|---|---|---|
| TSW2-027 | 布放泄漏式 1/2 英寸射频同轴电缆（4 m 以下） | 条 | 10 条 | 0.22 | 0 | 2.2 | 0 |

**例 4-5**　套用 2016 版预算定额,完成表 4-9 的相关内容。

表 4-9　　　　　　　　　　　例 4-5 的工程量信息表

| 定额编号 | 项目名称 | 定额单位 | 数量 | 单位定额值/工日 技工 | 单位定额值/工日 普工 | 合计值/工日 技工 | 合计值/工日 普工 |
|---|---|---|---|---|---|---|---|
|  | 敷设室外通道光缆（24 芯以下） |  | 5 500 米条 |  |  |  |  |

**分析**:根据表 4-9 所给的项目名称"敷设室外通道光缆（24 芯以下）",属于第四册《通信线路工程》,查看第四册目录可知第四章第一节"敷设管道光（电）缆"在定额手册第 88 页。查看定额项目表和相应注释"室外通道、管廊中布放光缆按本管道光缆相应子目工日的 70% 计取",其定额编号应为 TXL4-012,定额单位为千米条,单位定额值技工 6.83 工日,普工 13.08 工日,由于题目给定单位和定额单位不同,要进行正确换算,则单位定额值技工应为 6.83×70% = 4.781 工日,普工 13.08×70% = 9.156 工日,合计值技工应为 5.5×4.781≈26.30 工日,普工 5.5×9.156≈50.36 工日,其正确结果见表 4-10。

表 4-10　　　　　　　　　　例 4-5 的工程量信息结果表

| 定额编号 | 项目名称 | 定额单位 | 数量 | 单位定额值/工日 技工 | 单位定额值/工日 普工 | 合计值/工日 技工 | 合计值/工日 普工 |
|---|---|---|---|---|---|---|---|
| TXL4-012 | 敷设室外通道光缆（24 芯以下） | 千米条 | 5 500 米条 | 4.781 | 9.156 | 26.30 | 50.36 |

**例 4-6**　套用 2016 版预算定额,完成表 4-11 的相关内容。

表 4-11　　　　　　　　　　例 4-6 的工程量信息表

| 定额编号 | 项目名称 | 定额单位 | 数量 | 单位定额值/工日 技工 | 单位定额值/工日 普工 | 合计值/工日 技工 | 合计值/工日 普工 |
|---|---|---|---|---|---|---|---|
|  | 百公里光缆中继段测试(36 芯,双窗测试) |  | 5 个中继段 |  |  |  |  |

**分析**:根据表 4-11 所给的项目名称"百公里光缆中继段测试(36 芯,双窗测试)",属于第四册《通信线路工程》,查看第四册目录可知第六章第一节"光缆接续与测试"在定额手册第 122 页。根据定额名称,确定为"40 km 以上光缆中继段测试(36 芯以下)",其定额编号应为 TXL6-045,定额单位为中继段,单位定额值技工 4.39 工日,普工 0 工日,且题目给定单位和定额单位相同,但要注意

定额手册里给定的是单窗测试,依据第六章章节说明"光缆中继段测试定额是按单窗口测试取定的,如需双窗口测试,其人工和仪表定额分别乘以 1.8 的系数",则单位定额值技工应为 4.39×1.8＝7.902 工日,普工 0 工日,合计值技工应为 5×7.902＝39.51 工日,普工 0 工日,其正确结果见表 4-12。

表 4-12　　　　　　　　　　　　例 4-6 的工程量信息结果表

| 定额编号 | 项目名称 | 定额单位 | 数量 | 单位定额值/工日 技工 | 单位定额值/工日 普工 | 合计值/工日 技工 | 合计值/工日 普工 |
| --- | --- | --- | --- | --- | --- | --- | --- |
| TXL6-045 | 百公里光缆中继段测试(36 芯,双窗测试) | 中继段 | 5 个中继段 | 7.902 | 0 | 39.51 | 0 |

**例 4-7**　套用 2016 版预算定额,完成表 4-13 的相关内容。

表 4-13　　　　　　　　　　　　例 4-7 的工程量信息表

| 定额编号 | 项目名称 | 定额单位 | 数量 | 单位定额值/工日 技工 | 单位定额值/工日 普工 | 合计值/工日 技工 | 合计值/工日 普工 |
| --- | --- | --- | --- | --- | --- | --- | --- |
|  | 挖、松填光缆沟(普通土,海拔 2 600 m 原始森林地带) |  | 2 300 m³ |  |  |  |  |

**分析**:根据表 4-13 所给的项目名称"挖、松填光缆沟(普通土、海拔 2 600 m 原始森林地带)",属于第四册《通信线路工程》,查看第四册目录可知第二章第一节"挖、填光(电)缆沟及接头坑"在定额手册第 8 页。根据定额名称,其定额编号应为 TXL2-001,定额单位为百立方米,单位定额值技工为 0 工日,普工为 39.38 工日,且题目给定单位和定额单位不同,同时要注意项目名称隐含"海拔 2 600 m"(人工调整系数为 1.13)、"原始森林地带"(人工调整系数为1.30)两个系数调整,依据总说明中要求"以上四类特殊地区若在施工中同时存在两种以上情况时,只能参照较高标准计取一次,不应重复计列",应计取系数为 1.30,则单位定额值普工应为39.38×1.30＝51.194 工日,技工 0 工日,合计值普工应为 51.194×23≈1 177.46 工日,技工为 0 工日,其正确结果见表 4-14 。

例 4-7

表 4-14　　　　　　　　　　　　例 4-7 的工程量信息结果表

| 定额编号 | 项目名称 | 定额单位 | 数量 | 单位定额值/工日 技工 | 单位定额值/工日 普工 | 合计值/工日 技工 | 合计值/工日 普工 |
| --- | --- | --- | --- | --- | --- | --- | --- |
| TXL2-001 | 挖、松填光缆沟(普通土、海拔 2600 m 原始森林地带) | 百立方米 | 2 300 m³ | 0 | 51.194 | 0 | 1 177.46 |

**例 4-8** 套用 2016 版预算定额，完成表 4-15 的相关内容。

表 4-15　　　　　　　　　　　例 4-8 的工程量信息表

| 定额编号 | 项目名称 | 定额单位 | 数量 | 单位定额值/工日 || 合计值/工日 ||
|---|---|---|---|---|---|---|---|
|  |  |  |  | 技工 | 普工 | 技工 | 普工 |
|  | 混凝土管道基础（一立型，C20，基础厚度为100 mm） |  | 100 m |  |  |  |  |

**分析**：根据表 4-15 所给的项目名称"混凝土管道基础（一立型，C20，基础厚度为 100 mm）"，属于第五册《通信管道工程》，第二章第一节"混凝土管道基础"在定额手册第 14 页。根据定额名称，确定其定额编号应为 TGD2-002，定额单位为百米，单位定额值技工 4.67 工日，普工 5.00 工日，但要注意定额项目表注释"本定额是按管道基础厚度为 80 mm 取定的。当基础厚度为100 mm、120 mm 时，定额分别乘以 1.25、1.50 系数"，则单位定额值技工应为 4.67×1.25＝5.837 5 工日，普工 5.00×1.25＝6.25 工日，合计值技工应为 1.0×5.837 5≈5.84 工日，普工 1.0×6.25＝6.25 工日，其正确结果见表 4-16。

例 4-8

表 4-16　　　　　　　　　　　例 4-8 的工程量信息结果表

| 定额编号 | 项目名称 | 定额单位 | 数量 | 单位定额值/工日 || 合计值/工日 ||
|---|---|---|---|---|---|---|---|
|  |  |  |  | 技工 | 普工 | 技工 | 普工 |
| TGD2-002 | 混凝土管道基础（一立型，C20，基础厚度为 100 mm） | 百米 | 100 m | 5.837 5 | 6.25 | 5.84 | 6.25 |

从以上几个实例的分析过程可以发现，工程量信息表的填写要注意以下两个方面的问题：

(1)定额单位与统计数量单位的换算，这样才能保证合计值中技工工日和普工工日的正确计算；

(2)注意所给定额项目名称的附属条件，通过查看预算定额总说明、册说明、章节说明以及定额项目表下方的注释内容，进行相应的系数调整，但要注意，当遇到多个调整系数时，取最高系数进行调整。

## 学习单元 5　概算定额认知与分析

### 5.1　概算定额的含义

概算定额也称为扩大结构定额，它是以一定计量单位规定的建筑安装工程扩大结构、分部工程或扩大分项工程所需人工、材料、机械台班以及仪表台班的标准。概算定额是在预算定额基础上编制的，比预算定额更具有综合性，它是编制扩大初步设计概算，控制项目投资的有效依据。目前信息通信建设工程没有概算定额，在编制概算定额时，暂用预算定额代替。

## 5.2 概算定额的作用

概算定额的作用主要包括以下五点：

（1）概算定额是编制概算、修正概算的主要依据。对不同的设计阶段而言，初步设计阶段应编制概算，技术设计阶段应编制修正概算，因此必须有与设计深度相适应的计价定额，而概算定额就是为适应这种设计深度而编制的。

（2）概算定额是设计方案比较的依据。设计方案的比较主要是对建筑、结构方案进行技术经济指标比较，目的是选出经济、合理的优秀设计方案。概算定额按扩大分项工程或扩大结构构件划分定额项目，可为设计方案的比较提供便利的条件。

（3）概算定额是编制主要材料订购计划的依据。对于项目建设所需要的材料、设备，应先制订采购计划，再进行订购。根据概算定额的材料消耗指标计算人工、材料数量比较准确、快速，可以在施工图设计之前提出计划。

（4）概算定额是编制概算指标的依据。

（5）对于实行工程招标承包制工程项目，概算定额是对其已完工程进行价款结算的主要依据。

## 5.3 概算定额的内容

概算定额也属于定额的一种，其结构与预算定额很相似，由概算总说明、册说明、章节说明、定额项目表以及必要的附录组成。在概算总说明中，明确了编制概算定额的依据，所包括的内容和用途，使用的范围和应遵守的规定，工程量的计算规则，某些费用费率的计取规则和工程概算造价的计算公式等；册说明中，阐述了本册的主要内容、编制基础和套用时应注意的问题及相关规定；章节说明中，规定了分部工程量的相关计算规定及所包含的概算定额子目和工作内容等；定额项目表给出了工程所需的人工、材料、机械和仪表台班的消耗量；附录部分主要供编制人员在编制工程概算时作为参考。

## 5.4 概算定额的编制方法

（1）编制原则

概算定额应该贯彻社会平均水平和简明适用的原则。由于概算定额和预算定额都是工程计价的依据，所以应符合价值规律并反映现阶段生产力水平。概算定额编制所贯彻的社会平均水平应留有必要的幅度差，以便在编制过程中加以严格控制。

（2）编制依据

①现行的设计标准规范。

②现行建筑安装工程的预算定额。

③国务院各有关部门和各省、自治区、直辖市批准发布的标准设计图集和有代表性的设计图纸等。

④现行的概算定额及其编制资料。

⑤编制期间的人工工资标准、材料预算价格、机械台班和仪表台班费用等。

(3)编制流程

概算定额的编制基础之一是预算定额,所以其编制流程基本与预算定额的编制流程相同,编制流程主要为收集资料、熟悉图纸→工程量统计→套用定额、选用价格→费用费率计取→复核检查→撰写编制说明→审核出版,具体内容详见模块五相关内容。

## 学习单元6　台班单价定额认知与使用

### 6.1　机械台班单价定额

将一台施工机械一天(8小时)完成的合格产品数量作为台班产量定额,再以一定的机械幅度差系数来确定单位产品所需要的施工机械台班消耗量。基本用量的计算公式为:

预算定额中施工机械台班消耗量＝某单位合格产品数量/每台班产量定额×机械幅度差系数

或者为:

预算定额中施工机械台班消耗量＝1/每台班产量

只有价值在2 000元以上的机械才能计算其台班消耗量,低于2 000元的不能计取。信息通信建设工程机械台班单价定额见表6-1。

表6-1　　　　　　　　信息通信建设工程机械台班单价定额

| 编号 | 机械名称 | 型号 | 台班单价/元 |
| --- | --- | --- | --- |
| TXJ001 | 光纤熔接机 |  | 144 |
| TXJ002 | 带状光纤熔接机 |  | 209 |
| TXJ003 | 电缆模块接续机 |  | 125 |
| TXJ004 | 交流弧焊机 |  | 120 |
| TXJ005 | 汽油发电机 | 10 kW | 202 |
| TXJ006 | 柴油发电机 | 30 kW | 333 |
| TXJ007 | 柴油发电机 | 50 kW | 446 |
| TXJ008 | 电动卷扬机 | 3 t | 120 |
| TXJ009 | 电动卷扬机 | 5 t | 122 |
| TXJ010 | 汽车式起重机 | 5 t | 516 |
| TXJ011 | 汽车式起重机 | 8 t | 636 |
| TXJ012 | 汽车式起重机 | 16 t | 768 |
| TXJ013 | 汽车式起重机 | 25 t | 947 |
| TXJ014 | 汽车式起重机 | 50 t | 2 051 |
| TXJ015 | 汽车式起重机 | 75 t | 5 279 |
| TXJ016 | 载重汽车 | 5 t | 372 |

(续表)

| 编号 | 机械名称 | 型号 | 台班单价/元 |
|---|---|---|---|
| TXJ017 | 载重汽车 | 8 t | 456 |
| TXJ018 | 载重汽车 | 12 t | 582 |
| TXJ019 | 载重汽车 | 20 t | 800 |
| TXJ020 | 叉式装载车 | 3 t | 374 |
| TXJ021 | 叉式装载车 | 5 t | 450 |
| TXJ022 | 汽车升降机 |  | 517 |
| TXJ023 | 挖掘机 | $0.6\ m^3$ | 743 |
| TXJ024 | 破碎锤(含机身) |  | 768 |
| TXJ025 | 电缆工程车 |  | 373 |
| TXJ026 | 电缆拖车 |  | 138 |
| TXJ027 | 滤油机 |  | 121 |
| TXJ028 | 真空滤油机 |  | 149 |
| TXJ029 | 真空泵 |  | 137 |
| TXJ030 | 台式电钻机 | $\phi 25\ mm$ | 119 |
| TXJ031 | 立式钻床 | $\phi 25\ mm$ | 121 |
| TXJ032 | 金属切割机 |  | 118 |
| TXJ033 | 氧炔焊接设备 |  | 144 |
| TXJ034 | 燃油式路面切割机 |  | 210 |
| TXJ035 | 电动式空气压缩机 | $0.6\ m^3/min$ | 122 |
| TXJ036 | 燃油式空气压缩机 | $6\ m^3/min$ | 368 |
| TXJ037 | 燃油式空气压缩机(含风镐) | $6\ m^3/min$ | 372 |
| TXJ038 | 污水泵 |  | 118 |
| TXJ039 | 抽水机 |  | 119 |
| TXJ040 | 夯实机 |  | 117 |
| TXJ041 | 气流敷设设备(敷设微管微缆) |  | 814 |
| TXJ042 | 气流敷设设备(敷设光缆) |  | 1 007 |
| TXJ043 | 微控钻孔敷管设备(套) | 25 t 以下 | 1 747 |
| TXJ044 | 微控钻孔敷管设备(套) | 25 t 以上 | 2 594 |
| TXJ045 | 水泵冲槽设备 |  | 645 |
| TXJ046 | 水下光(电)缆沟挖冲机 |  | 677 |
| TXJ047 | 液压顶管机 | 5 t | 444 |
| TXJ048 | 缠绕机 |  | 137 |
| TXJ049 | 自动升降机 |  | 151 |
| TXJ050 | 机动绞磨 |  | 170 |
| TXJ051 | 混凝土搅拌机 |  | 215 |
| TXJ052 | 混凝土振捣机 |  | 208 |

(续表)

| 编号 | 机械名称 | 型号 | 台班单价/元 |
|---|---|---|---|
| TXJ053 | 型钢剪断机 |  | 320 |
| TXJ054 | 管子切断机 |  | 168 |
| TXJ055 | 磨钻机 |  | 118 |
| TXJ056 | 液压钻机 |  | 277 |
| TXJ057 | 机动钻机 |  | 343 |
| TXJ058 | 回旋钻机 |  | 582 |
| TXJ059 | 钢筋调直切割机 |  | 128 |
| TXJ060 | 钢筋弯曲机 |  | 120 |

那么，如何计算某一个工程量耗费的机械使用费呢？其实，和计算人工费的基本思路相似，只要知道其所耗费的数量（人工总工日或台班总量）和单价标准（工日单价标准或台班单价标准），由数量乘以单价标准即可获得相应费用。下面举例加以说明。

**例 6-1** 运用 2016 版预算定额和机械台班单价定额，完成表 6-2 的相关内容。

表 6-2　　　　　　　　　　　机械台班量信息表

| 定额编号 | 项目名称 | 单位 | 数量 | 机械名称 | 单位定额值 数量/台班 | 单位定额值 单价/元 | 合计值 数量/台班 | 合计值 合价/元 |
|---|---|---|---|---|---|---|---|---|
| TXL1-008 | 人工开挖混凝土路面（100 mm 以内） | 百平方米 | 127 m² |  |  |  |  |  |

**分析**：根据表 6-2 中的定额编号，可知该工程量是第四册第一章中的第 8 个定额，从定额项目表可以查到机械主要有燃油式路面切割机和燃油式空气压缩机（含风镐）两种，单位定额值台班消耗量分别为 0.50 台班、0.85 台班；依据表 6-1 可查得以上两种机械台班的单价分别为 210 元、372 元，则合计值台班消耗量为 1.27×0.50＝0.635 台班，1.27×0.85＝1.079 5 台班，合价分别为 0.635×210＝133.35 元，1.079 5×372≈401.57 元，其正确结果见表 6-3。

例 6-1

表 6-3　　　　　　　　　　　机械台班量信息结果表

| 定额编号 | 项目名称 | 单位 | 数量 | 机械名称 | 单位定额值 数量/台班 | 单位定额值 单价/元 | 合计值 数量/台班 | 合计值 合价/元 |
|---|---|---|---|---|---|---|---|---|
| TXL1-008 | 人工开挖混凝土路面（100 mm 以内） | 百平方米 | 127 m² | 燃油式路面切割机 | 0.50 | 210 | 0.635 | 133.35 |
| TXL1-008 | 人工开挖混凝土路面（100 mm 以内） | 百平方米 | 127 m² | 燃油式空气压缩机（含风镐） | 0.85 | 372 | 1.079 5 | 401.57 |

## 6.2 仪表台班单价定额

与机械台班单价定额一样,只有价值在 2 000 元以上的仪表才能计算其台班消耗量,低于 2 000 元的不能计取。信息通信建设工程仪表台班单价定额见表 6-4。

表 6-4　　　　　　　　　　信息通信建设工程仪表台班单价定额

| 编号 | 名称 | 规格(型号) | 台班单价/元 |
| --- | --- | --- | --- |
| TXY001 | 数字传输分析仪 | 155M/622M | 350 |
| TXY002 | 数字传输分析仪 | 2.5G | 674 |
| TXY003 | 数字传输分析仪 | 10G | 1 181 |
| TXY004 | 数字传输分析仪 | 40G | 1943 |
| TXY005 | 数字传输分析仪 | 100G | 2 400 |
| TXY006 | 稳定光源 |  | 117 |
| TXY007 | 误码测试仪 | 2M | 120 |
| TXY008 | 误码测试仪 | 155M/622M | 278 |
| TXY009 | 误码测试仪 | 2.5G | 420 |
| TXY010 | 误码测试仪 | 10G | 524 |
| TXY011 | 误码测试仪 | 40G | 894 |
| TXY012 | 误码测试仪 | 100G | 1 128 |
| TXY013 | 光可变衰耗器 |  | 129 |
| TXY014 | 光功率计 |  | 116 |
| TXY015 | 数字频率计 |  | 160 |
| TXY016 | 数字宽带示波器 | 20G | 428 |
| TXY017 | 数字宽带示波器 | 100G | 1 288 |
| TXY018 | 光谱分析仪 |  | 428 |
| TXY019 | 多波长计 |  | 307 |
| TXY020 | 信令分析仪 |  | 227 |
| TXY021 | 协议分析仪 |  | 127 |
| TXY022 | ATM 性能分析仪 |  | 307 |
| TXY023 | 网络测试仪 |  | 166 |
| TXY024 | PCM 通道测试仪 |  | 190 |
| TXY025 | 用户模拟呼叫器 |  | 268 |
| TXY026 | 数据业务测试仪 | GE | 192 |
| TXY027 | 数据业务测试仪 | 10GE | 307 |
| TXY028 | 数据业务测试仪 | 40GE | 832 |
| TXY029 | 数据业务测试仪 | 100GE | 1 154 |
| TXY030 | 漂移测试仪 |  | 381 |
| TXY031 | 中继模拟呼叫器 |  | 231 |

(续表)

| 编号 | 名称 | 规格（型号） | 台班单价/元 |
| --- | --- | --- | --- |
| TXY032 | 光时域反射仪 |  | 153 |
| TXY033 | 偏振模色散测试仪 | PMD 分析 | 455 |
| TXY034 | 操作测试终端（电脑） |  | 125 |
| TXY035 | 音频振荡器 |  | 122 |
| TXY036 | 音频电平表 |  | 123 |
| TXY037 | 射频功率计 |  | 147 |
| TXY038 | 天馈线测试仪 |  | 140 |
| TXY039 | 频谱分析仪 |  | 138 |
| TXY040 | 微波信号发生器 |  | 140 |
| TXY041 | 微波/标量网络分析仪 |  | 244 |
| TXY042 | 微波频率计 |  | 140 |
| TXY043 | 噪声测试仪 |  | 127 |
| TXY044 | 数字微波分析仪（SDH） |  | 187 |
| TXY045 | 射频/微波步进衰耗器 |  | 166 |
| TXY046 | 微波传输测试仪 |  | 332 |
| TXY047 | 数字示波器 | 350M | 130 |
| TXY048 | 数字示波器 | 500M | 134 |
| TXY049 | 微波系统分析仪 |  | 332 |
| TXY050 | 视频、音频测试仪 |  | 180 |
| TXY051 | 视频信号发生器 |  | 164 |
| TXY052 | 音频信号发生器 |  | 151 |
| TXY053 | 绘图仪 |  | 140 |
| TXY054 | 中频信号发生器 |  | 143 |
| TXY055 | 中频噪声发生器 |  | 138 |
| TXY056 | 测试变频器 |  | 153 |
| TXY057 | 移动路测系统 |  | 428 |
| TXY058 | 网络优化测试仪 |  | 468 |
| TXY059 | 综合布线线路分析仪 |  | 156 |
| TXY060 | 经纬仪 |  | 118 |
| TXY061 | GPS 定位仪 |  | 118 |
| TXY062 | 地下管线探测仪 |  | 157 |
| TXY063 | 对地绝缘探测仪 |  | 153 |
| TXY064 | 光回损测试仪 |  | 135 |
| TXY065 | pon 光功率计 |  | 116 |

(续表)

| 编号 | 名称 | 规格(型号) | 台班单价/元 |
| --- | --- | --- | --- |
| TXY066 | 激光测距仪 |  | 119 |
| TXY067 | 绝缘电阻测试仪 |  | 120 |
| TXY068 | 直流高压发生器 | 40 kV/60 kV | 121 |
| TXY069 | 高精度电压表 |  | 119 |
| TXY070 | 数字式阻抗测试仪（数字电桥） |  | 117 |
| TXY071 | 直流钳形电流表 |  | 117 |
| TXY072 | 手持式多功能万用表 |  | 117 |
| TXY073 | 红外线温度计 |  | 117 |
| TXY074 | 交/直流低电阻测试仪 |  | 118 |
| TXY075 | 全自动变比组别测试仪 |  | 122 |
| TXY076 | 接地电阻测试仪 |  | 120 |
| TXY077 | 相序表 |  | 117 |
| TXY078 | 蓄电池特性容量监测仪 |  | 122 |
| TXY079 | 智能放电测试仪 |  | 154 |
| TXY080 | 智能放电测试仪（高压） |  | 227 |
| TXY081 | 相位表 |  | 117 |
| TXY082 | 电缆测试仪 |  | 117 |
| TXY083 | 振荡器 |  | 117 |
| TXY084 | 电感电容测试仪 |  | 117 |
| TXY085 | 三相精密测试电源 |  | 139 |
| TXY086 | 线路参数测试仪 |  | 125 |
| TXY087 | 调压器 |  | 117 |
| TXY088 | 风冷式交流负载器 |  | 117 |
| TXY089 | 风速计 |  | 119 |
| TXY090 | 移动式充电机 |  | 119 |
| TXY091 | 放电负荷 |  | 122 |
| TXY092 | 电视信号发生器 |  | 118 |
| TXY093 | 彩色监视器 |  | 117 |
| TXY094 | 有毒有害气体检测仪 |  | 117 |
| TXY095 | 可燃气体检测仪 |  | 117 |
| TXY096 | 水准仪 |  | 116 |
| TXY097 | 互调测试仪 |  | 310 |
| TXY098 | 杂音计 |  | 117 |
| TXY099 | 色度色散测试仪 | CD 分析 | 442 |

与机械台班单价定额一样，只要知道其所耗费的仪表台班量和相应的仪表台班单价，两者相乘即可获得仪表使用费。下面举例加以说明。

**例 6-2** 运用 2016 版预算定额和机械、仪表台班单价定额，完成表 6-5 的相关内容。

表 6-5　　　　　　　　　　　仪表台班量信息表

| 定额编号 | 项目名称 | 单位 | 数量 | 仪表名称 | 单位定额值 数量/台班 | 单位定额值 单价/元 | 合计值 数量/台班 | 合计值 合价/元 |
|---|---|---|---|---|---|---|---|---|
| TXL6-009 | 光缆接续（24芯以下） | 头 | 12 头 | | | | | |

**分析**：根据表 6-5 中的定额编号和项目名称，可知该工程量是第四册第六章中的第 9 个定额，从定额项目表可以查到仪表名称为"光时域反射仪"，单位定额值台班消耗量为 0.80 台班；依据表 6-4 可查得光时域反射仪台班单价为 153 元，则合计值台班消耗量为 0.80×12＝9.6 台班，合价为 9.6×153＝1 468.80 元，其正确结果见表 6-6。

例 6-2

表 6-6　　　　　　　　　　　仪表台班量信息结果表

| 定额编号 | 项目名称 | 单位 | 数量 | 仪表名称 | 单位定额值 数量/台班 | 单位定额值 单价/元 | 合计值 数量/台班 | 合计值 合价/元 |
|---|---|---|---|---|---|---|---|---|
| TXL6-009 | 光缆接续（24芯以下） | 头 | 12 头 | 光时域反射仪 | 0.80 | 153 | 9.6 | 1 468.80 |

### 知识归纳

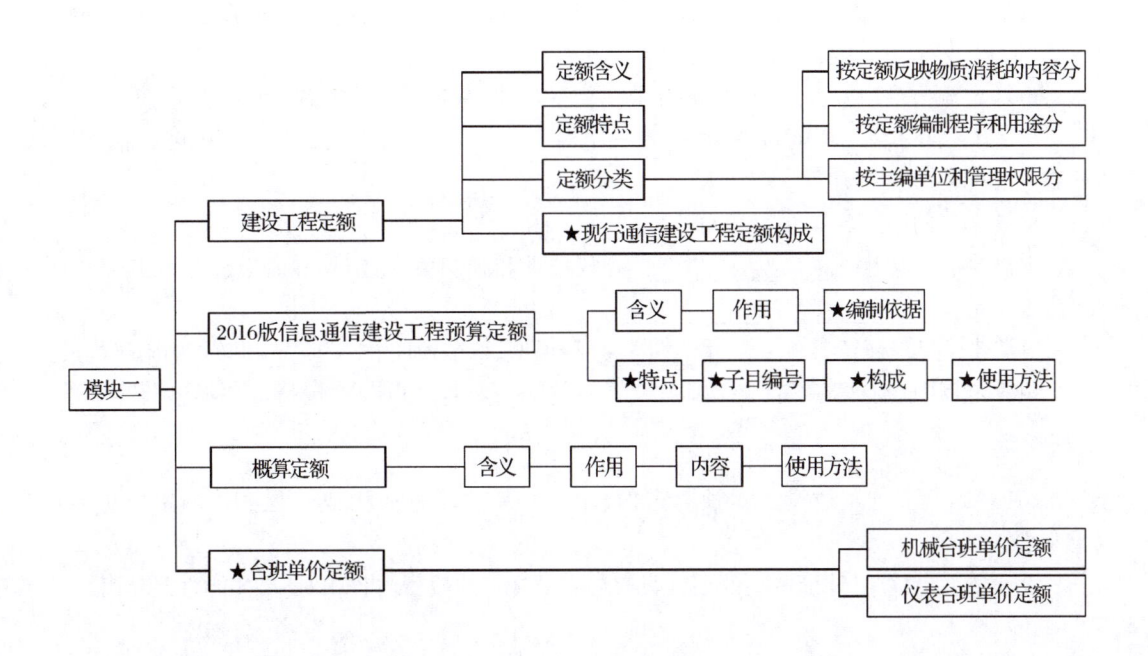

模块二
- 建设工程定额
  - 定额含义
  - 定额特点
  - 定额分类
    - 按定额反映物质消耗的内容分
    - 按定额编制程序和用途分
    - 按主编单位和管理权限分
  - ★现行通信建设工程定额构成
- 2016版信息通信建设工程预算定额
  - 含义
  - 作用
  - ★编制依据
  - ★特点
  - ★子目编号
  - ★构成
  - ★使用方法
- 概算定额
  - 含义
  - 作用
  - 内容
  - 使用方法
- ★台班单价定额
  - 机械台班单价定额
  - 仪表台班单价定额

## 思政引读

高凤林，中国航天科技集团有限公司第一研究院首都航天机械有限公司特种熔融焊接工（图 S2）。他作为焊接火箭"心脏"发动机的中国第一人，焊接了 40% 的长征系列火箭"心脏"，攻克了长征五号的技术难题，为载人航天、北斗导航、嫦娥探月等国家重点工程项目的顺利实施以及长征五号新一代运载火箭研制做出了突出贡献。他将火箭心脏的最核心部件——泵前组件的产品合格率从 29% 提升到了 92%，破解了 20 多年来掣肘我国航天事业快速发展的难题。火箭生产的提速让中国迎来了航天密集发射的新时期。

图 S2 "大国工匠"高凤林

（资料来源：央视新闻）

## 自我测试

### 一、填空题

1. 按主编单位和管理权限，可以将定额分为行业定额、_____、企业定额和_____四种。
2. 按定额反映物质消耗的内容，可以将定额分为_____、机械消耗定额以及_____三种。
3. 通信建设工程有_____定额和_____定额。由于现在还没有概算定额，在编制概算时，暂时用_____代替。
4. 预算定额子目编号由三部分组成：第一部分为汉语拼音缩写（三个字母），表示_____；第二部分为一位阿拉伯数字，表示定额子目_____；第三部分为三位阿拉伯数字，表示定额子目在章内的序号。
5. 预算定额的主要特点是量价分离、_____和_____。
6. 定额具有科学性、_____、_____、权威性和强制性、稳定性和时效性等特点。
7. 定额是指_____。
8. 通信建设工程预算定额主要由_____、册说明、章节说明、_____和必要的附录构成。
9. 预算定额中注有"××以上"，其含义是_____本身。（填写"包括"或"不包括"）

### 二、判断题

1. 2016 版《信息通信建设工程预算定额》中的材料包括直接构成工程实体的主要材料和辅助材料。　　　　　　　　　　　　　　　　　　　　　　　　　（　　）
2. 设计概算、预算时计价单位的划分只有与定额规定的项目内容相对应，才能直接套用。　　　　　　　　　　　　　　　　　　　　　　　　　　　　　（　　）

3.通信建设工程预算定额"量价分离"的原则是预算定额中只反映人工、材料、机械台班的消耗量,而不反映其单价。（    ）

4.当通信建设工程预算定额用于扩建工程时,所有定额均乘以扩建调整系数。（    ）

5.定额的时效性与稳定性是相互矛盾的。（    ）

6.对于同一定额项目名称,若有多个相关调整系数,应采取连乘的方法来确定定额量。（    ）

7.2016 版《信息通信建设工程预算定额》的实施时间是 2017 年 1 月 1 日。（    ）

8.单位价值为 1600 元的仪表属于定额中的"仪表台班"中的"仪表"。（    ）

9.设备安装工程一般按技工计取工日。（    ）

10.2016 版《信息通信建设工程预算定额》中不包括工程建设中的水电消耗量,编制预算时应另行计算。（    ）

## 三、选择题

1.建设项目总概算是根据所包含的(    )汇总编制而成的。
   A.单项工程概算　　　　　　　　B.单位工程概算
   C.分部工程　　　　　　　　　　D.分项工程

2.通信建设工程概算、预算编制办法及费用定额适用于通信工程新建、扩建工程,(    )可参照使用。
   A.恢复工程　　B.大修工程　　C.改建工程　　D.维修工程

3.对于通信线路工程,当单项工程总工日在 100～250 工日时,其调整系数为(    )。
   A.0.1　　　　B.0.15　　　　C.0.3　　　　D.0.4

4.在预算定额中,主要材料包括(    )。
   A.直接使用量和运输损耗量　　　B.直接使用量和预留量
   C.直接使用量和规定损耗量　　　D.预留量和运输损耗量

5.按定额的编制程序和用途可以将定额分为施工定额、预算定额、概算定额、投资估算指标以及(    )五种。
   A.企业定额　　B.临时定额　　C.行业定额　　D.工期定额

6.册名为 TSD 表示(    )。
   A.通信电源设备安装工程　　　　B.有线通信设备安装工程
   C.无线通信设备安装工程　　　　D.通信管道工程

7.拆除天、馈线及室外基站设备时,定额规定的人工调整系数为(    )。
   A.0.4　　　　B.0.6　　　　C.0.8　　　　D.1.0

8.某通信线路工程在海拔 2 000 m 以上和原始森林地区进行室外施工,如果根据工程量统计的工日为 1 000 工日,海拔 2 000 m 以上和原始森林地区的调整系数分别为 1.13 和 1.30,则总工日应为(    )工日。
   A.1130　　　　B.1469　　　　C.2430　　　　D.1300

9.《信息通信建设工程预算定额》用于扩建工程时,其扩建施工降效部分的人工工日按乘以系数(    )计取。
   A.1.0　　　　B.1.1　　　　C.1.2　　　　D.1.3

10.在下列情况中,不用考虑定额调整系数的是( )。

　　A.高原、沙漠地区　　　　　　　　B.原始森林、沼泽地区

　　C.扩建工程　　　　　　　　　　　D.改造工程

## 四、简答题

1.什么是定额？有哪些特点？

2.什么是概算定额？其作用是什么？

3.什么是预算定额？其使用方法是什么？

4.预算定额的构成及其作用是什么？

5.2016 版《信息通信建设工程预算定额》有哪些特点？

## 五、综合题

套用 2016 版预算定额,完成表 T2-1～表 T2-10 相关信息的填写。

表 T2-1　　　　　　　　　　　预算定额信息表(1)

| 定额编号 | 项目名称 | 定额单位 | 数量 | 单位定额值/工日 ||  合计值/工日 ||
|---|---|---|---|---|---|---|---|
|  |  |  |  | 技工 | 普工 | 技工 | 普工 |
|  | 安装测试 10 Tbit/s 的 OTN 电交叉设备 |  | 10 子架 |  |  |  |  |

表 T2-2　　　　　　　　　　　预算定额信息表(2)

| 定额编号 | 项目名称 | 定额单位 | 数量 | 单位定额值/工日 ||  合计值/工日 ||
|---|---|---|---|---|---|---|---|
|  |  |  |  | 技工 | 普工 | 技工 | 普工 |
|  | 拆除架空自承式电缆（200 对,清理入库） |  | 500 m |  |  |  |  |

表 T2-3　　　　　　　　　　　预算定额信息表(3)

| 定额编号 | 项目名称 | 定额单位 | 数量 | 单位定额值/工日 ||  合计值/工日 ||
|---|---|---|---|---|---|---|---|
|  |  |  |  | 技工 | 普工 | 技工 | 普工 |
|  | 安装高频开关整流模块(50 A) |  | 6 个 |  |  |  |  |

表 T2-4　　　　　　　　　　　预算定额信息表(4)

| 定额编号 | 项目名称 | 定额单位 | 数量 | 单位定额值/工日 ||  合计值/工日 ||
|---|---|---|---|---|---|---|---|
|  |  |  |  | 技工 | 普工 | 技工 | 普工 |
|  | 敷设管道光缆（24 芯） |  | 1 200 m |  |  |  |  |

表 T2-5　　　　　　　　　　　预算定额信息表(5)

| 定额编号 | 项目名称 | 定额单位 | 数量 | 单位定额值/工日 ||  合计值/工日 ||
|---|---|---|---|---|---|---|---|
|  |  |  |  | 技工 | 普工 | 技工 | 普工 |
|  | 布放总配线架成端电缆（800 对,由地下室至二楼） |  | 5 条 |  |  |  |  |

表 T2-6　　　　　　　　　　　　预算定额信息表(6)

| 定额编号 | 项目名称 | 定额单位 | 数量 | 单位定额值/工日 技工 | 单位定额值/工日 普工 | 合计值/工日 技工 | 合计值/工日 普工 |
|---|---|---|---|---|---|---|---|
|  | 百公里光缆中继段测试（36 芯,双窗口测试） |  | 3 个<br>中继段 |  |  |  |  |

表 T2-7　　　　　　　　　　　　预算定额信息表(7)

| 定额编号 | 项目名称 | 定额单位 | 数量 | 单位定额值/工日 技工 | 单位定额值/工日 普工 | 合计值/工日 技工 | 合计值/工日 普工 |
|---|---|---|---|---|---|---|---|
|  | 安装室外馈线走道（沿女儿墙内侧垂直） |  | 0.9 m |  |  |  |  |

表 T2-8　　　　　　　　　　　　预算定额信息表(8)

| 定额编号 | 项目名称 | 定额单位 | 数量 | 单位定额值/工日 技工 | 单位定额值/工日 普工 | 合计值/工日 技工 | 合计值/工日 普工 |
|---|---|---|---|---|---|---|---|
|  | 安装四口 8 位模块式信息插座（屏蔽） |  | 60 个 |  |  |  |  |

表 T2-9　　　　　　　　　　　　预算定额信息表(9)

| 定额编号 | 项目名称 | 定额单位 | 数量 | 单位定额值/工日 技工 | 单位定额值/工日 普工 | 合计值/工日 技工 | 合计值/工日 普工 |
|---|---|---|---|---|---|---|---|
|  | 挖、松填光缆沟（冻土,海拔 2500 m 原始森林地带） |  | 1 000 m$^3$ |  |  |  |  |

表 T2-10　　　　　　　　　　　预算定额信息表(10)

| 定额编号 | 项目名称 | 定额单位 | 数量 | 单位定额值/工日 技工 | 单位定额值/工日 普工 | 合计值/工日 技工 | 合计值/工日 普工 |
|---|---|---|---|---|---|---|---|
|  | 一平型(460 宽)混凝土管道基础（厚度 10 cm ,C15） |  | 450 m |  |  |  |  |

## 技能训练

### 技能训练二　预算定额查找和台班费用定额使用

一、实训目的

1.熟悉 2016 版预算定额手册的主要内容及注意事项
2.理解和掌握预算定额的正确查找方法及套用技巧
3.能根据给定的工程项目内容及数量,运用预算定额手册查找和填写相关信息
4.能根据给定的施工图纸,写出所涉及的工程定额子目

## 二、实训场所和器材

通信工程设计实训室(2016 版预算定额手册 1 套、微型计算机 1 台)

## 三、实训内容

1.根据下面给定的工程项目内容及数量,查找 2016 版预算定额手册完成表 J2-1～表 J2-3 的填写。

(1)架设 100 米以内辅助吊线(1 条档)

(2)40 km 以下光缆中继段测试(48 芯,1 个中继段)

(3)敷设 24 芯室外通道光缆(100 m)

(4)布放 1/2 英寸射频同轴电缆(1 条 8 m)

(5)沿外墙垂直安装室外馈线走道(10 m)

(6)室外布放 25 mm² 双芯电力电缆(320 m)

(7)安装调测直放站设备(1 站)

(8)沿女儿墙内侧安装室外馈线走道(10 m)

(9)海拔 4200 米原始森林地带开挖埋式光缆沟(冻土,夯填,12 m³)

(10)布放泄漏式 1/2 英寸射频同轴电缆(1 条 4 m)

表 J2-1　　　　　　　　　　　工程定额项目基本信息

| 序号 | 定额编号 | 项目名称 | 单位 | 数量 | 单位定额值/工日 技工 | 单位定额值/工日 普工 | 合计值/工日 技工 | 合计值/工日 普工 |
|---|---|---|---|---|---|---|---|---|
| 1 | TXL3-180 | 架设 100 米以内辅助吊线 | 条档 | 1 | 1.00 | 1.00 | 1.00 | 1.00 |
| 2 | | | | | | | | |
| 3 | | | | | | | | |
| 4 | | | | | | | | |
| 5 | | | | | | | | |
| 6 | | | | | | | | |
| 7 | | | | | | | | |
| 8 | | | | | | | | |
| 9 | | | | | | | | |
| 10 | | | | | | | | |

表 J2-2　　　　　　　　　　　机械台班及使用费统计

| 序号 | 定额编号 | 工程及项目名称 | 单位 | 数量 | 机械名称 | 单位定额值 数量/台班 | 单位定额值 单价/元 | 合计值 数量/台班 | 合计值 合价/元 |
|---|---|---|---|---|---|---|---|---|---|
| Ⅰ | Ⅱ | Ⅲ | Ⅳ | Ⅴ | Ⅵ | Ⅶ | Ⅷ | Ⅸ | Ⅹ |
| 1 | | | | | | | | | |
| 2 | | | | | | | | | |
| 3 | | | | | | | | | |

表 J2-3　　仪表台班及使用费统计

| 序号 | 定额编号 | 工程及项目名称 | 单位 | 数量 | 仪表名称 | 单位定额值 数量/台班 | 单位定额值 单价/元 | 合计值 数量/台班 | 合计值 合价/元 |
|---|---|---|---|---|---|---|---|---|---|
| Ⅰ | Ⅱ | Ⅲ | Ⅳ | Ⅴ | Ⅵ | Ⅶ | Ⅷ | Ⅸ | Ⅹ |
| 1 | | | | | | | | | |
| 2 | | | | | | | | | |
| 3 | | | | | | | | | |

2.根据下面给定的施工图纸,运用预算定额手册找出所涉及的工程定额子目。

(1)架空线路工程(图 J2-1)

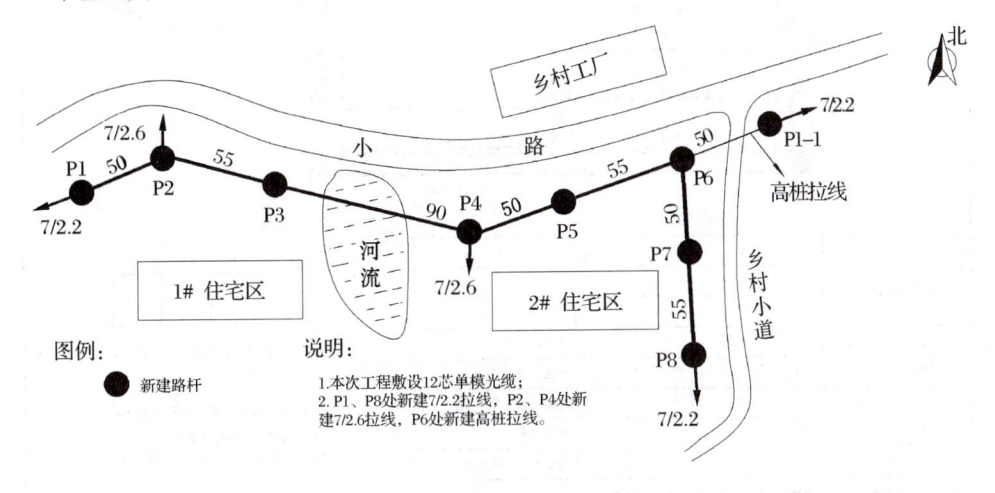

图 J2-1　架空线路工程施工图

主要涉及的工程定额子目有 _____

_____

(2)光缆线路工程(图 J2-2)

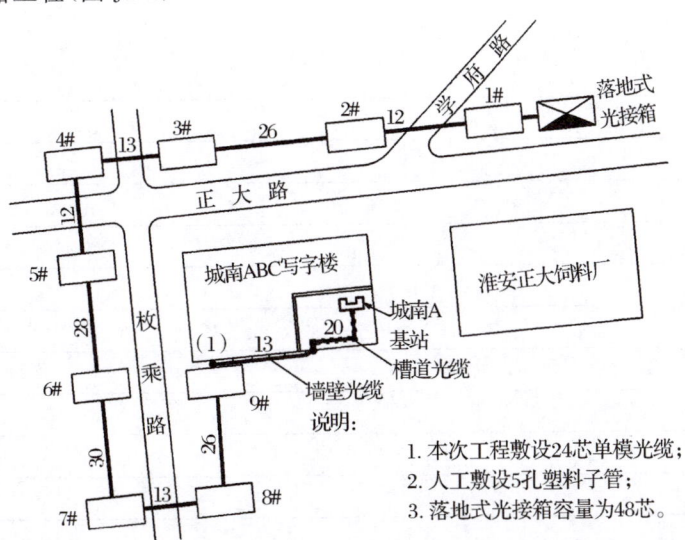

图 J2-2　光缆线路工程施工图

主要涉及的工程定额子目有

(3)无线通信设备安装工程(图 J2-3)

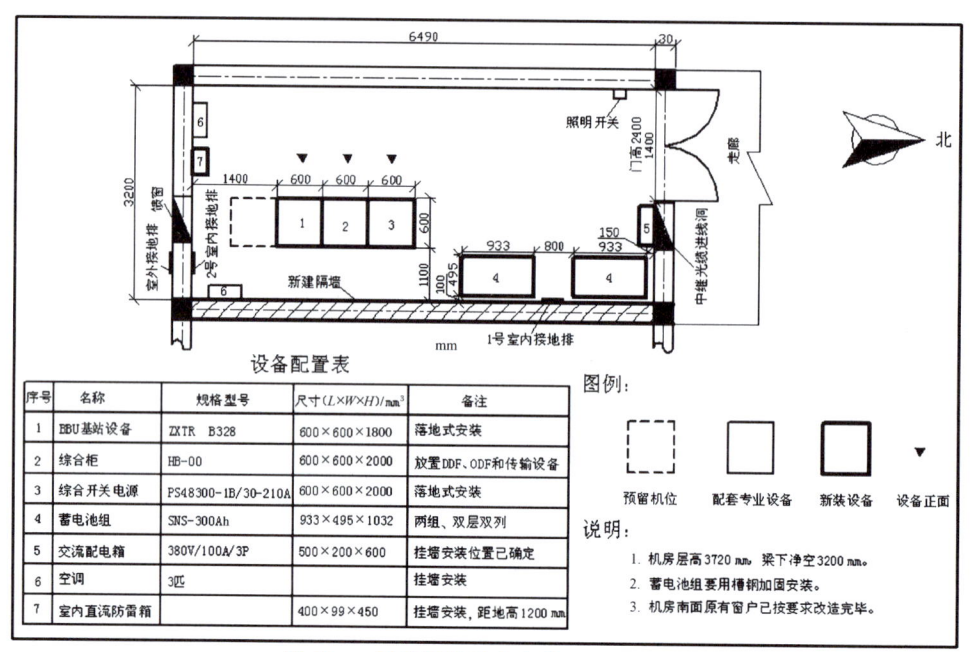

图 J2-3　无线通信设备安装工程施工图

主要涉及的工程定额子目有

## 四、总结与体会

# 模块三 通信建设工程工程量统计

## 目标导航

1. 理解和掌握通信建设工程工程量计算的基本准则
2. 熟练掌握通信建设工程不同专业的主要工程量及工作流程
3. 能运用通信工程常用图例，正确进行通信工程图纸的识读，并准确统计出所涉及的工程量
4. 培养学生坚守初心、担当使命的精神
5. 培养学生严谨细致、认真负责的学习态度

## 教学建议

| 模块内容 | 学时分配 | 总学时 | 重点 | 难点 |
| --- | --- | --- | --- | --- |
| 7.1 通信线路工程图识读实例分析 | 1 | 24 | √ | |
| 7.2 移动通信基站工程图识读实例分析 | 1 | | √ | |
| 7.3 室内分布系统工程图识读实例分析 | 1 | | √ | |
| 8.1 工程量统计的总体原则 | 1 | | | |
| 8.2 不同专业的工程量统计 | 4 | | √ | |
| 8.3 工程实例分析 | 12 | | √ | √ |
| 技能训练 | 4 | | √ | √ |

## 内容解读

本模块包括通信工程图识读、工程量统计等两个学习单元。主要给出了通信工程图纸识读实例分析过程，重点分析了工程量统计的总体原则，归纳了不同专业的工程量列表及工作流程，最后结合实际工程案例分析了工程量的统计过程。

## 学习单元7　通信工程图识读

通信工程图是通过图形符号、文字符号、文字说明以及标注表达的。为了能够读懂图纸，

必须了解和掌握图纸中各种图形符号、文字符号等的含义。专业人员通过工程图纸了解工程规模、工程内容，统计出工程量，编制出工程概预算文件。阅读工程图纸，统计工程量的过程称为工程识图。

## 7.1 通信线路工程图纸识读实例分析

图 7-1 是某信息职业技术学院光缆线路工程施工图，下面将运用前面所学的制图知识和相关专业知识来详细识读它。

（1）总体查看图纸各要素是否齐全。该工程图除图衔中有关信息没有填写完整外，其他要素基本齐全。

①指北针图标，它是通信线路工程图、机房平面图、机房走线路由图等图纸中必不可少的要素，可以帮助施工人员辨明方向，正确、快速地找到施工位置。

②工程图例齐全，为准确识读此工程图纸奠定了基础。

③技术说明、部分工程量列表简述较为清晰，为编制施工图预算提供了信息，同时也使施工技术人员领会设计意图，从而为快速施工提供详细的资料。

④图纸主要参照物齐全，有小路、学生公寓、操场等，为工程施工提供了方便。

⑤图纸中线路敷设路由清晰，距离数据标注完整，同时对于特殊场景（钢管引上、拉线程式等）进行了相关说明。

⑥图纸左中区域给出了本次工程管道光缆占孔情况，有利于读者更好地识读该图纸。

（2）细读图纸，明确是否能直接指导工程施工。

①从左往右看，12 芯光缆由 3M 机房旁的 ODF 架出发，经管道敷设，从 1♯人孔－2♯人孔－3♯人孔－4♯人孔－5♯人孔－6♯人孔（光缆在每个人孔里的管孔位占用情况已在图纸中给出，如图例上方的图示），其光缆敷设长度（图中标出的人孔间距离是指人孔中心至人孔中心的距离）$L=5+10+25+60+20+15=135$ m，这个长度不包括光缆弯曲、损耗以及设计预留等部分。要注意的是，在光缆敷设的时候，要根据实际工程情况，明确是否要计取机房室内部分的光缆长度。

②光缆至 6♯人孔后，经 12 m 的直埋敷设至电杆 P1（这里，由管道敷设转换为直埋敷设，需要在 6♯人孔壁上开一个墙洞）。

③在电杆 P1 处通过 $\phi$20 mm 镀锌钢管引上 3 m，进行杆路敷设，沿 P1－P2－P3－P4－P5－P6－P7－P8，这些电杆均为原有电杆，在 P7、P8 之间本次工程安装了一个架空交接箱，P1 至 P8 之间光缆敷设长度 $L=50+10+16+18+20+25=139$ m，其中不包括 P7、P8 之间交接箱用光缆长度、弯曲、损耗以及设计预留部分。另外，新建拉线 2 条，P8 处设单股拉线 1 条，还有 P1 杆处新建高桩拉线 1 条，现有预算定额手册里无高桩拉线，在计取工程量时，将其看作由新建电杆 P1-1、新建电杆 P1-1 与原有电杆 P1 之间的吊线和单股拉线 7/2.2 组成。

④光缆引至 P8 电杆处时，通过钢管引下（未明确钢管类型），经过 500 m 管道敷设方式至小马村基站，两端机房内光缆预留长度均为 20 m，并在距 P8 电杆 200 m 的光缆接头点完成 12 芯光缆接续，接头点每侧预留光缆 6～8 m。

至此，将本工程图纸的全部内容进行了解读，为后期工程量的具体计算和概预算文件编制奠定了基础。

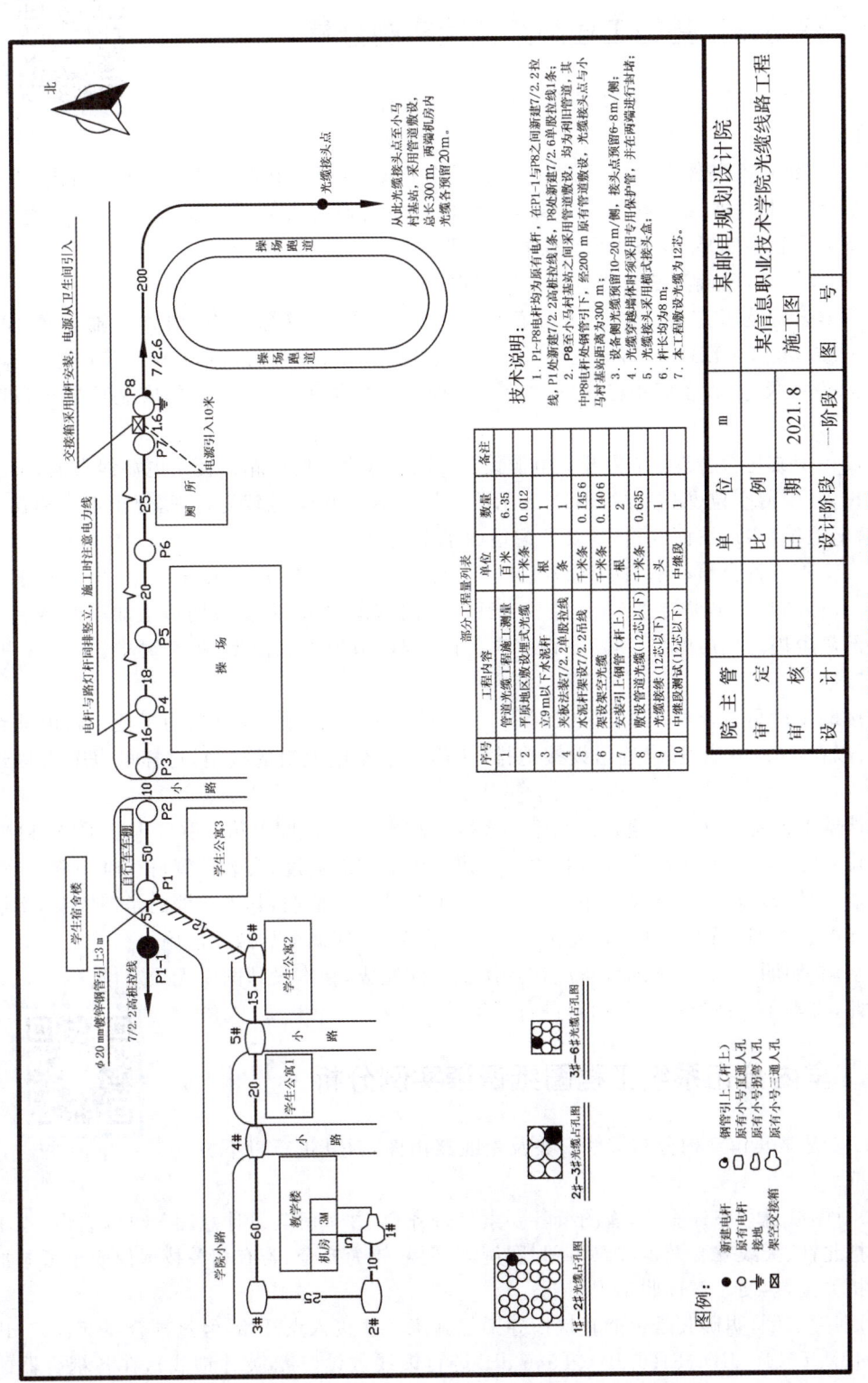

图7-1 某信息职业技术学院光缆线路工程施工图

## 7.2 移动通信基站工程图纸识读实例分析

图 7-2 是某新建 TD-SCDMA 基站工程平面布置图,其分析思路与 7.1 节类似。

(1)对图纸进行整体查看,看图纸各要素是否齐全,并了解其设计意图。可以看出,本工程图纸有指北针、机房平面布置、图例、技术说明以及主要设备表等,要素较为齐全。同时新增、扩容设备区分较为明显,设备正面图例标注清晰。

(2)细读图纸,明确其是否能直接指导工程施工。

① 新增设备是否定位。本次工程新增 1(开关电源)、2(综合柜,内含传输设备 SDH/DDF/ODF)、3(NODEB)、4(蓄电池组)、5(交流配电箱)、6(室内防雷箱)和 7(室内接地排)等 7 个设备,设备尺寸、设备间距已在图中及主要设备表里给出,每个设备的安装位置可以唯一确定。

② 设备摆放是否合理。1 为开关电源设备,靠近 5(交流配电箱),便于电源线布放,节约工程成本投入;预留空位(图中虚线框)3 表示后期扩容 NODEB,也较为合理,便于走线和长远规划;4(蓄电池组)靠近墙面放置,需要考虑地面承重大小。

③ 门窗是否符合移动基站的建设要求。此处门宽为 880 mm,高度未知,单扇或双扇未明确,不符合移动基站单扇门宽 1 m,高不小于 2 m 的基本要求,需要后期施工加以改造。为了减少外部灰尘进入机房内部,机房不设窗户,由空调调节温度和湿度,符合要求;若有窗户,需要进行改造。

④ 接地设计是否合理。本工程设计中,室内设置了 7(室内接地排),为了便于蓄电池组的接地,可以在 4(蓄电池组)附近增设接地排,专门用于蓄电池组的接地,这样可以节省接地线缆的布放。

⑤ 墙壁上设备安装是否定位。墙壁上本次工程有 5(交流配电箱)、6(室内防雷箱)和 7(室内接地排)共三个设备,图中主要设备表已给出三者的安装高度,安装位置可以唯一确定。

⑥ 墙洞是否定位。本次设计中要求南北墙上各开一个墙洞,其中北墙的是馈线洞,南墙的是中继光缆进线洞,两者距侧墙的距离和高度并未给出,因此会导致无法施工。

⑦ 空调、照明、开关等辅助设备应在具体施工前完成,在本设计图中无须定位。

至此,将本工程图纸的全部内容进行了解读。

## 7.3 室内分布系统工程图纸识读实例分析

图 7-3 是某宾馆室内分布天线安装及走线路由图,对其进行以下方面的解读。

(1)对图纸进行整体查看,看图纸各要素是否齐全,并了解其设计意图。可以看出,本工程图纸有指北针、天线安装及走线路由图、图例等,要素较为齐全,若有相关技术说明也可添加在图纸的相关位置,便于解读此工程图纸。

(2)细读图纸,明确其是否能直接指导工程施工。从接入点开始,经过耦合器 T1(15 dB)、T2(10 dB)、T3(10 dB)、T4(6 dB)、T5(6 dB)进行馈线敷设(1/2 英寸馈线),在各耦合器的耦合端出口 1 m 处进行天线的安装,最后通过 PS1 功分器分出两个天线。图中所用到的 1/2 英寸射频同轴电缆长度均已标注,若再给出室内分布系统框图和系统原理图,则更有利于指导工程施工。

**技术说明：**

1. 楼层：实验楼S6二层；
2. 屋顶状况：滂筑；
3. 梁下净距：3 050 mm；
4. 走线方式：上走线。

主要设备表

| 序号 | 名称 | 规格型号 | 尺寸(长*宽*高) mm | 单位 | 数量 | 备注 |
|---|---|---|---|---|---|---|
| 1 | 开关电源 | PS48300-1B/30-300A | 2 000×600×600 | 架 | 1 | SDH、ODF、DDF安装于此机柜中 |
| 2 | 综合柜 | HB-00 | 2 000×600×600 | 架 | 1 | |
| 3 | NODEB | B328 | 1 200×600×600 | 架 | 1 | |
| 4 | 蓄电池组 | SNS-500Ah | 1 198×656×1 042 | 组 | 2 | |
| 5 | 交流配电箱 | 380V/100A/3P | 600×500×200 | 套 | 1 | 下沿距地1 400 mm |
| 6 | 室内防雷箱 | | | 套 | 1 | 下沿距地1 400 mm |
| 7 | 室内接地排 | | | 个 | 1 | 下沿距馈线窗上沿200 mm |

| 院主管 | | 单位 | | 某邮电视划设计院 |
|---|---|---|---|---|
| 审定 | | 比例 | | |
| 审核 | | 日期 | | 某新建TD-SCDMA基站工程平面布置图 |
| 设计 | | 设计阶段 | 一阶段 | 图号 |

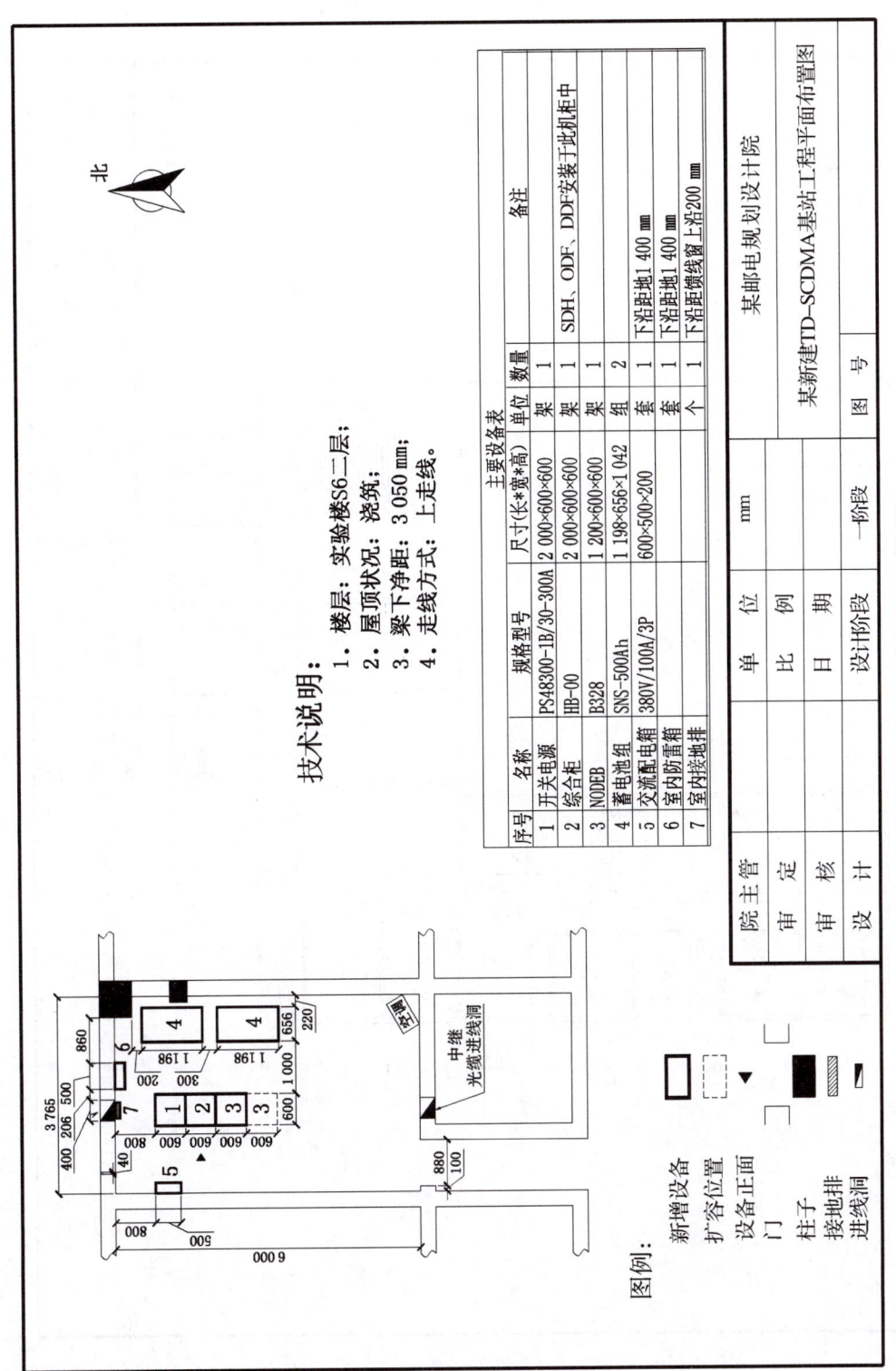

图7-2 某新建TD-SCDMA基站工程平面布置图

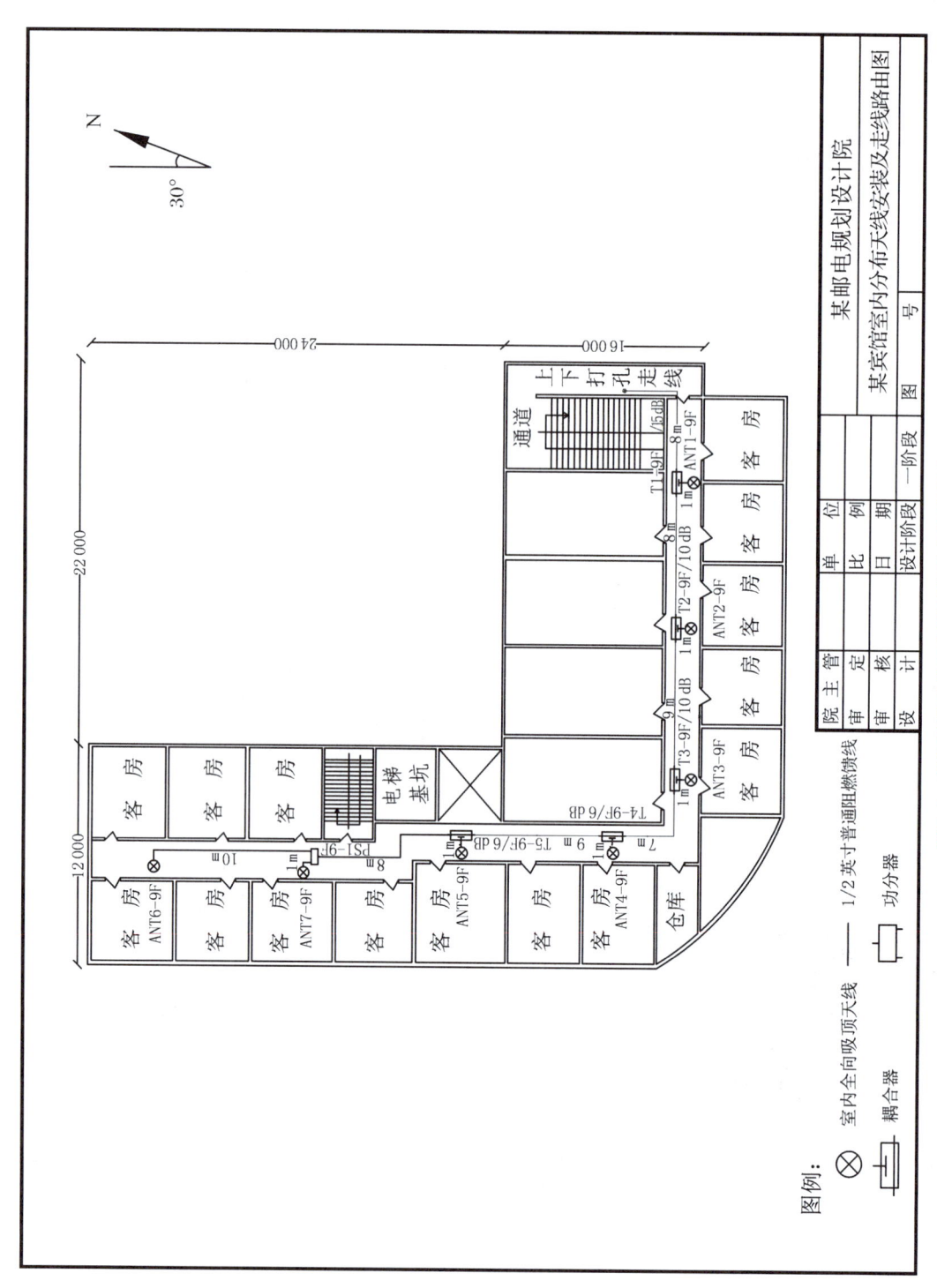

图7-3 某宾馆室内分布天线安装及走线路由图

## 学习单元 8　工程量统计

### 8.1　工程量统计的总体原则

工程项目的工程量统计准确与否,直接影响概预算文件的编制质量。不同编制人员的编制习惯不一样,有的从工程图纸的左上角开始逐一统计,有的按照预算定额目录顺序进行查找统计,还有的按照施工顺序进行统计,其实无论采用哪种统计方法,只要保证将实际工程项目的工程量一个不少地统计出来即可。工程量的统计一般应遵循以下原则:

(1)工程量统计的主要依据是施工图设计文件、现行预算定额的有关规定以及相关资料。

(2)概预算编制人员应具备较强的工程识图能力,须对照所给的施工图纸进行工程量的统计,绝不能无中生有。

(3)概预算编制人员必须熟练掌握预算定额中定额项目的工作内容、定额项目设置、下方注释以及定额单位等,以便正确地换算出相应工程量和计量单位。

(4)工程量的统计应按照工程量的计算规则进行。如工程量项目的划分、计量单位的取定以及有关的调整系数等,均应按相关专业的计算规则来确定。

(5)工程量的计量单位有物理计量单位(如米、千米、克、立方米等)和自然计量单位(如台、套、副、架等),要能正确区分这两种计量单位的不同。

(6)通信建设工程无论是初步设计,还是施工图设计均应依据设计图纸统计工程量。按照实物工程量编制通信建设工程概预算。

(7)工程量计算应以设计规定的所属范围和设计分界线为准,布线走向和部件设置应以施工验收技术规范为准,工程量的计量单位必须与预算定额的计量单位保持一致。

(8)工程量统计应以施工安装数量为准,所用材料数量不能作为安装工程量。

### 8.2　不同专业的工程量统计

无论是属于哪个专业的实际工程项目,其工程量均反映在相应的预算定额手册里,因此熟练掌握预算定额手册各专业的主要工作流程对于工程量的正确统计起着关键性作用。下面将给出预算定额手册各专业的主要工作流程,并列举相应工程实例加以说明,以便为做好工程量的统计奠定坚实的基础。

#### 8.2.1　通信电源设备安装工程

《通信电源设备安装工程》定额手册涵盖了通信设备安装工程中所需的全部供电系统配置的安装项目,内容包括 10 kV 以下的变、配电设备,机房空调和动力环境监控,电力缆线布放,接地装置,供电系统配套附属设施的安装与调试。本定额手册主要包括以下七章内容:

(1)安装与调试高、低压供电设备。

(2)安装与调试发电机设备。
(3)安装交直流电源设备、不间断电源设备。
(4)监控机房空调及动力环境。
(5)敷设电源母线、电力和控制缆线。
(6)安装接地装置。
(7)安装附属设施。

对于一个移动通信基站工程的电源设备安装而言,其工作流程为安装交直流、不间断电源及配套设备→敷设电源母线、电力电缆及终端制作→安装接地装置,主要工程量见表8-1。

表 8-1　　　　　移动通信基站工程的电源设备安装工程量清单

| 序号 | 定额编号 | 工程量名称 | 备注 |
|---|---|---|---|
| 1 | TSD3-001~TSD3-005 | 安装蓄电池抗震架 | 有单层单列、单层双列、双层单列、双层双列和多层多列之分 |
| 2 | TSD3-013~TSD3-019 | 安装48 V铅酸蓄电池组 | 每组蓄电池容量不同,使用定额不同 |
| 3 | TSD3-034 | 蓄电池补充电 |  |
| 4 | TSD3-036 | 蓄电池容量试验 | 本表序号1~4项属于48 V铅酸蓄电池安装工程量 |
| 5 | TSD3-050~TSD3-057 | 安装、调试交流不间断电源 | 容量不同,定额不同 |
| 6 | TSD3-064~TSD3-066 | 安装组合式开关电源 | 容量划分为300 A以下、600 A以下和600 A以上三种 |
| 7 | TSD3-067~TSD3-069 | 安装开关电源架 | 容量划分为600 A以下、1 200 A以下和1 200 A以上三种 |
| 8 | TSD3-070~TSD3-072 | 安装高频开关整流模块 | 容量划分为50 A以下、100 A以下和100 A以上三种 |
| 9 | TSD3-076 | 开关电源系统调测 |  |
| 10 | TSD3-077 | 安装落地式交、直流配电屏 |  |
| 11 | TSD3-078 | 安装墙挂式交、直流配电箱 |  |
| 12 | TSD3-079 | 安装过压保护装置/防雷箱 | 此定额一般可代替防雷装置 |
| 13 | TSD3-094 | 无人值守站内电源设备系统联测 |  |
| 14 | TSD5-021~TSD5-027 | 室内布放电力电缆(单芯) | 不同导线截面对应于不同定额 |
| 15 | TSD5-039~TSD5-046 | 制作、安装1 kV以下电力电缆端头 | 不同导线截面对应于不同定额 |
| 16 | TSD6-011 | 安装室内接地排 |  |
| 17 | TSD6-012 | 敷设室内接地母线 |  |
| 18 | TSD6-013 | 敷设室外接地母线 |  |

### 8.2.2　有线通信设备安装工程

《有线通信设备安装工程》定额手册主要包括以下五章内容:
(1)安装机架、缆线及辅助设备。

有线通信设备安装
工程定额手册的使用

(2)安装、调测光纤数字传输设备。
(3)安装、调测数据通信设备。
(4)安装、调测交换设备。
(5)安装、调测视频监控设备。

对于一个移动通信基站工程的传输设备安装而言,其工作流程为安装机架、缆线及辅助设备→安装、调测光纤数字传输设备,主要工程量见表 8-2。

表 8-2　　　　　移动通信基站工程的传输设备安装工程量清单

| 序号 | 定额编号 | 工程量名称 | 备注 |
| --- | --- | --- | --- |
| 1 | TSY1-005～TSY1-006 | 安装室内有源综合架(柜) | 有落地式、嵌墙式之分 |
| 2 | TSY1-027 | 安装数字分配架(整架) |  |
| 3 | TSY1-028 | 安装数字分配架(子架) | 一般放置在综合柜中 |
| 4 | TSY1-029 | 安装光分配架(整架) |  |
| 5 | TSY1-030 | 安装光分配架(子架) | 一般放置在综合柜中 |
| 6 | TSY1-031 | 安装壁挂式数字分配箱 | 单独壁挂 |
| 7 | TSY1-032 | 安装壁挂式光分配箱 | 单独壁挂 |
| 8 | TSY1-068 | SYV 类射频同轴电缆 |  |
| 9 | TSY1-078 | 布放列内、列间信号线 |  |
| 10 | TSY1-079 | 设备机架之间放、绑软光纤(15 m 以下) |  |
| 11 | TSY1-080 | 设备机架之间放、绑软光纤(15 m 以上) |  |
| 12 | TSY2-001 | 安装子机框及公共单元盘 |  |
| 13 | TSY2-003 | 增(扩)装、更换光模块 |  |
| 14 | TSY2-004～TSY2-017 | 安装测试传输设备接口盘 | 接口不同,定额不同 |
| 15 | TSY2-018 | 安装测试单波道光放大器 |  |
| 16 | TSY2-019 | 安装测试光电转换模块 |  |
| 17 | TSY2-020 | DXC 设备连通测试 |  |
| 18 | TSY2-021 | 安装测试 PCM 设备 |  |

## 8.2.3　无线通信设备安装工程

《无线通信设备安装工程》定额手册主要包括以下五章内容:
(1)安装机架、缆线及辅助设备。
(2)安装移动通信设备。
(3)安装微波通信设备。
(4)安装卫星地球站设备。
(5)安装铁塔。

对于一个移动通信基站工程的无线通信设备安装而言,其工作流程为安装机架、缆线及辅助设备→天、馈线系统安装和调测→基站系统安装和调测→联网调测,主要工程量见表 8-3。

表 8-3　　移动通信基站工程的无线通信设备安装工程量清单

| 序号 | 定额编号 | 工程量名称 | 备注 |
| --- | --- | --- | --- |
| 1 | TSW1-001 | 安装室内电缆槽道 | |
| 2 | TSW1-002、TSW1-003 | 安装室内电缆走线架 | 有水平和垂直两种 |
| 3 | TSW1-004 | 安装室外馈线走道(水平) | |
| 4 | TSW1-005 | 安装室外馈线走道(沿外墙垂直) | |
| 5 | TSW1-012、TSW1-013 | 安装室内有源综合架(柜) | 有落地式和嵌墙式两种 |
| 6 | TSW1-027~TSW1-029 | 安装防雷箱 | 有室内安装、室外非塔上安装、室外铁塔上安装三种 |
| 7 | TSW1-030 | 安装室内接地排 | |
| 8 | TSW1-031 | 安装室外接地排 | |
| 9 | TSW1-032 | 安装防雷器 | |
| 10 | TSW1-033 | 敷设室内接地母线 | |
| 11 | TSW1-044、TSW1-045 | 放绑设备电缆(SYV类同轴电缆) | 有单芯和多芯两种 |
| 12 | TSW1-050 | 编扎、焊(绕、卡)接设备电缆(SYV类同轴电缆) | |
| 13 | TSW1-053~TSW1-055 | 放绑软光纤 | |
| 14 | TSW1-058 | 布放射频拉远单元(RRU)用光缆 | |
| 15 | TSW1-080 | 安装加固吊挂 | |
| 16 | TSW1-081 | 安装支撑铁架 | |
| 17 | TSW1-082 | 安装馈线密封窗 | |
| 18 | TSW1-088~TSW1-090 | 天线美化处理配合用工 | 有楼顶、铁塔、外墙三种 |
| 19 | TSW2-016 | 安装定向天线(抱杆上) | |
| 20 | TSW2-023 | 安装调测卫星全球定位系统(GPS)天线 | |
| 21 | TSW2-027、TSW2-028 | 布放射频同轴电缆1/2英寸以下 | 有4 m以下和每增加1 m之分 |
| 22 | TSW2-029、TSW2-030 | 布放射频同轴电缆7/8英寸以下 | 有10 m以下和每增加1 m之分,用于GSM基站 |
| 23 | TSW2-044、TSW2-045 | 宏基站天、馈线系统调测 | 有1/2英寸和7/8英寸两种 |
| 24 | TSW2-048 | 配合调测天、馈线系统 | |
| 25 | TSW2-049~TSW2-052 | 安装基站主设备 | 有室外落地式、室内落地式、壁挂式、机柜/箱嵌入式四种 |

(续表)

| 序号 | 定额编号 | 工程量名称 | 备注 |
|---|---|---|---|
| 26 | TSW2-053~TSW2-062 | 安装射频拉远设备 | 各种安装场景 |
| 27 | TSW2-073~TSW2-075 | 2G基站系统调测 | |
| 28 | TSW2-076、TSW2-077 | 3G基站系统调测 | |
| 29 | TSW2-078、TSW2-079 | LTE/4G基站系统调测 | |
| 30 | TSW2-080、TSW2-081 | 配合基站系统调测 | 有全向和定向两种 |
| 31 | TSW2-090、TSW2-091 | 2G基站联网调测 | |
| 32 | TSW2-092 | 3G基站联网调测 | |
| 33 | TSW2-093 | LTE/4G基站联网调测 | |
| 34 | TSW2-094 | 配合联网调测 | |

对于一个室内分布系统工程的无线通信设备安装而言，其工作流程为直放站设备安装→天、馈线系统设备安装→线缆布放→系统调测，主要工程量见表8-4。

表8-4　　　　室内分布系统工程的无线通信设备安装工程量清单

| 序号 | 定额编号 | 工程量名称 | 备注 |
|---|---|---|---|
| 1 | TSW1-060~TSW1-066 | 室内布放电力电缆（近端） | 截面积不同,定额不同；双芯或多芯按照相应系数调整 |
| 2 | TSW1-060~TSW1-066 | 室内布放电力电缆（远端） | 截面积不同,定额不同；双芯或多芯按照相应系数调整 |
| 3 | TSW2-024~TSW2-026 | 安装室内天线 | 有高度6 m以下、高度6 m以上和电梯井三种 |
| 4 | TSW2-027 | 布放射频同轴电缆1/2英寸以下（4 m以下） | |
| 5 | TSW2-028 | 布放射频同轴电缆1/2英寸以下（每增加1 m） | |
| 6 | TSW2-039 | 安装调测室内天、馈线附属设备　合路器、分路器（功分器、耦合器） | 施主基站处用的耦合器要统计 |
| 7 | TSW2-046 | 室内分布式天、馈线系统调测 | |
| 8 | TSW2-070 | 安装调测直放站设备 | 安装调测直放站设备,包括近端、远端直放站设备 |

## 8.2.4　通信线路工程

《通信线路工程》定额手册主要包括以下七章内容：
（1）施工测量、单盘检验与开挖路面。

通信线路工程
定额手册的使用

(2) 敷设埋式光(电)缆。
(3) 敷设架空光(电)缆。
(4) 敷设管道、引上及墙壁光(电)缆。
(5) 敷设其他光(电)缆。
(6) 接续与测试光(电)缆。
(7) 安装线路设备。

对于一个直埋光缆工程而言,其工作流程为施工测量→开挖路面→开挖光缆沟及接头坑→敷设埋式光缆→埋式光缆保护→测试,主要工程量见表 8-5。

表 8-5　　　　　　　　　　直埋光缆工程的工程量清单

| 序号 | 定额编号 | 工程量名称 | 备注 |
| --- | --- | --- | --- |
| 1 | TXL1-001 | 光(电)缆工程施工测量(直埋) | |
| 2 | TXL1-006 | 单盘检验(光缆) | |
| 3 | TXL1-008～TXL1-016 | 人工开挖路面 | 路面类型不同,定额不同 |
| 4 | TXL1-017～TXL1-022 | 机械开挖路面 | 路面类型不同,定额不同 |
| 5 | TXL2-001～TXL2-006 | 挖、松填光(电)缆沟及接头坑 | 土质不同,定额不同 |
| 6 | TXL2-007～TXL2-012 | 挖、夯填光(电)缆沟及接头坑 | 土质不同,定额不同 |
| 7 | TXL2-014 | 手推车倒运土方 | |
| 8 | TXL2-015 | 平原地区敷设埋式光缆(36 芯以下) | 不同土质(平原、丘陵、水田、城区、山区)和光缆芯数,采用定额不同 |
| 9 | TXL2-107 | 人工顶管 | 当遇到铁路、公路等 |
| 10 | TXL2-108 | 机械顶管 | 当遇到铁路、公路等 |
| 11 | TXL2-109～TXL2-111 | 铺管保护 | 有钢管、塑料管和大长度半硬塑料管三种 |
| 12 | TXL2-112、TXL2-113 | 铺砖保护 | 有横铺砖和竖铺砖两种 |
| 13 | TXL2-114 | 铺水泥盖板 | |
| 14 | TXL2-115 | 铺水泥槽 | |
| 15 | TXL6-005、TXL6-006 | 光缆成端接头 | 有束状和带状两种 |
| 16 | TXL6-010 | 光缆接续(36 芯以下) | 不同光缆芯数,采用定额不同 |
| 17 | TXL6-045 | 40 km 以上光缆中继段测试(36 芯以下) | 光缆芯数不同,定额不同 |
| 18 | TXL6-074 | 40 km 以下光缆中继段测试(36 芯以下) | 光缆芯数不同,定额不同 |

(续表)

| 序号 | 定额编号 | 工程量名称 | 备注 |
|---|---|---|---|
| 19 | TXL7-042~TXL7-044 | 安装落地式光缆交接箱 | 交接箱容量(144芯以下、288芯以下和288芯以上)不同,采用定额不同 |
| 20 | TXL7-045、TXL7-046 | 安装壁挂式光缆交接箱 | 交接箱容量(144芯以下、288芯以下)不同,采用定额不同 |
| 21 | TXL7-047、TXL7-048 | 安装架空式光缆交接箱 | 交接箱容量(288芯以下、288芯以上)不同,采用定额不同 |

对于一个架空光缆工程而言,其工作流程为施工测量→立杆→安装拉线→架设吊线→敷设架空光缆→测试,主要工程量见表8-6。

表8-6　　　　　　　　　　架空光缆工程的工程量清单

| 序号 | 定额编号 | 工程量名称 | 备注 |
|---|---|---|---|
| 1 | TXL1-002 | 光(电)缆工程施工测量(架空) | |
| 2 | TXL3-001 | 立9 m以下水泥杆(综合土) | 不同土质(综合土、软石、坚石)和杆高,采用定额不同;此外还有立11 m以下和立13 m以下水泥杆 |
| 3 | TXL3-051 | 水泥杆夹板法装7/2.2单股拉线(综合土) | 不同土质(综合土、软石、坚石)和拉线程式,采用定额不同 |
| 4 | TXL3-168 | 水泥杆架设7/2.2吊线(平原) | 不同土质(平原、丘陵、山区、市区)和吊线程式(7/2.2、7/2.6、7/3.0),采用定额不同 |
| 5 | TXL3-180 | 架设100 m以内辅助吊线 | |
| 6 | TXL3-188 | 挂钩法架设架空光缆(平原,72芯以下) | 不同土质(平原、丘陵、水田、城区、山区)和光缆芯数,采用定额不同 |
| 7 | TXL6-005、TXL6-006 | 光缆成端接头 | 有束状和带状两种 |
| 8 | TXL6-010 | 光缆接续(36芯以下) | 不同光缆芯数,采用定额不同 |
| 9 | TXL6-045 | 40 km以上光缆中继段测试(36芯以下) | 光缆芯数不同,定额不同 |
| 10 | TXL6-074 | 40 km以下光缆中继段测试(36芯以下) | 光缆芯数不同,定额不同 |
| 11 | TXL7-042~TXL7-044 | 安装落地式光缆交接箱 | 交接箱容量(144芯以下、288芯以下和288芯以上)不同,采用定额不同 |
| 12 | TXL7-045、TXL7-046 | 安装壁挂式光缆交接箱 | 交接箱容量(144芯以下、288芯以下)不同,采用定额不同 |
| 13 | TXL7-047、TXL7-048 | 安装架空式光缆交接箱 | 交接箱容量(288芯以下、288芯以上)不同,采用定额不同 |

对于一个管道光缆工程而言,其工作流程为施工测量→敷设塑料子管→敷设管道光缆→测试,主要工程量见表8-7。

表 8-7　　　　　　　　　　　管道光缆工程的工程量清单

| 序号 | 定额编号 | 工程量名称 | 备注 |
| --- | --- | --- | --- |
| 1 | TXL1-003 | 光(电)缆工程施工测量(管道) | |
| 2 | TXL4-001 | 布放光(电)缆人孔抽水(积水) | |
| 3 | TXL4-002 | 布放光(电)缆人孔抽水(流水) | |
| 4 | TXL4-003 | 布放光(电)缆手孔抽水 | |
| 5 | TXL4-004 | 人工敷设塑料子管(1孔子管) | 不同子管孔数(1～5孔),采用定额不同 |
| 6 | TXL4-012 | 敷设管道光缆(24芯以下) | 不同光缆芯数,采用定额不同;室外通道、管廊光缆按规定系数调整 |
| 7 | TXL4-033 | 打人(手)孔墙洞(砖砌人孔,3孔管以下) | "3孔管以上""3孔管以下"是指:人(手)孔墙洞可敷设的引上管数量 |
| 8 | TXL4-037 | 打穿楼墙洞(砖墙) | |
| 9 | TXL4-040 | 打穿楼层洞(混凝土楼层) | |
| 10 | TXL4-043～TXL4-046 | 安装引上钢管 | 有φ50 mm以下和φ50 mm以上之分;有杆上和墙上之分 |
| 11 | TXL4-048 | 进局光(电)缆防水封堵 | |
| 12 | TXL4-050 | 穿放引上光缆 | |
| 13 | TXL4-053～TXL4-055 | 架设、布放、架挂墙壁光缆 | 有吊线式、钉固式和自承式三种 |
| 14 | TXL6-005、TXL6-006 | 光缆成端接头 | 有束状和带状两种 |
| 15 | TXL6-010 | 光缆接续(36芯以下) | 不同光缆芯数,采用定额不同 |
| 16 | TXL6-045 | 40 km以上光缆中继段测试(36芯以下) | 光缆芯数不同,定额不同 |
| 17 | TXL6-074 | 40 km以下光缆中继段测试(36芯以下) | 光缆芯数不同,定额不同 |
| 18 | TXL7-042～TXL7-044 | 安装落地式光缆交接箱 | 交接箱容量(144芯以下、288芯以下和288芯以上)不同,采用定额不同 |
| 19 | TXL7-045、TXL7-046 | 安装壁挂式光缆交接箱 | 交接箱容量(144芯以下、288芯以下)不同,采用定额不同 |
| 20 | TXL7-047、TXL7-048 | 安装架空式光缆交接箱 | 交接箱容量(288芯以下、288芯以上)不同,采用定额不同 |

除了上述直埋、架空和管道(墙壁)光缆外,还有表 8-8 所列的其他敷设方式的主要工程量。

表 8-8　　　　　　　　　其他敷设方式的主要工程量清单

| 序号 | 定额编号 | 工程量名称 | 备注 |
|---|---|---|---|
| 1 | TXL5-041 | 托板式敷设室内通道光缆 | |
| 2 | TXL5-042 | 钉固式敷设室内通道光缆 | |
| 3 | TXL5-044 | 槽道光缆 | |
| 4 | TXL5-046 | 顶棚内光（电）缆 | |
| 5 | TXL5-074 | 桥架、线槽、网络地板内明布光缆 | |

### 8.2.5　通信管道工程

《通信管道工程》定额手册主要包括以下四章内容：
（1）施工测量与开挖、填管道沟及人孔坑。
（2）铺设通信管道。
（3）砌筑人（手）孔。
（4）管道防护工程及其他。

对于一个新建通信管道工程而言，其工作流程为施工测量→开挖管道沟及人孔坑→铺设通信管道（混凝土管道基础、塑料管道基础、基础加筋、水泥管道、塑料管道、管道填充水泥砂浆、混凝土包封等）→砌筑人（手）孔→管道防护工程，主要工程量见表8-9。

表 8-9　　　　　　　　　新建通信管道工程的工程量清单

| 序号 | 定额编号 | 工程量名称 | 备注 |
|---|---|---|---|
| 1 | TGD1-001 | 施工测量 | |
| 2 | TGD1-002 | 人工开挖路面（混凝土，100 mm以下） | 路面类型不同，定额不同 |
| 3 | TGD1-011 | 机械开挖路面（混凝土，100 mm以下） | 路面类型不同，定额不同 |
| 4 | TGD1-017～TGD1-022 | 人工开挖管道沟及人（手）孔坑 | 土质不同，定额不同 |
| 5 | TGD1-023～TGD1-026 | 机械开挖管道沟及人（手）孔坑 | 土质不同，定额不同 |
| 6 | TGD1-027 | 回填土石方（松填原土） | 不同回填方式，采用定额不同 |
| 7 | TGD1-034 | 手推车倒运土方 | |
| 8 | TGD1-036 | 挡土板（管道沟） | |
| 9 | TGD1-037 | 挡土板（人孔坑） | |
| 10 | TGD1-038～TGD1-040 | 管道沟抽水 | 有弱水流、中水流和强水流三种 |
| 11 | TGD1-041～TGD1-043 | 人孔坑抽水 | 有弱水流、中水流和强水流三种 |
| 12 | TGD1-044～TGD1-046 | 手孔坑抽水 | 有弱水流、中水流和强水流三种 |
| 13 | TGD2-004 | 混凝土管道基础（一平型，460 mm宽，C15） | 管道类型不同，采用定额不同，详见定额手册 |

(续表)

| 序号 | 定额编号 | 工程量名称 | 备注 |
|---|---|---|---|
| 14 | TGD2-023 | 混凝土管道基础加筋（人孔/手孔窗口处，一平型，460 mm 宽） | 管道类型不同，采用定额不同，详见定额手册 |
| 15 | TGD2-066 | 铺设水泥管道（三孔管） | 类型不同，定额不同 |
| 16 | TGD2-089 | 铺设塑料管道（4 孔，2 mm×2 mm） | 孔数不同，定额不同 |
| 17 | TGD2-136 | 管道填充水泥砂浆（M7.5） | |
| 18 | TGD2-138 | 管道混凝土包封（C15） | |
| 19 | TGD3-001 | 砖砌人孔（现场浇筑上覆，小号直通型） | |
| 20 | TGD4-002 | 防水砂浆抹面法（五层，砖墙面） | |

## 8.3 工程实例分析

### 8.3.1 通信线路工程工程量实例分析

**例 8-1** 架空光缆工程。

如图 8-1 所示为平原地区某架空光缆工程施工图，土质为综合土，新建 8 m 电杆（水泥杆）P1～P8 和 P1-1，P1～P8 挂钩法敷设 24 芯单模光缆，吊线程式为 7/2.2，在 P3 和 P4 之间有河流穿过，需架设辅助吊线，并需要进行光缆中继段测试。

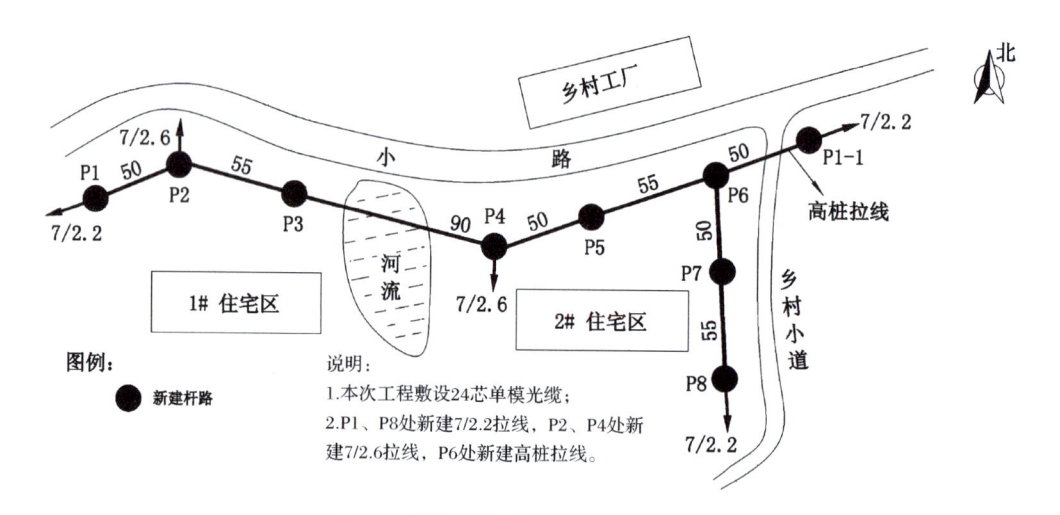

图 8-1 平原地区某架空光缆工程施工图

从图中可以发现：电杆、拉线、光缆均为粗线条，即表示为新建的。根据上节架空光缆工程的工作流程可知，本次工程主要工程量有施工测量、立杆、安装拉线、架设吊线、敷设架空光缆和测试等内容。下面将对工程量进行逐一解答。

(1) 光（电）缆工程施工测量（架空）：将图中的各电杆间距相加，即 50＋55＋90＋50＋55＋50＋50＋55＝455 m。

(2) 单盘检验（光缆）：敷设 24 芯光缆，则数量＝24 芯盘。

(3) 立 9 m 以下水泥杆（综合土）：本次工程新建电杆 P1～P8、P1-1，共 9 根。

(4)安装拉线(综合土):由图 8-1 可知,在 P1、P8 处各安装 1 条 7/2.2 单股拉线,在 P2、P4 处各安装 1 条 7/2.6 单股拉线,在 P6 处安装 1 条高桩拉线(可以理解为新建电杆 P1-1,P6 至 P1-1 间架设吊线,P1-1 处安装 1 条 7/2.2 单股拉线),因此本次工程需安装 7/2.2 单股拉线共 3 条,7/2.6 单股拉线共 2 条。

(5)水泥杆架设 7/2.2 吊线(平原):长度 $L=50+55+90+50+55+50+50+55=455$ m。

(6)架设辅助吊线:图中 P3 和 P4 之间有河流穿过,使得杆距达到了 90 m,比正常的杆距要大得多,因此在此处要求架设 100 m 以内辅助吊线,数量为 1 条档。

(7)挂钩法架设架空光缆(平原,36 芯以下):长度 $L=50+55+90+50+55+50+55=405$ m,这里忽略光缆的弯曲和损耗影响以及设计预留部分。

(8)40 km 以下光缆中继段测试(24 芯以下):光缆敷设总长度为 405 m,数量为 1 个中继段。

将上述计算出来的数据用工程量统计表表示,见表 8-10。

表 8-10　　　　　　　　　图 8-1 中的主要工程量统计表

| 序号 | 定额编号 | 项目名称 | 定额单位 | 数量 |
| --- | --- | --- | --- | --- |
| 1 | TXL1-002 | 光(电)缆工程施工测量(架空) | 百米 | 4.55 |
| 2 | TXL1-006 | 单盘检验(光缆) | 芯盘 | 24 |
| 3 | TXL3-001 | 立 9 m 以下水泥杆(综合土) | 根 | 9 |
| 4 | TXL3-051 | 水泥杆夹板法装 7/2.2 单股拉线(综合土) | 条 | 3 |
| 5 | TXL3-054 | 水泥杆夹板法装 7/2.6 单股拉线(综合土) | 条 | 2 |
| 6 | TXL3-168 | 水泥杆架设 7/2.2 吊线(平原) | 千米条 | 0.455 |
| 7 | TXL3-180 | 架设 100 m 以内辅助吊线 | 条档 | 1 |
| 8 | TXL3-187 | 挂钩法架设架空光缆(平原,36 芯以下) | 千米条 | 0.405 |
| 9 | TXL6-073 | 40 km 以下光缆中继段测试(24 芯以下) | 中继段 | 1 |

**例 8-2**　直埋光缆工程。

如图 8-2 所示为某直埋光缆工程施工图。施工地形为山区,其中硬土区长为 835 m,其余为砂砾土。挖、填光缆沟硬土区采用"挖、夯填"方式,沟长为 800 m,砂砾土则采用"挖、松填"方式。下面将对照施工图对工程量进行逐一解答。

(1)光(电)缆工程施工测量(直埋):长度 $L=27.2-26.0=1.2$ km。

(2)单盘检验(光缆):敷设 36 芯光缆,则数量=36 芯盘。

(3)挖、松填光缆沟及接头坑(砂砾土):体积=$(0.6+0.3)\times(1.5/2)\times(1\,200-835)=246.375$ m$^3$。

(4)挖、夯填光缆沟及接头坑(硬土):体积=$(0.6+0.3)\times(1.5/2)\times 800=540$ m$^3$。

(5)山区敷设埋式光缆(36 芯以下):长度 $L=1200+20$(线路两端预留长度)=1220 m。

(6)光缆接续(36 芯以下):数量=2 头。

(7)敷设机械顶管:长度=35 m。

(8)铺管保护(塑料管):长度=120 m。

(9)铺砖保护(竖铺砖):长度=160 m。

(10)40 km 以下光缆中继段测试(36 芯以下):数量=1 个中继段。

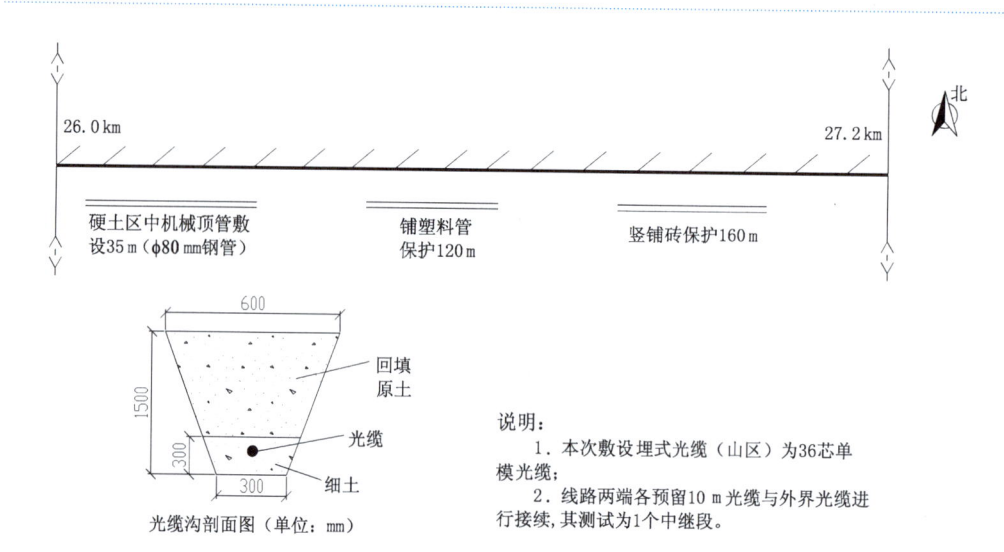

图 8-2 某直埋光缆工程施工图

说明：
1. 本次敷设埋式光缆（山区）为36芯单模光缆；
2. 线路两端各预留10 m光缆与外界光缆进行接续，其测试为1个中继段。

将上述计算出来的数据用工程量统计表表示，见表 8-11。

表 8-11  图 8-2 中的主要工程量统计表

| 序号 | 定额编号 | 项目名称 | 定额单位 | 数量 |
|---|---|---|---|---|
| 1 | TXL1-001 | 光（电）缆工程施工测量（直埋） | 百米 | 12 |
| 2 | TXL1-006 | 单盘检验（光缆） | 芯盘 | 36 |
| 3 | TXL2-003 | 挖、松填光缆沟及接头坑（砂砾土） | 百立方米 | 2.463 75 |
| 4 | TXL2-008 | 挖、夯填光缆沟及接头坑（硬土） | 百立方米 | 5.4 |
| 5 | TXL2-027 | 山区敷设埋式光缆（36芯以下） | 千米条 | 1.22 |
| 6 | TXL6-010 | 光缆接续（36芯以下） | 头 | 2 |
| 7 | TXL2-108 | 敷设机械顶管 | m | 35 |
| 8 | TXL2-110 | 铺管保护（塑料管） | m | 120 |
| 9 | TXL2-113 | 铺砖保护（竖铺砖） | km | 0.16 |
| 10 | TXL6-074 | 40 km以下光缆中继段测试（36芯以下） | 中继段 | 1 |

**例 8-3** 管道光缆工程。

如图 8-3 所示为某管道光缆工程施工图。本次工程中 1#人孔～9#人孔为利旧管道光缆敷设（人工敷设 5 孔子管和 24 芯单模光缆），从 9#人孔沿城南 ABC 写字楼墙（1）处钢管（$\phi$30）引上光缆 6 m，然后经钉固式墙壁敷设方式将光缆敷设至城南 A 基站中继光缆进口，机房内为 20 m 的槽道敷设。下面将对照施工图对工程量进行逐一解答。

（1）光（电）缆工程施工测量（管道）：长度 $L=12+26+13+12+28+30+13+26+6$（引上光缆）$+13$（墙壁光缆）$+20$（槽道光缆）$=199$ m。

（2）单盘检验（光缆）：敷设 24 芯光缆，则数量 $=24$ 芯盘。

（3）人工敷设塑料子管（5 孔子管）：长度 $L=12+26+13+12+28+30+13+26=160$ m。

（4）安装引上钢管（$\phi$50 以下，墙上）：由图 8-3 可知，数量 $=1$ 套。与之相对应的穿放引上光缆为 1 条。

（5）敷设管道光缆（24 芯以下）：长度 $L=12+26+13+12+28+30+13+26=160$ m。

（6）布放钉固式墙壁光缆：长度 $L=13$ m。

（7）布放槽道光缆：长度 $L=20$ m。

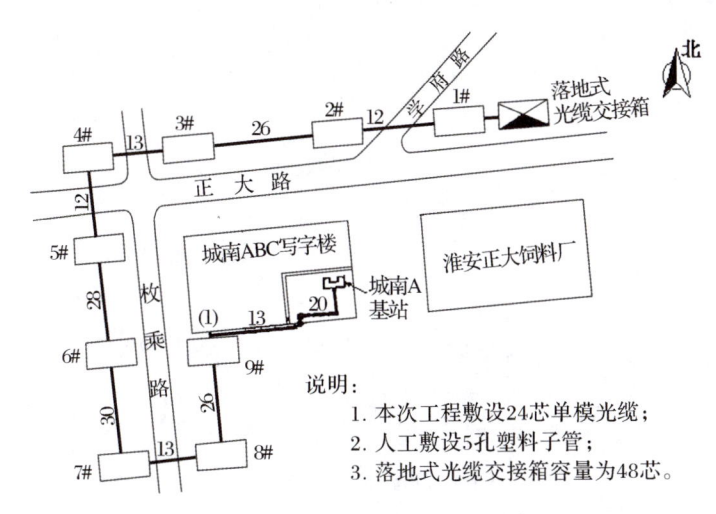

图 8-3 某管道光缆工程施工图

(8) 安装落地式光缆交接箱(144 芯以下):数量=1 个。
(9) 打穿楼墙洞(砖墙):通过打穿楼墙洞,光缆进入城南 A 基站,其数量=1 个。
(10) 打人(手)孔墙洞(砖砌人孔,3 孔管以下):即 9#人孔处打洞,然后钢管引上,其数量=1 处。
将上述计算出来的数据用工程量统计表表示,见表 8-12。

表 8-12　　　　　　图 8-3 中的主要工程量统计表

| 序号 | 定额编号 | 项目名称 | 定额单位 | 数量 |
| --- | --- | --- | --- | --- |
| 1 | TXL1-003 | 光(电)缆工程施工测量(管道) | 百米 | 1.99 |
| 2 | TXL1-006 | 单盘检验(光缆) | 芯盘 | 24 |
| 3 | TXL4-008 | 人工敷设塑料子管(5 孔子管) | km | 0.16 |
| 4 | TXL4-044 | 安装引上钢管($\phi$50 以下,墙上) | 套 | 1 |
| 5 | TXL4-050 | 穿放引上光缆 | 条 | 1 |
| 6 | TXL4-012 | 敷设管道光缆(24 芯以下) | 千米条 | 0.16 |
| 7 | TXL4-054 | 布放钉固式墙壁光缆 | 百米条 | 0.13 |
| 8 | TXL5-044 | 布放槽道光缆 | 百米条 | 0.2 |
| 9 | TXL7-042 | 安装落地式光缆交接箱(144 芯以下) | 个 | 1 |
| 10 | TXL4-037 | 打穿楼墙洞(砖墙) | 个 | 1 |
| 11 | TXL4-033 | 打人(手)孔墙洞(砖砌人孔,3 孔管以下) | 处 | 1 |

## 8.3.2　通信管道工程工程量实例分析

例 8-4　新建通信管道工程。

图 8-4(a)为管道沟截面示意图,管道沟为一立型(底宽 605 mm),混凝土管道基础为一立型、350 宽、C15,图 8-4(b)为管道工程施工图,图 8-4(c)为人孔横截面示意图,在管道建设过程中,需要进行人孔坑抽水(弱水流),现场浇筑上覆。对于一个新建通信管道工程来说,主要工程量有施工测量、开挖路面、开挖与回填管道沟及人(手)孔坑、手推车倒运土方、管道基础(混凝土或塑料,加筋或不加筋)、铺设管道(塑料、水泥、镀锌钢管)、管道包封、砖砌人(手)孔、防护工程等内容,土质为普通土,路面开挖方式为人工开挖。下面将对照相关施工图对其进行逐一解答。

单位：mm
放坡系数 i=0.33

混凝土包封（80）
混凝土基础（80）

(a) 管道沟截面示意图

1#中心至2#中心距离为120 m
（混凝土路面厚度为150 mm）

小号直通1#人孔（定型）　　　　小号直通2#人孔（定型）

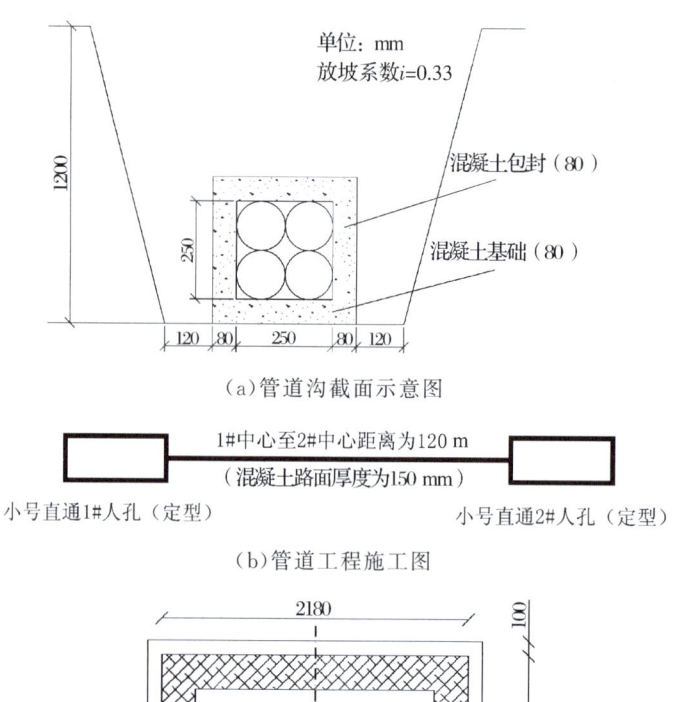

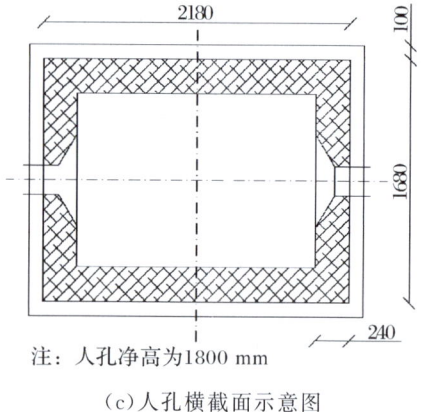

(b) 管道工程施工图

注：人孔净高为1800 mm

(c) 人孔横截面示意图

图 8-4　某通信管道工程相关工程图

（1）施工测量：由图 8-4(b) 可知，小号直通 1# 和 2# 人孔之间距离为 120 m，即 1.2 百米。

（2）人工开挖混凝土路面面积：由图 8-4(b) 可知，混凝土路面厚度为 150 mm，经查询第五册《通信管道工程》预算定额手册的附录十可知，开挖定型人孔（小号直通型）掘路面积为 26.38 m², 即该工程开挖人孔上口路面面积为 26.38×2=52.76 m²；同时查询附录九可知，开挖百米长一立型（底宽 0.65 m）、沟深为 1.2 m、放坡系数为 0.33 的管道沟上口路面面积为 144.2 m²，即该工程开挖管道沟上口路面面积为 144.2×1.2=173.04 m²。因此，本次工程开挖混凝土路面的总面积 $S = 52.76 + 173.04 = 225.8$ m²，即 2.258 百平方米。

本案例涉及的混凝土路面厚度为 150 mm，因此有 100 mm 以下和每增加 10 mm 两个定额。100 mm 以下对应的工作量为 2.258 百平方米，每增加 10 mm 对应的工作量为 (150−100)/10×2.258=11.29 百平方米。

（3）人孔坑抽水（弱水流）：数量=2 个。

（4）人工开挖管道沟及人（手）孔坑（普通土）：查询第五册《通信管道工程》预算定额手册的

附录十可知,开挖定型人孔(小号直通型)的土方体积为 51.4 m³,即该工程开挖定型人孔(小号直通型)的土方体积为 51.4×2=102.8 m³;同时查询附录八可知,开挖百米长一立型(底宽为 0.65 m)、沟深为 1.2 m,放坡系数为 0.33 的管道沟土方体积为 125.5 m³,即该工程开挖管道沟土方体积为 125.5×1.2=150.6 m³。因此,本次工程开挖土方体积 $V$=102.8+150.6=253.4 m³,即 2.534 百平方米。

(5)回填土石方(松填原土):一般来说,通信管道工程的回填土石方体积只计取管道沟的回填部分,人孔坑的回填部分忽略不计。管道沟的回填体积为开挖管道沟土方体积减去管群体积,管群体积=$(0.08+0.25+0.08)^2$×120=20.172 m³,管道沟的回填体积 $V$=150.6−20.172=130.428 m³,即 1.304 28 百立方米。

(6)手推车倒运土方:通信管道工程的倒运土方体积等于人孔坑的倒运土方体积与管道沟的倒运土方体积之和。其中,人孔坑的倒运土方体积等于人孔坑的开挖土方体积,即 102.8 m³;管道沟的倒运土方体积等于管群体积,即 20.172 m³。因此手推车倒运土方体积 $V$=102.8+20.172=122.972 m³,即 1.229 72 百立方米。

(7)混凝土管道基础(一立型,350 宽,C15):长度=120 m,即数量为 1.2 百米。

(8)铺设塑料管道(4 孔,2×2):长度=120 m,即数量为 1.2 百米。

(9)管道混凝土包封(C15):根据模块一中通信管道建设有关包封的计算公式可知,$V$=[(0.08−0.05)×0.08×2+0.25×0.08×2+0.08×(0.25+0.08×2)]×120=9.312 m³。

(10)砖砌人孔(现场浇筑上覆,小号直通型):数量=2 个。

(11)防水砂浆抹面法(五层,砖墙面):从图 8-4(c)可知:小号直通型人孔内长为 1.7 m,内宽为 1.2 m,净高为 1.8 m,则单个人孔内抹面面积为(1.7+1.2)×2×1.8+1.7×1.2=12.48 m²,外抹面面积为(1.7+0.48+1.2+0.48)×2×1.8=13.896 m²,单个人孔的防水砂浆抹面总面积为 12.48+13.896=26.376 m²,则两个人孔的抹面总面积 $S$=26.376×2=52.752 m²。

本实例是按照预算定额手册的附录参考值进行的近似计算,实际上也可运用模块一中相关计算公式进行精确计算。

现将上述计算出来的数据用工程量统计表表示,见表 8-13。

表 8-13　　　　　　　　图 8-4 中的主要工程量统计表

| 序号 | 定额编号 | 项目名称 | 定额单位 | 数量 |
| --- | --- | --- | --- | --- |
| 1 | TGD1-001 | 施工测量 | 百米 | 1.2 |
| 2 | TGD1-002 | 人工开挖路面(混凝土,100 mm 以下) | 百平方米 | 2.258 |
| 3 | TGD1-003 | 人工开挖路面(混凝土,每增加 10 mm) | 百平方米 | 11.29 |
| 4 | TGD1-041 | 人孔坑抽水(弱水流) | 个 | 2 |
| 5 | TGD1-017 | 人工开挖管道沟及人(手)孔坑(普通土) | 百立方米 | 2.534 |
| 6 | TGD1-027 | 回填土石方(松填原土) | 百立方米 | 1.304 28 |
| 7 | TGD1-034 | 手推车倒运土方 | 百立方米 | 1.229 72 |
| 8 | TGD2-001 | 混凝土管道基础(一立型,350 宽,C15) | 百米 | 1.2 |
| 9 | TGD2-089 | 铺设塑料管道(4 孔,2×2) | 百米 | 1.2 |
| 10 | TGD2-138 | 管道混凝土包封(C15) | m³ | 9.312 |
| 11 | TGD3-001 | 砖砌人孔(现场浇筑上覆,小号直通型) | 个 | 2 |
| 12 | TGD4-002 | 防水砂浆抹面法(五层,砖墙面) | m² | 52.752 |

### 8.3.3 移动通信基站工程工程量实例分析

**例 8-5** GSM 移动通信基站工程。

如图 8-5 所示为某 GSM 移动通信基站平面布置示意图,该基站位于六层,本次工程新建落地式基站(BTS)、环境监控箱、防雷器、馈线窗等设施,从 BTS 布放射频同轴电缆至天线。下面将对照施工图对其工程量进行逐一解答。

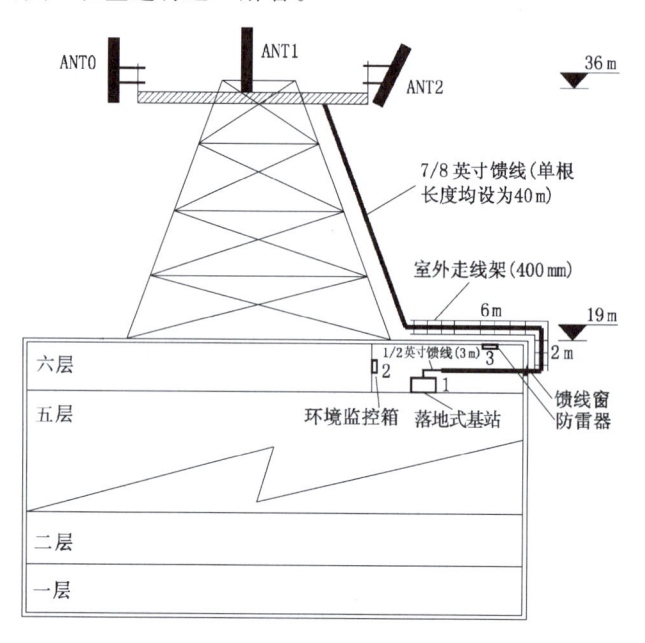

图 8-5 某 GSM 移动通信基站平面布置示意图

(1)安装室外馈线走道(宽 400 mm):沿外墙垂直走线架长度为 2 m,水平走线架长度为 6 m。

(2)安装基站主设备(室内落地式):数量=1 架。

(3)安装壁挂式外围告警监控箱:数量=1 个。

(4)安装防雷器:数量=1 个。

(5)安装馈线密封窗:数量=1 个。

(6)安装定向天线(楼顶铁塔上,20 m 以下):数量=3 副。

(7)布放射频同轴电缆:1/2 英寸同轴电缆(4 m 以下),BTS、天线处各 6 条,共计 12 条,每条 3 m;7/8 英寸同轴电缆共 6 条,每条 40 m,总长度为 240 m,其中 10 m 以下共计 6 条,而每增加 1 m,数量=240−6×10=180 米条。

(8)宏基站天、馈线系统调测(7/8 英寸射频同轴电缆):数量=6 条。这里说明一下,按照定额手册第三册《无线通信设备安装工程》第 31 页备注要求,宏基站天、馈线系统调测定额中 7/8 英寸射频同轴电缆调测人工工日包含两端 1/2 英寸射频同轴电缆的调测人工工日。

(9)2G 基站系统调测(6 个载波以下):数量=1 站。

(10)2G 基站联网调测(定向天线站):数量=3 扇区。

将上述计算出来的数据用工程量统计表表示,见表 8-14。

表 8-14　　　　　　　　　图 8-5 中的主要工程量统计表

| 序号 | 定额编号 | 项目名称 | 定额单位 | 数量 |
|---|---|---|---|---|
| 1 | TSW1-005 | 安装室外馈线走道(沿外墙垂直) | m | 2 |
| 2 | TSW1-004 | 安装室外馈线走道(水平) | m | 6 |
| 3 | TSW2-050 | 安装基站主设备(室内落地式) | 架 | 1 |
| 4 | TSD4-012 | 安装壁挂式外围告警监控箱 | 个 | 1 |
| 5 | TSW1-032 | 安装防雷器 | 个 | 1 |
| 6 | TSW1-082 | 安装馈线密封窗 | 个 | 1 |
| 7 | TSW2-009 | 安装定向天线(楼顶铁塔上,20 m 以下) | 副 | 3 |
| 8 | TSW2-027 | 布放射频同轴电缆 1/2 英寸以下(4 m 以下) | 条 | 12 |
| 9 | TSW2-029 | 布放射频同轴电缆 7/8 英寸以下(10 m 以下) | 条 | 6 |
| 10 | TSW2-030 | 布放射频同轴电缆 7/8 英寸以下(每增加 1 m) | 米条 | 180 |
| 11 | TSW2-045 | 宏基站天、馈线系统调测(7/8 英寸射频同轴电缆) | 条 | 6 |
| 12 | TSW2-074 | 2G 基站系统调测(6 个载波以下) | 站 | 1 |
| 13 | TSW2-091 | 2G 基站联网调测(定向天线站) | 扇区 | 3 |

**例 8-6**　TD-SCDMA 基站工程(室外部分)。

如图 8-6 所示为某学院主教学楼(10 层)楼顶 TD-SCDMA 基站天馈设备部分安装施工图。在统计本次工程的工程量之前,先对图 8-6(a)、图 8-6(b)这两张工程图进行识读。

图 8-6(a)为教学楼侧视图,从图中可以看出:本次 TD-SCDMA 机房位于该教学楼九层,设置三个定向天线和一个 GPS 天线,各天线下方均安装 2 个 RRU 设备(假设这里安装中兴公司的 R04,其主要作用是将 TD-SCDMA 基站 B328 经光纤传输来的光信号转换为电信号,再通过 1/2 英寸射频同轴电缆连接到定向天线上,总体来看,就是将基站发出来的基带信号转换为射频信号,通过天线辐射出去)。线缆(包括连接天线的光缆、连接 GPS 的射频同轴电缆、为 TD-SCDMA 天线下方 RRU 提供电源的电源线)由 TD-SCDMA 机房 908♯馈线窗出来后,沿外墙垂直走线架 5.5 m(其中包括女儿墙外侧高度 0.9 m 在内),再沿女儿墙内侧垂直走线架 0.9 m,由楼顶水平走线架送至各扇区天线下方的 RRU 和 GPS 上,最后各扇区 RRU 与天线之间通过 9 根 3 m 长的 1/2 英寸射频同轴电缆来连接。关于机房内相关线缆的布放长度图中并未明确标出,因此在工程量统计时只统计室外部分用量。

图 8-6(b)为教学楼俯视图。从这张工程图上可以看到 TRX1、TRX2、TRX3 三个扇区的具体位置。可以统计出 GPS 用射频同轴电缆、RRU 用光缆、RRU 用电源线的具体长度,为工程量的计算提供了基础数据。

识读完工程图后,就可以开始统计工程量了。本次工程主要涉及预算定额手册中的第三册《无线通信设备安装工程》相关定额,下面根据工程图进行逐一统计。

(1)安装室外馈线走道(沿外墙垂直):由图 8-6(a)可知 $L=4.6+0.9=5.5$ m。

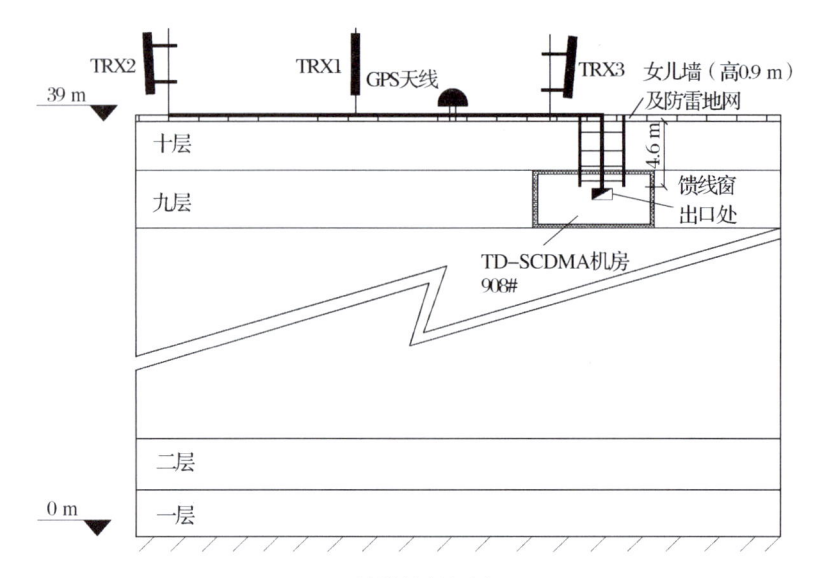

（a）教学楼侧视图

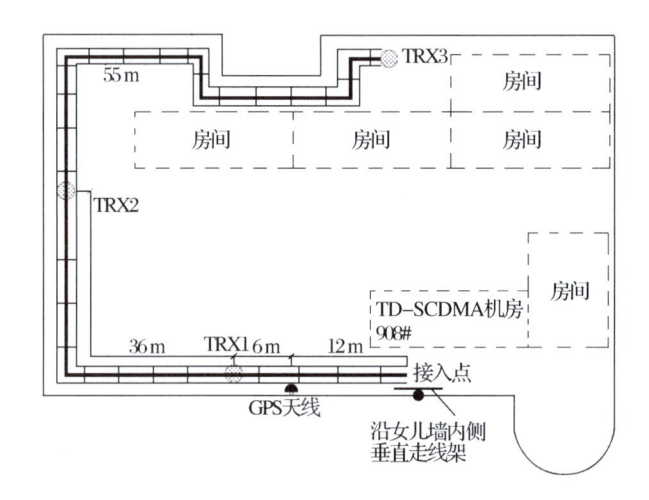

（b）教学楼俯视图

图 8-6　TD-SCDMA 基站天馈设备部分安装施工图

(2)安装室外馈线走道(水平,沿女儿墙内侧):依据定额子目注释可知女儿墙内侧可以套用"室外馈线走道(水平)"定额,由图 8-6(a)可知其长度 $L=0.9$ m。

(3)安装室外馈线走道(水平,楼顶):由图 8-6(b)可知 $L=12+6+36+55=109$ m。

(4)布放射频拉远单元(RRU)用光缆:每个扇区有 2 个 RRU(中兴 R04),需 2 条光缆,三个扇区共计 6 条。长度 $L=[(4.6+0.9+0.9+6+12)+(4.6+0.9+0.9+12+6+36)+(4.6+0.9+0.9+12+6+36+55)]×2=400.4$ m。

(5)室外布放电力电缆(双芯,35 mm² 以下):用于 RRU 供电,数量为 3 根,25 mm²,其总长度 $L=(4.6+0.9+0.9+6+12)+(4.6+0.9+0.9+6+12+36)+(4.6+0.9+0.9+6+12+36+55)=200.2$ m。

(6)布放射频同轴电缆 1/2 英寸以下(4 m 以下,基站 BBU-GPS):由基站设备 BBU 连接至 GPS 天线,由图 8-6(b)可知其长度 $L=4.6+0.9+0.9+12=18.4$ m,因其长度超过了 4 m,

所以需要统计两个定额,即 4 m 以下和每增加 1 m。4 m 以下,数量＝1 条;每增加 1 m,数量＝18.4－4＝14.4 米条。

(7)布放射频同轴电缆 1/2 英寸以下(4 m 以下,RRU-定向天线):由 RRU 连接至定向天线,每个扇区需要 9 条 3 m 长的射频同轴电缆,共计 27 条。这里单条布放长度未超过 4 m,因此只需统计"布放射频同轴电缆 1/2 英寸以下(4 m 以下)"定额即可,只不过在概预算编制时,要注意修改"(表四)甲主要材料表"中的关联材料用量,改为实际用量。

(8)安装小型化定向天线(抱杆上):数量＝3 副。

(9)安装调测卫星全球定位系统(GPS)天线:数量＝1 副。

(10)安装射频拉远设备(抱杆上):数量＝6 套。

(11)宏基站天、馈线系统调测(1/2 英寸射频同轴电缆):数量＝27 条。

(12)配合基站系统调测(定向):数量＝3 扇区。

(13)配合联网调测:数量＝1 站。

将上述计算出来的数据用工程量统计表表示,见表 8-15。

表 8-15　　　　　　图 8-6 中的主要工程量统计表

| 序号 | 定额编号 | 项目名称 | 定额单位 | 数量 |
|---|---|---|---|---|
| 1 | TSW1-005 | 安装室外馈线走道(沿外墙垂直) | m | 5.5 |
| 2 | TSW1-004 | 安装室外馈线走道(水平,沿女儿墙内侧) | m | 0.9 |
| 3 | TSW1-004 | 安装室外馈线走道(水平,楼顶) | m | 109 |
| 4 | TSW1-058 | 布放射频拉远单元(RRU)用光缆 | 米条 | 400.4 |
| 5 | TSW1-069 | 室外布放电力电缆(双芯,35 mm$^2$ 以下) | 十米条 | 20.02 |
| 6 | TSW2-027 | 布放射频同轴电缆 1/2 英寸以下(4 m 以下,基站 BBU-GPS) | 条 | 1 |
| 7 | TSW2-028 | 布放射频同轴电缆 1/2 英寸以下(每增加 1 m,基站 BBU-GPS) | 米条 | 14.4 |
| 8 | TSW2-027 | 布放射频同轴电缆 1/2 英寸以下(4 m 以下,RRU-定向天线) | 条 | 27 |
| 9 | TSW2-021 | 安装小型化定向天线(抱杆上) | 副 | 3 |
| 10 | TSW2-023 | 安装调测卫星全球定位系统(GPS)天线 | 副 | 1 |
| 11 | TSW2-060 | 安装射频拉远设备(抱杆上) | 套 | 6 |
| 12 | TSW2-044 | 宏基站天、馈线系统调测(1/2 英寸射频同轴电缆) | 条 | 27 |
| 13 | TSW2-081 | 配合基站系统调测(定向) | 扇区 | 3 |
| 14 | TSW2-094 | 配合联网调测 | 站 | 1 |

### 8.3.4 室内分布系统工程工程量实例分析

**例 8-7** 室内分布系统工程。

图 8-7 为某广电学院教学楼二层室内分布系统施工图。室内分布系统工程属于无线通信设备安装工程范畴，主要工程量体现在预算定额手册中第三册《无线通信设备安装工程》的第一、二章。

图 8-7(a)为系统框图，从图中可知直放站耦合了某广电学院基站（该基站称为施主基站）的 X 小区，使用的耦合器为 40 dB，经 8 m 射频同轴电缆连接至直放站近端设备，近端设备安装在机房内，然后经光缆传输至远端设备(1 W)，最后通过射频同轴电缆连接至教学楼室内分布系统，这里假设近端设备至远端设备之间的光缆（单模 6 芯光缆）不计入本次工程中。

图 8-7(b)为天线安装及走线路由示意图，即从接入点出发，经 10 dB、7 dB、6 dB 三个耦合器和二功分器进行天线及线缆布放。

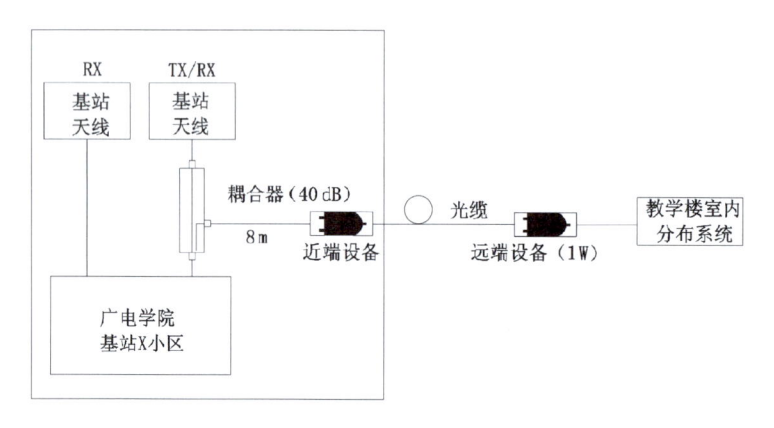

(a) 系统框图

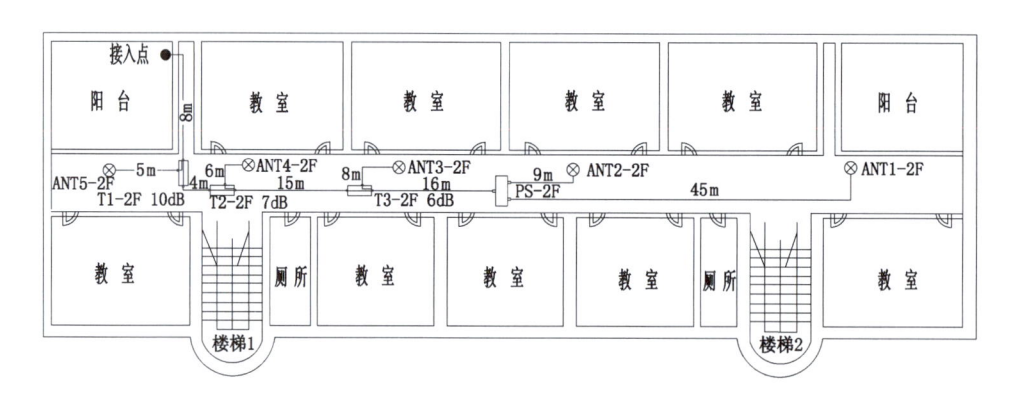

(b) 天线安装及走线路由示意图

图 8-7 某广电学院教学楼二层室内分布系统施工图

下面根据工程图对工程量进行逐一统计。

(1) 安装调测直放站设备：数量＝1 站，这里要注意此定额的工作内容包括了直放站近端和远端设备的安装。

(2)安装调测室内天、馈线附属设备 合路器、分路器(功分器、耦合器):耦合器共 4 个(含施主基站处 40 dB 耦合器),功分器共 1 个,数量＝5 个。

(3)安装室内天线(高度 6 m 以下):由图 8-7(b)可知,安装了 5 副室内定向天线,数量＝5 副。

(4)布放射频同轴电缆 1/2 英寸以下:本次工程共布放 1/2 英寸射频同轴电缆 10 条,其中 9 条超过 4 m。则布放射频同轴电缆 1/2 英寸以下(4 m 以下)的数量＝10 条,布放射频同轴电缆 1/2 英寸以下(每增加 1 m)的数量＝8＋8＋5＋6＋15＋8＋16＋9＋45－9×4＝84 米条。

(5)室内布放电力电缆(双芯)16 mm$^2$ 以下(近端):用于直放站近端设备的供电,长度设为 15 m。

(6)室内布放电力电缆(双芯)16 mm$^2$ 以下(远端):用于直放站远端设备的供电,长度设为 15 m。

(7)分布式天、馈线系统调测:数量＝5 副(等于天线数量)。

将上述计算出来的数据用工程量统计表表示,见表 8-16。

表 8-16　　　　　图 8-7 中的主要工程量统计表

| 序号 | 定额编号 | 项目名称 | 定额单位 | 数量 |
| --- | --- | --- | --- | --- |
| 1 | TSW2-070 | 安装调测直放站设备 | 站 | 1 |
| 2 | TSW2-039 | 安装调测室内天、馈线附属设备 合路器、分路器(功分器、耦合器) | 个 | 5 |
| 3 | TSW2-024 | 安装室内天线(高度 6 m 以下) | 副 | 5 |
| 4 | TSW2-027 | 布放射频同轴电缆 1/2 英寸以下(4 m 以下) | 条 | 10 |
| 5 | TSW2-028 | 布放射频同轴电缆 1/2 英寸以下(每增加 1 m) | 米条 | 84 |
| 6 | TSW1-060 | 室内布放电力电缆(双芯)16 mm$^2$ 以下(近端) | 十米条 | 1.5 |
| 7 | TSW1-060 | 室内布放电力电缆(双芯)16 mm$^2$ 以下(远端) | 十米条 | 1.5 |
| 8 | TSW2-046 | 分布式天、馈线系统调测 | 副 | 5 |

## 知识归纳

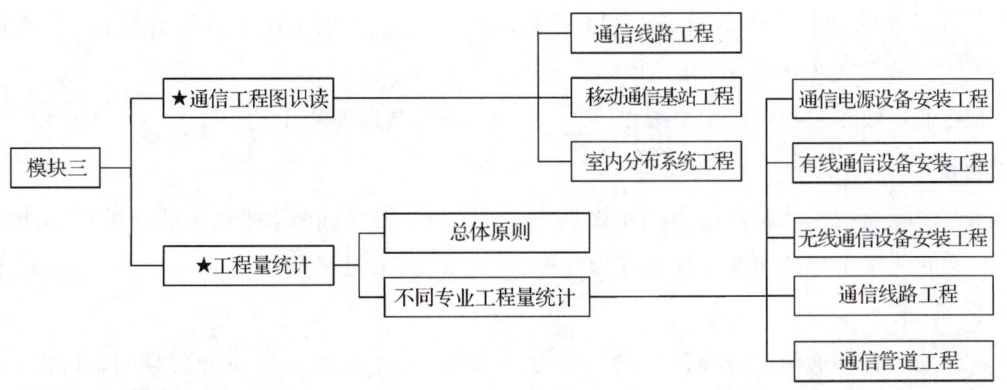

## 思政引读

朱恒银,安徽省地质矿产勘查局313地质队教授级高级工程师(图S3)。他从一名钻探工人成长为全国知名的钻探专家。他发明的定向钻探技术彻底颠覆传统,取芯时间由30多个小时缩短到了40分钟,在全国50多个矿区推行应用后,产生的经济效益高达数千亿元,填补七项国内空白。他将我国小口径岩心钻探地质找矿深度从1 000米以浅推进至3 000米以深的国际先进水平。地质钻探的水平,体现着一个国家的综合实力。他坚守岗位四十余载,不忘初心、牢记使命,开创了一个又一个行业技术先河,攻克了钻探技术领域的众多难题,为推动我国地质岩心钻探技术发展,做出了重要的贡献。

图S3 "大国工匠"朱恒银

(资料来源:央视新闻)

## 自我测试

### 一、填空题

1.工程设计图纸幅面尺寸和图框大小应符合国家标准GB/T 6988.1—2008《电气技术用文件的编制 第1部分:规则》中的规定,A3图纸尺寸为_____。

2.当需要区分新安装的设备时,粗实线表示_____,细实线表示原有设备,虚线表示_____。在改建的电信工程的图纸上,用"×"来标注_____。

3.在通信线路工程图纸中一般以_____为单位,其他图纸中均以_____为单位,且无须另行说明。

4.一个完整的尺寸标注应由尺寸数值、_____和尺寸线(两端带箭头的线段)等组成。

5.架空光缆工程的主要工作流程为立杆、_____、架设吊线、_____、_____和中继段测试等。

6.在安装移动通信馈线项目中,若布放1条长度为35 m的1/2英寸射频同轴电缆,则其技工工日数合计为_____工日。(注:布放射频同轴电缆1/2英寸以下,4 m以下的技工单位定额值为0.2工日;每增加1 m的技工单位定额值为0.03工日)

## 二、判断题

1. 用 A4 纸绘制图纸时,其装订侧和非装订侧的页边距分别为 25 mm 和 5 mm。（  ）

2. 工程设计图纸应按规定设置图衔,并按规定的责任范围由相关负责人签字,图衔在图纸的左下角。（  ）

3. 通信工程制图执行的标准是 YD/T 5015－2015《通信工程制图与图形符号规定》。（  ）

4. 若设计图纸中只涉及两种线宽,则粗线线宽一般应为细线线宽的 1.5 倍。（  ）

5. 设计图纸中常用的线型有实线、虚线、单点画线和双点画线。（  ）

6. 虚线多用于设备工程设计中,表示将来需要新增的设备。（  ）

7. 设计图纸中的"技术要求""说明"或"注"等字样,应写在具体文字内容的左上方,使用比文字内容小一号的相同字体。（  ）

8. 设计图纸中的线宽最大为 1.4 mm,最小为 0.25 mm。（  ）

9. 架空光缆工程图纸一般可不按比例绘制,且其长度单位均为米。（  ）

10. 若某设计图纸中挖光(电)缆沟时需要开挖混凝土路面(路面在施工完毕后需要恢复),则一定有挖、夯填光(电)缆沟工程项目。（  ）

11. 设计图纸上的"×"表示不要,也无须统计其工程量。（  ）

12. 设计图纸中平行线之间的最小间距不宜小于粗线线宽的 2 倍,同时最小不能小于 0.7 mm。（  ）

13. 通信线路或通信管道工程图纸上一定要有指北针。（  ）

14. 一个完整的尺寸标注应由尺寸数值、尺寸界线和尺寸线三部分组成,但在通信线路工程图纸中一般直接用数值表示尺寸。（  ）

15. 无人值守的移动基站机房应设计窗户,以利于空气流通,设备散热。（  ）

16. 单点画线在设计图纸中一般用作图纸的分界线。（  ）

17. 设计图纸中说明等内容的编号等级由大到小应为第一级 1、2、3……第二级(1)、(2)、(3)……第三级①、②、③……（  ）

18. 图衔外框的线宽应与整个图框的线宽一致。（  ）

19. 若设计图纸中只涉及三种线宽,则由细到宽线宽数值应按 2 的倍数递增。（  ）

20. 定额中的"施工测量"子目是任何施工图设计中都应有的工程量。（  ）

21. 在定额中,"沿墙引上"和"沿杆引上"属于同一个定额子目。（  ）

22. 墙壁光缆的架设形式有吊挂式和钉固式两种。（  ）

23. 确定设备设计图纸中预留空位的方法是哪里有空位就留哪里。（  ）

24. 设计图纸中的粗实线一般用来表示原有设备,细实线表示新建设备。（  ）

25. 阅读工程图纸、统计工程量的过程称为工程识图。（  ）

### 三、选择题

1.下列线宽(单位:mm)数值中,可在通信工程设计图纸中使用的是( )。

   A.1.8           B.1.6           C.1.4           D.0.1

2.工程图纸幅面尺寸和图框大小应符合国家标准GB/T 6988.1—2008《电气技术用文件的编制 第1部分:规则》的规定,一般应采用A0、A1、A2、A3、A4及其加长的图纸幅面,目前实际工程设计中,多采用( )图纸幅面。

   A.A4           B.A3           C.A1           D.A2

3.在交换设备硬件调测中,155 Mbit/s中继线电口调测需要套用( )定额。

   A.TSY4-008      B.TSY4-009      C.TSY4-010      D.TSY4-011

4.在地面铁塔上安装40 m以下定向天线,需要套用( )定额。

   A.TSW2-011      B.TSW2-012      C.TSW2-013      D.TSW2-014

5.在无线通信设备安装工程中,安装室内电缆槽道需要套用( )定额。

   A.TSW1-001      B.TSW1-002      C.TSW1-003      D.TSW1-005

6.在通信电源设备安装中,铺防静电型的地漆布时不需要用到的材料是( )。

   A.地漆布        B.401#胶        C.紫铜带        D.橡胶布

7.在通信电源设备安装中,发电机自动供油系统调测不需要用到的机械是( )。

   A.交流电焊机(21 kVA)           B.燃油式空气压缩机

   C.立式钻床                    D.柴油发电机

8.安装10 Gbit/s测试子速率透明复用器(T-MUX)时,不需要用到的仪表是( )。

   A.光功率计                 B.光可变衰耗器

   C.数字传输分析仪         D.光谱分析仪

9.《通信电源设备安装工程》预算定额内不包括( )。

   A.10 kV以上的电气设备安装

   B.10 kV以下的变、配线设备安装

   C.电力线缆布放

   D.接地装置及供电系统配套附属设施的安装与调试

10.在安装移动通信馈线项目中,若布放1条长度为25 m的1/2英寸射频同轴电缆,则其技工工日为( )工日。

   A.1.23          B.1.15          C.0.80          D.0.83

11.在下列导线截面积(单位:$mm^2$)数值中,属于现行定额定义的"电力电缆单芯相线截面积"的是( )。

   A.16           B.14           C.12           D.10

### 四、综合题

1.图T3-1为××架空光缆工程施工图,其说明如下:

(1)电杆采用水泥杆,其中P4、P5为8 m水泥杆,其余为7 m水泥杆;

(2)P1、P9 水泥杆处要求装设 7/2.6 单股拉线，P4、P5 水泥杆处要求装设 7/2.2 单股拉线；

(3)本次工程采用 24 芯架空自承式光缆；

(4)本次工程施工土质均为综合土，施工地区为城区；

(5)本次工程为 1 个中继段测试。

请根据给定的施工图和已知条件计算该工程的主要工程量。

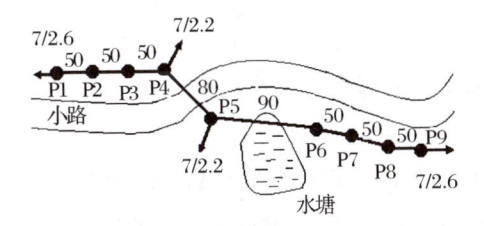

图 T3-1　××架空光缆工程施工图

2.图 T3-2 为××管道光缆工程施工图，请根据所学知识统计出该施工图中所涉及的主要工程量。

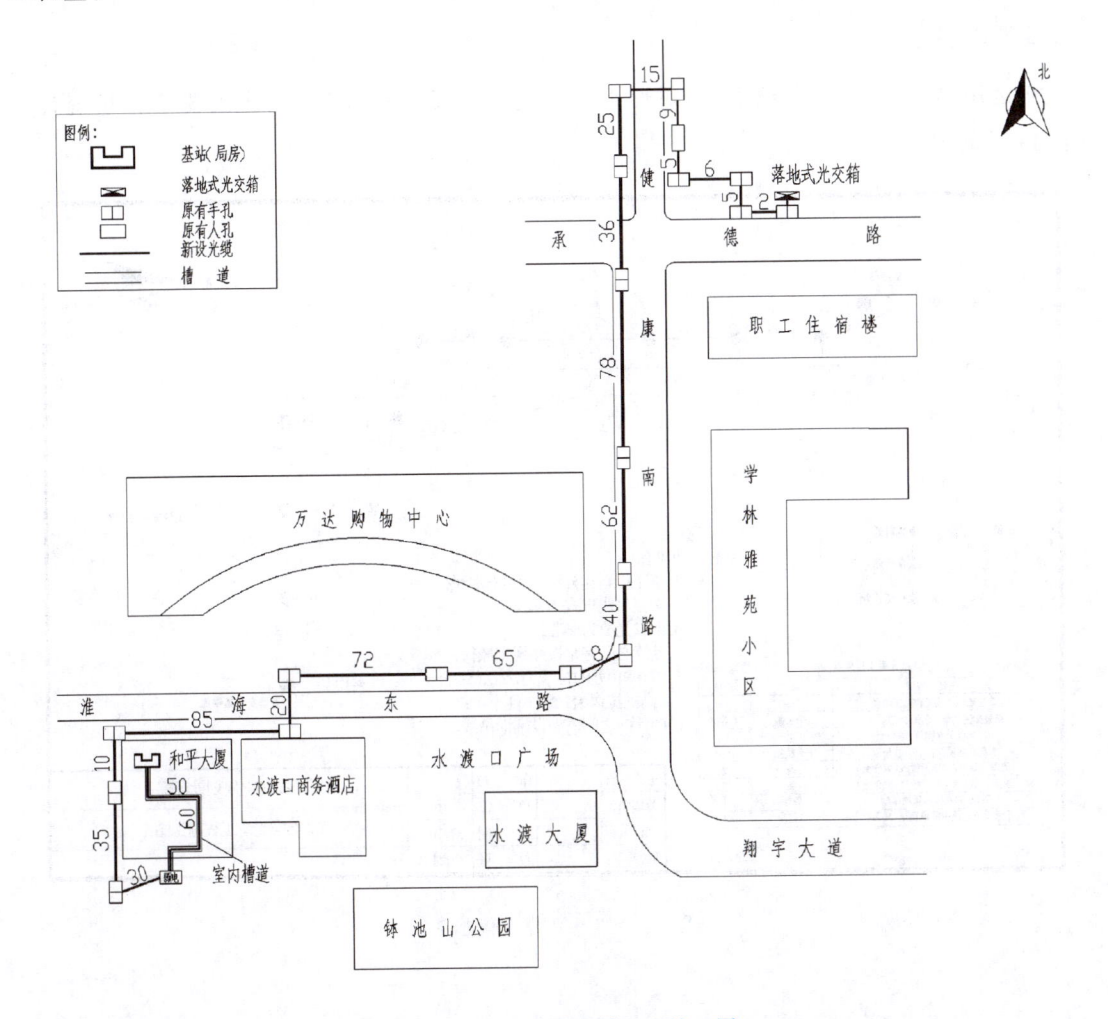

图 T3-2　××管道光缆工程施工图

3.运用所学知识，统计出图 7-1、图 7-2 和图 7-3 对应的主要工程量。

# 技能训练

## 技能训练三 通信建设工程量的统计

### 一、实训目的

1. 掌握通信工程识图和制图的基本要求及规范
2. 掌握通信工程工程量统计的基本原则
3. 掌握不同专业工程项目的工作流程及所涉及的工程量
4. 能运用预算定额手册，对照工程图纸进行工程量的统计

### 二、实训场所和器材

通信工程设计实训室（2016 版预算定额手册 1 套、微型计算机 1 台）

### 三、实训内容

1. 运用 2016 版预算定额手册，对照下面的施工图纸（图 J3-1），完成主要工程量统计表（表 J3-1）的填写。

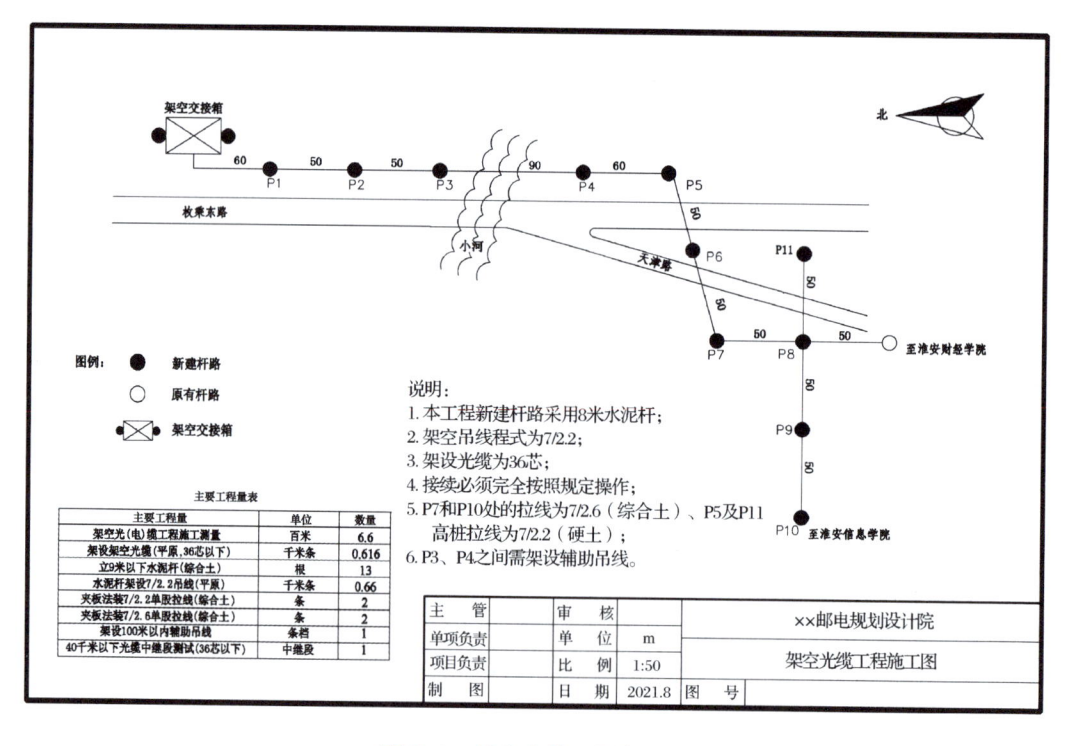

图 J3-1 架空光缆工程施工图

表 J3-1　　　　　　　　　图 J3-1 的主要工程量统计表

| 序号 | 定额编号 | 工程及项目名称 | 单位 | 数量 | 单位定额值/工日 技工 | 单位定额值/工日 普工 | 合计值/工日 技工 | 合计值/工日 普工 |
|---|---|---|---|---|---|---|---|---|
| Ⅰ | Ⅱ | Ⅲ | Ⅳ | Ⅴ | Ⅵ | Ⅶ | Ⅷ | Ⅸ |
| 1 | | | | | | | | |
| 2 | | | | | | | | |
| 3 | | | | | | | | |
| 4 | | | | | | | | |
| 5 | | | | | | | | |
| 6 | | | | | | | | |
| 7 | | | | | | | | |
| 8 | | | | | | | | |
| 9 | | | | | | | | |
| 10 | | | | | | | | |

2.运用 2016 版预算定额手册，对照下面的施工图纸（图 J3-2），完成主要工程量统计表（表 J3-2）的填写。

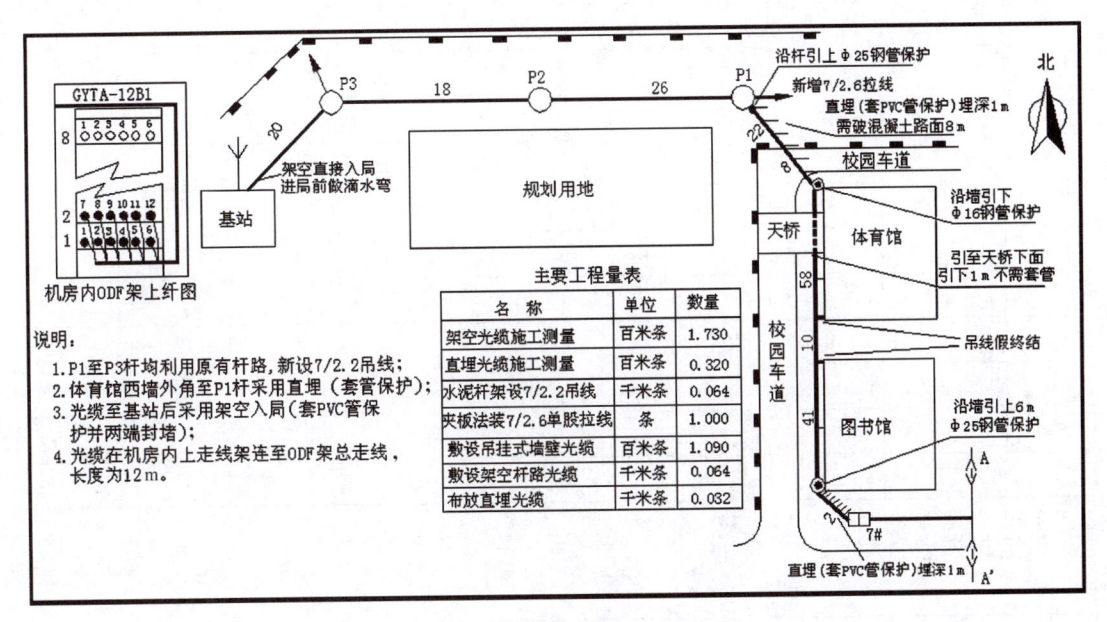

(a) 施工图Ⅰ

图 J3-2　××学院移动通信基站中继光缆线路工程施工图

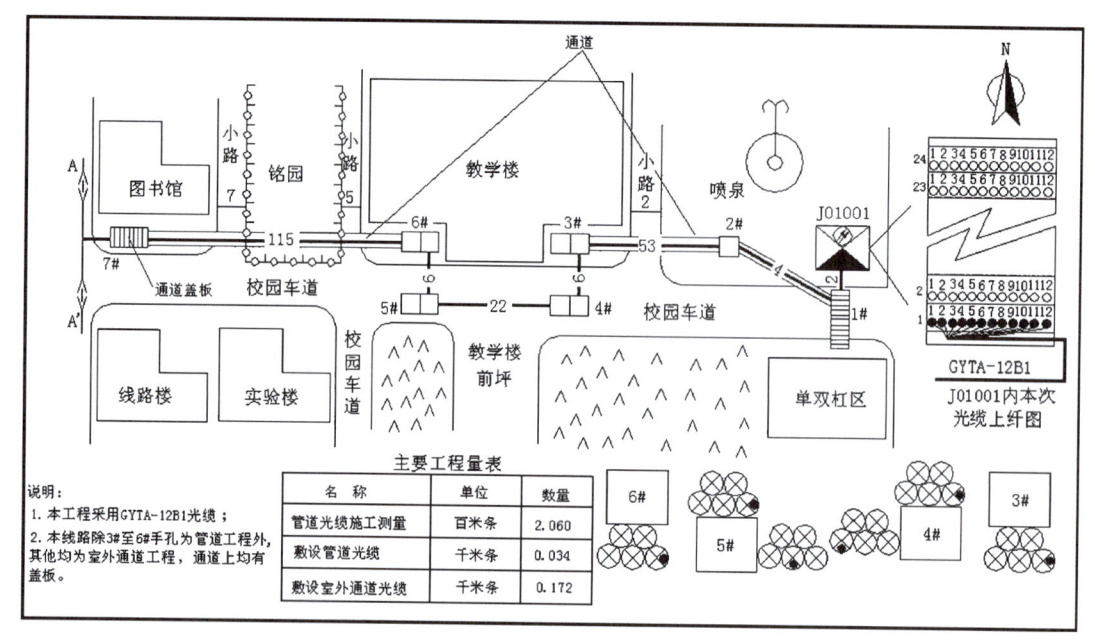

(b) 施工图 Ⅱ

图 J3-2（续） ××学院移动通信基站中继光缆线路工程施工图

表 J3-2　　　　　　　　　　图 J3-2 的主要工程量统计表

| 序号 | 定额编号 | 工程及项目名称 | 单位 | 数量 | 单位定额值/工日 |  | 合计值/工日 |  |
|---|---|---|---|---|---|---|---|---|
|  |  |  |  |  | 技工 | 普工 | 技工 | 普工 |
| Ⅰ | Ⅱ | Ⅲ | Ⅳ | Ⅴ | Ⅵ | Ⅶ | Ⅷ | Ⅸ |
| 1 |  |  |  |  |  |  |  |  |
| 2 |  |  |  |  |  |  |  |  |
| 3 |  |  |  |  |  |  |  |  |
| 4 |  |  |  |  |  |  |  |  |
| 5 |  |  |  |  |  |  |  |  |
| 6 |  |  |  |  |  |  |  |  |
| 7 |  |  |  |  |  |  |  |  |
| 8 |  |  |  |  |  |  |  |  |
| 9 |  |  |  |  |  |  |  |  |
| 10 |  |  |  |  |  |  |  |  |

## 四、总结与体会

# 模块四

## 通信建设工程费用定额与使用

### 目标导航

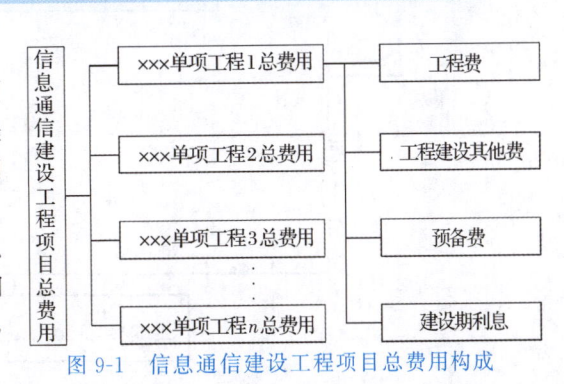

1. 熟练掌握信息通信建设单项工程总费用的构成及含义
2. 能根据通信建设工程各项费用的含义和国家发布的规范文件要求，正确进行费用及相应费率的计取
3. 能结合通信建设工程项目的类别和特点，正确进行相关费用与费率的计取
4. 培养学生爱岗敬业的职业道德
5. 培养学生的爱国情怀、守法观念，弘扬社会主义核心价值观

### 教学建议

| 模块内容 | 学时分配 | 总学时 | 重点 | 难点 |
| --- | --- | --- | --- | --- |
| 学习单元9 通信建设工程费用架构认知 | 1 |  | √ |  |
| 学习单元10 工程费的计取 | 4 |  | √ |  |
| 学习单元11 工程建设其他费的计取 | 2 | 14 | √ |  |
| 学习单元12 预备费和建设期利息的计取 | 1 |  |  |  |
| 技能训练 | 6 |  | √ | √ |

### 内容解读

通信建设工程费用定额是指工程建设过程中各项费用的计取标准，依据通信建设工程的特点，对其费用构成、定额及计算规则进行了相应的规定。

本模块主要包括通信建设工程费用架构认知、工程费的计取、工程建设其他费的计取、预备费和建设期利息的计取等四个学习单元，主要介绍了单项工程各项费用的含义及其费率计取，给出了相关费用的规范文件及要求，并结合实例进行了分析。

## 学习单元9 通信建设工程费用架构认知

信息通信建设工程项目总费用由各单项工程总费用构成；各单项工程总费用由工程费、工程建设其他费、预备费和建设期利息四部分构成，如图9-1所示。

将图9-1中的工程费、工程建设其他费、预备费以及建设期利息四大项费用进一步细化，就给出了整个单项工程的所有费用组成，如图9-2所示。

图9-1 信息通信建设工程项目总费用构成

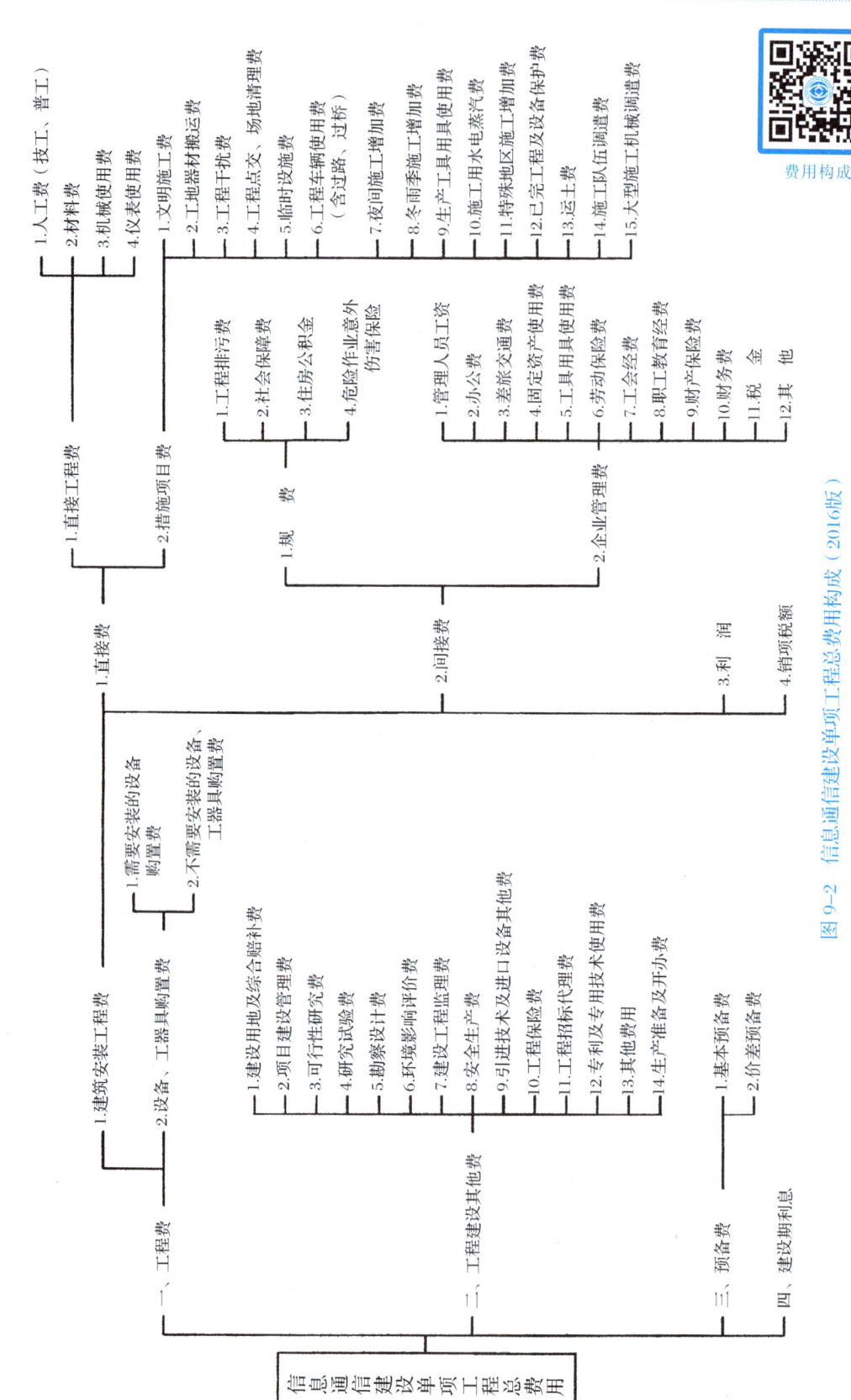

图 9-2 信息通信建设单项工程总费用构成（2016版）

## 学习单元 10　工程费的计取

工程费由建筑安装工程费和设备、工器具购置费（需要安装和不需要安装）两大类组成，是信息通信建设单项工程总费用的重要组成部分。

### 10.1　建筑安装工程费

建筑安装工程费由直接费、间接费、利润和销项税额组成，具体费用构成见表10-1。

表 10-1　　　　　　　　　　建筑安装工程费构成

| 一级费用明细 | 二级费用明细 | 三级费用明细 |
| --- | --- | --- |
| 直接费 | 直接工程费<br>（共4项） | 人工费（技工、普工） |
| | | 材料费 |
| | | 机械使用费 |
| | | 仪表使用费 |
| | 措施项目费<br>（共15项） | 文明施工费 |
| | | 工地器材搬运费 |
| | | 工程干扰费 |
| | | 工程点交、场地清理费 |
| | | 临时设施费 |
| | | 工程车辆使用费 |
| | | 夜间施工增加费 |
| | | 冬雨季施工增加费 |
| | | 生产工具用具使用费 |
| | | 施工用水电蒸汽费 |
| | | 特殊地区施工增加费 |
| | | 已完工程及设备保护费 |
| | | 运土费 |
| | | 施工队伍调遣费 |
| | | 大型施工机械调遣费 |
| 间接费 | 规费<br>（共4项） | 工程排污费 |
| | | 社会保障费 |
| | | 住房公积金 |
| | | 危险作业意外伤害保险 |
| | 企业管理费<br>（共12项） | 管理人员工资、办公费、差旅交通费、固定资产使用费、工具用具使用费、劳动保险费、工会经费、职工教育经费、财产保险费、财务费、税金、其他 |
| 利润 | | |
| 销项税额 | | |

### 10.1.1 直接费

直接费由直接工程费、措施项目费构成。各项费用均为不包括增值税可抵扣进项税额的税前造价。具体内容如下：

1. 直接工程费

直接工程费是指施工过程中耗用的构成工程实体和有助于工程实体形成的各项费用，包括人工费、材料费、机械使用费和仪表使用费等 4 项费用。

(1) 人工费

① 基本含义

人工费是指直接从事建筑安装工程施工的生产人员开支的各项费用。具体内容包括：

- 基本工资：指发放给生产人员的岗位工资和技能工资。
- 工资性补贴：指规定标准的物价补贴，煤、燃气补贴，交通费补贴，住房补贴，流动施工津贴等。
- 辅助工资：指生产人员年平均有效施工天数以外非作业天数的工资。包括职工学习、培训期间的工资，调动工作、探亲、休假期间的工资，因气候影响的停工工资，女工哺乳期间的工资，病假在六个月以内的工资及产、婚、丧假期的工资。
- 职工福利费：指按规定标准计提的职工福利费。
- 劳动保护费：指规定标准的劳动保护用品的购置费及修理费，徒工服装补贴，防暑降温等保健费用。

② 计算规则

- 信息通信建设工程不分专业和地区工资类别，综合取定人工费。人工费单价为：技工为 114 元/工日；普工为 61 元/工日。
- 人工费＝技工费＋普工费
- 技工费＝技工单价×概算、预算的技工总工日
- 普工费＝普工单价×概算、预算的普工总工日

③ 计算举例

**例 10-1** 某通信光缆线路工程项目耗费人工总工日为 200 工日，其中技工总工日为 120 工日，普工总工日为 80 工日，计算本工程项目所耗费的人工费为多少？（不考虑小工日调整）

**分析**：根据技普工收费标准：技工为 114 元/工日，普工为 61 元/工日，可知：

本工程项目所耗费的人工费＝技工总工日×114 元/工日＋普工总工日×61 元/工日＝120×114＋80×61＝18 560 元

(2) 材料费

① 基本含义

材料费是指施工过程中实体消耗的原材料、辅助材料、构配件、零件、半成品的费用和周转使用材料的摊销，以及采购材料所发生的费用总和。内容包括：

- 材料原价：供应价或供货地点价。
- 材料运杂费：是指材料（或器材）自来源地运至工地仓库（或指定堆放地点）所发生的费用。

- 运输保险费:指材料(或器材)自来源地运至工地仓库(或指定堆放地点)所发生的保险费用。
- 采购及保管费:指为组织材料(或器材)采购及材料保管过程中所需要的各项费用。
- 采购代理服务费:指委托中介采购代理服务的费用。
- 辅助材料费:指对施工生产起辅助作用的材料费用。

②计算规则

材料费＝主要材料费＋辅助材料费。其中,有

主要材料费＝材料原价＋运杂费＋运输保险费＋采购及保管费＋采购代理服务费

- 材料原价:供应价或供货地点价;
- 运杂费:编制概算时,除水泥及水泥制品的运输距离按 500 km 计算,其他类型的材料运输距离按 1 500 km 计算。

运杂费＝材料原价×器材运杂费费率

上式中,器材运杂费费率见表 10-2。

表 10-2　　　　　器材运杂费费率

| 运距 $L$/km | 器材费率/% ||||||
|---|---|---|---|---|---|---|
|  | 光缆 | 电缆 | 塑料及塑料制品 | 木材及木制品 | 水泥及水泥构件 | 其他 |
| $L \leqslant 100$ | 1.3 | 1.0 | 4.3 | 8.4 | 18.0 | 3.6 |
| $100 < L \leqslant 200$ | 1.5 | 1.1 | 4.8 | 9.4 | 20.0 | 4.0 |
| $200 < L \leqslant 300$ | 1.7 | 1.3 | 5.4 | 10.5 | 23.0 | 4.5 |
| $300 < L \leqslant 400$ | 1.8 | 1.3 | 5.8 | 11.5 | 24.5 | 4.8 |
| $400 < L \leqslant 500$ | 2.0 | 1.5 | 6.5 | 12.5 | 27.0 | 5.4 |
| $500 < L \leqslant 750$ | 2.1 | 1.6 | 6.7 | 14.7 | — | 6.3 |
| $750 < L \leqslant 1\ 000$ | 2.2 | 1.7 | 6.9 | 16.8 | — | 7.2 |
| $1\ 000 < L \leqslant 1\ 250$ | 2.3 | 1.8 | 7.2 | 18.9 | — | 8.1 |
| $1\ 250 < L \leqslant 1\ 500$ | 2.4 | 1.9 | 7.5 | 21.0 | — | 9.0 |
| $1\ 500 < L \leqslant 1\ 750$ | 2.6 | 2.0 | — | 22.4 | — | 9.6 |
| $1\ 750 < L \leqslant 2\ 000$ | 2.8 | 2.3 | — | 23.8 | — | 10.2 |
| $L > 2\ 000$ km 每增 250 km 增加 | 0.3 | 0.2 | — | 1.5 | — | 0.6 |

- 运输保险费:

运输保险费＝材料原价×保险费率(一般取定为 0.1％)。

- 采购及保管费:

采购及保管费＝材料原价×采购及保管费费率。采购及保管费费率计取见表 10-3。

表 10-3　　　　　采购及保管费费率

| 工程专业 | 计算基础 | 费率/% |
|---|---|---|
| 通信设备安装工程 | 材料原价 | 1.0 |
| 通信线路工程 |  | 1.1 |
| 通信管道工程 |  | 3.0 |

- 采购代理服务费:按实际情况计取。

辅助材料费＝主要材料费×辅助材料费费率,凡由建设单位提供的利旧材料,其材料费不计入工程成本,但作为计算辅助材料费的基础。辅助材料费费率见表 10-4。

表 10-4　　　　　　　　　　　　　　辅助材料费费率

| 工程专业 | 计算基础 | 费率/% |
| --- | --- | --- |
| 有线、无线通信设备安装工程 | 主要材料费 | 3.0 |
| 电源设备安装工程 |  | 5.0 |
| 通信线路工程 |  | 0.3 |
| 通信管道工程 |  | 0.5 |

(3) 机械使用费

① 基本含义

机械使用费是指施工机械作业所发生的机械使用费以及机械安拆费,主要内容包括:

• 折旧费:指施工机械在规定的使用年限内,陆续收回其原值及购置资金的时间价值。

• 大修理费:指施工机械按规定的大修理间隔台班进行必要的大修理,以恢复其正常功能所需的费用。

• 经常修理费:指施工机械除大修理以外的各级保养和临时故障排除所需的费用。包括为保障机械正常运转所需替换设备与随机配备工具和附具的摊销、维护费用,机械运转中日常保养所需润滑与擦拭的材料费用及机械停滞期间的维护和保养费用等。

• 安拆费:指施工机械在现场进行安装与拆卸所需的人工、材料、机械和试运转费用以及机械辅助设施的折旧、搭设、拆除等费用。

• 人工费:指机上操作人员和其他操作人员在工作台班定额内的人工费。

• 燃料动力费:指施工机械在运转作业中所消耗的固体燃料(煤、木柴)、液体燃料(汽油、柴油)及水、电等。

• 税费:指施工机械按照国家规定应缴纳的车船使用税、保险费及年检费等。

② 计算规则

机械使用费=机械台班单价×概算、预算的机械台班量,其中"机械台班单价"可以查看工信部通信〔2016〕451 号文中《信息通信建设工程费用定额》的第三章"信息通信建设工程施工机械、仪表台班单价"内容(也可从表 6-1 中查找),机械台班量可以从相应定额手册中查找。

③ 计算举例

**例 10-2** 某通信线路工程完成光缆接续 20 头(36 芯),请问该工程所需的机械使用费是多少?

**分析**:可以从定额手册第四册《通信线路工程》中得知,36 芯以下光缆接续(TXL6-010)需要使用 2 个机械,即汽油发电机(10 kW)、光纤熔接机,其单位(1 头光缆接续)台班量分别为 0.25 台班、0.45 台班,现在接续 20 头,则合计台班量分别为 5 台班、9 台班。从表 6-1"信息通信建设工程机械台班单价定额"得知,汽油发电机(10 kW)、光纤熔接机的机械台班单价分别为 202 元、144 元。

则:机械使用费=机械台班单价×概算、预算的机械台班量=202×5+144×9=2 306 元。

(4) 仪表使用费

① 基本含义

仪表使用费是指施工作业所发生的属于固定资产的仪表使用费用,主要内容包括:

• 折旧费:是指施工仪表在规定的年限内,陆续收回其原值及购置资金的时间价值。

- 经常修理费:指施工仪表的各级保养和临时故障排除所需的费用。包括为保证仪表正常使用所需备件(备品)的摊销和维护费用。
- 年检费:指施工仪表在使用寿命期间定期标定与年检费用。
- 人工费:指施工仪表操作人员在工作台班定额内的人工费。

② 计算规则

其计算规则与机械使用费的计算规则相似。仪表使用费＝仪表台班单价×概算、预算的仪表台班量,其中"仪表台班单价"可以查看工信部通信〔2016〕451号文中《信息通信建设工程费用定额》的第三章"信息通信建设工程施工机械、仪表台班单价"内容(也可从表6-4中查找),仪表台班量可以从相应定额手册中查找。

③ 计算举例

**例 10-3** 某通信线路工程完成 65 km 光缆中继段测试(12 芯)2 个,请问该工程所需仪表使用费为多少?

**分析**:可以从定额手册第四册《通信线路工程》中得知,65 km 光缆中继段测试(12 芯)对应的定额编号为 TXL6-X043,需要使用 4 个仪表,即光时域反射仪、稳定光源、光功率计、偏振模色散测试仪(其消耗量供设计选用),其单位(1 个中继段)台班量均为 0.36 台班,现在完成 2 个光缆中继段测试,则合计台班量均为 0.72 台班。从表 6-4 "信息通信建设工程仪表台班单价定额"中得知,光时域反射仪、稳定光源、光功率计、偏振模色散测试仪的仪表台班单价分别为 153 元、117 元、116 元、455 元。则:仪表使用费＝仪表台班单价×概算、预算的仪表台班量＝153×0.72＋117×0.72＋116×0.72＋455×0.72＝605.52 元。

2.措施项目费

措施项目费是指为完成工程项目施工,发生于该工程前和施工过程中非工程实体项目的费用。包括文明施工费,工地器材搬运费,工程干扰费,工程点交、场地清理费,临时设施费,工程车辆使用费,夜间施工增加费,冬雨季施工增加费,生产工具用具使用费,施工用水电蒸汽费,特殊地区施工增加费,已完工程及设备保护费,运土费,施工队伍调遣费,大型施工机械调遣费等 15 项,其多数费用计取以人工费为基础。

(1)文明施工费

① 基本含义

文明施工费是指施工现场为达到环保要求及文明施工所需要的各项费用。

② 计算规则

文明施工费＝人工费×相关费率,其费率计取见表 10-5。

表 10-5　　　　　　　　　　　文明施工费费率

| 工程专业 | 计算基础 | 费率/% |
| --- | --- | --- |
| 无线通信设备安装工程 | 人工费 | 1.1 |
| 通信线路工程、通信管道工程 |  | 1.5 |
| 有线通信设备安装工程、电源设备安装工程 |  | 0.8 |

(2)工地器材搬运费

① 基本含义

工地器材搬运费是指由工地仓库至施工现场转运器材而发生的费用。

② 计算规则

工地器材搬运费＝人工费×相关费率,其费率计取见表 10-6。

表 10-6　　　　　　　　　　　工地器材搬运费费率

| 工程专业 | 计算基础 | 费率/% |
| --- | --- | --- |
| 通信设备安装工程 | 人工费 | 1.1 |
| 通信线路工程 | 人工费 | 3.4 |
| 通信管道工程 | 人工费 | 1.2 |

注：因施工场地条件限制造成一次运输不能到达工地仓库时，可在此费用中按实计列二次搬运费用。

(3) 工程干扰费

① 基本含义

工程干扰费是指通信工程由于受市政管理、交通管制、人流密集、输配电设施等影响工效而补偿的费用。

② 计算规则

工程干扰费＝人工费×相关费率，其费率计取见表10-7。

表 10-7　　　　　　　　　　　工程干扰费费率

| 工程专业 | 计算基础 | 费率/% |
| --- | --- | --- |
| 通信线路工程（干扰地区）、通信管道工程（干扰地区） | 人工费 | 6.0 |
| 无线通信设备安装工程（干扰地区） | 人工费 | 4.0 |

注：① 干扰地区指城区、高速公路隔离带、铁路路基边缘等施工地带。
　　② 城区的界定以当地规划部门规划文件为准。

(4) 工程点交、场地清理费

① 基本含义

工程点交、场地清理费是指按规定编制竣工图及资料，工程点交、施工场地清理等发生的费用。

② 计算规则

工程点交、场地清理费＝人工费×相关费率，其费率计取见表10-8。

表 10-8　　　　　　　　　　　工程点交、场地清理费费率

| 工程专业 | 计算基础 | 费率/% |
| --- | --- | --- |
| 通信设备安装工程 | 人工费 | 2.5 |
| 通信线路工程 | 人工费 | 3.3 |
| 通信管道工程 | 人工费 | 1.4 |

(5) 临时设施费

① 基本含义

临时设施费是指施工企业为进行工程施工所必须设置的生活和生产用的临时建筑物、构筑物和其他临时设施费用。临时设施费包括：临时设施的租用、搭设、维修、拆除或摊销费。

② 计算规则

临时设施费按施工现场与企业的距离划分为35 km以内、35 km以外两挡。

临时设施费＝人工费×相关费率，其费率计取见表10-9。

表 10-9　　　　　　　　　　　　　　　临时设施费费率

| 工程专业 | 计算基础 | 费率/% 距离≤35 km | 费率/% 距离>35 km |
| --- | --- | --- | --- |
| 通信设备工程 | 人工费 | 3.8 | 7.6 |
| 通信线路工程 | 人工费 | 2.6 | 5.0 |
| 通信管道工程 | 人工费 | 6.1 | 7.6 |

注：如果建设单位无偿提供临时设施则不计此项费用。

(6) 工程车辆使用费

① 基本含义

工程车辆使用费是指工程施工中接送施工人员、生活用车等(含过路、过桥)费用。包括生活用车、接送工人用车和其他零星用车，不含直接生产用车。

② 计算规则

工程车辆使用费＝人工费×相关费率，其费率计取见表 10-10。

表 10-10　　　　　　　　　　　　　　工程车辆使用费费率

| 工程专业 | 计算基础 | 费率/% |
| --- | --- | --- |
| 无线通信设备安装工程、通信线路工程 | 人工费 | 5.0 |
| 有线通信设备安装工程、通信电源设备安装工程、通信管道工程 | 人工费 | 2.2 |

(7) 夜间施工增加费

① 基本含义

夜间施工增加费是指因夜间施工所发生的夜间补助、夜间施工降效、夜间施工照明设备摊销及照明用电等费用。

② 计算规则

夜间施工增加费＝人工费×相关费率，其费率计取见表 10-11。

表 10-11　　　　　　　　　　　　　　夜间施工增加费费率

| 工程专业 | 计算基础 | 费率/% |
| --- | --- | --- |
| 通信设备安装工程 | 人工费 | 2.1 |
| 通信线路工程(城区部分)、通信管道工程 | 人工费 | 2.5 |

注：此项费用不考虑施工时段，均按相应费率计取。

(8) 冬雨季施工增加费

① 基本含义

冬雨季施工增加费是指在冬雨季施工时所采取的防冻、保温、防雨、防滑等安全措施及工效降低所增加的费用。

② 计算规则

冬雨季施工增加费＝人工费×相关费率，其费率计取见表 10-12。

表 10-12　　　　　　　　　　　　冬雨季施工增加费费率

| 工程专业 | 计算基础 | 费率/% Ⅰ | Ⅱ | Ⅲ |
|---|---|---|---|---|
| 通信设备安装工程（室外部分） | 人工费 | 3.6 | 2.5 | 1.8 |
| 通信线路工程、通信管道工程 | | | | |

附表　　　　　　　　　　　　冬雨季施工地区分类表

| 地区分类 | 省、自治区、直辖市名称 |
|---|---|
| Ⅰ | 黑龙江、青海、新疆、西藏、辽宁、内蒙古、吉林、甘肃 |
| Ⅱ | 陕西、广东、广西、海南、浙江、福建、四川、宁夏、云南 |
| Ⅲ | 其他地区 |

注：①此费用在编制预算时不考虑施工所处季节，均按相应费率计取。
②如工程跨越多个地区分类挡，按高挡计取该项费用。
③综合布线工程不计取该项费用。

(9) 生产工具用具使用费
① 基本含义
生产工具用具使用费是指施工所需的不属于固定资产的工具用具等的购置、摊销、维修费。
② 计算规则
生产工具用具使用费＝人工费×相关费率，其费率计取见表 10-13。

表 10-13　　　　　　　　　　　　生产工具用具使用费费率

| 工程专业 | 计算基础 | 费率/% |
|---|---|---|
| 通信设备安装工程 | 人工费 | 0.8 |
| 通信线路工程、通信管道工程 | | 1.5 |

(10) 施工用水电蒸汽费
① 基本含义
施工用水电蒸汽费是指施工生产过程中使用水、电、蒸汽所发生的费用。
② 计算规则
• 信息通信建设工程依照施工工艺要求按实计列施工用水电蒸汽费。
• 在编制概算、预算时，有规定的按规定计算，无规定的根据工程具体情况计算，如果建设单位无偿提供水、电、蒸汽则不应计列此项费用。

(11) 特殊地区施工增加费
① 基本含义
特殊地区施工增加费是指在原始森林地区、2 000 米以上高原地区、沙漠地区、山区无人值守站、化工区、核工业区等特殊地区施工所需增加的费用。
② 计算规则
特殊地区施工增加费＝特殊地区补贴金额×总工日，特殊地区分类及补贴金额见表 10-14。

表 10-14　　　　　　　　　　　特殊地区分类及补贴金额

| 地区分类 | 高海拔地区 ||原始森林地区、沙漠地区、化工区、核工业区、山区无人值守站|
|---|---|---|---|
|  | 4 000 米以下 | 4 000 米以上 |  |
| 补贴金额(元/天) | 8 | 25 | 17 |

注:如工程所在地同时存在上述多种情况,按高档计取该项费用。

(12)已完工程及设备保护费

①基本含义

已完工程及设备保护费是指竣工验收前,对已完工程及设备进行保护所需的费用。

②计算规则

已完工程及设备保护费＝人工费×相关费率,其费率计取见表 10-15。

表 10-15　　　　　　　　　　　已完工程及设备保护费费率

| 工程专业 | 计算基础 | 费率(%) |
|---|---|---|
| 通信线路工程 | 人工费 | 2.0 |
| 通信管道工程 |  | 1.8 |
| 无线通信设备安装工程 |  | 1.5 |
| 有线通信及电源设备安装工程(室外部分) |  | 1.8 |

(13)运土费

①基本含义

运土费是指工程施工中,需从远离施工地点取土或向外倒运土方所发生的费用。

②计算规则

- 运土费＝工程量(吨·千米)×运费单价[元/(吨·千米)]。
- 工程量由设计单位按实际发生计列,运费单价按工程所在地运价计算。

(14)施工队伍调遣费

①基本含义

施工队伍调遣费是指因建设工程的需要,应支付施工队伍的调遣费用。内容包括:调遣人员的差旅费、调遣期间的工资、施工工具与用具等的运费。

②计算规则

施工队伍调遣费按调遣费定额计算。施工现场与企业的距离在 35 km 以内时,不计取此项费用;35 km 以外时,按照如下公式计取:

施工队伍调遣费＝单程调遣费定额×调遣人数×2,其具体指标见表 10-16 和表 10-17。

表 10-16　　　　　　　　　　　施工队伍单程调遣费定额表

| 调遣里程($L$)/km | 调遣费/元 | 调遣里程($L$)/km | 调遣费/元 |
|---|---|---|---|
| $35<L\leqslant100$ | 141 | $1\ 600<L\leqslant1\ 800$ | 634 |
| $100<L\leqslant200$ | 174 | $1\ 800<L\leqslant2\ 000$ | 675 |
| $200<L\leqslant400$ | 240 | $2\ 000<L\leqslant2\ 400$ | 746 |

(续表)

| 调遣里程（$L$）/km | 调遣费/元 | 调遣里程（$L$）/km | 调遣费/元 |
|---|---|---|---|
| 400＜$L$≤600 | 295 | 2 400＜$L$≤2 800 | 918 |
| 600＜$L$≤800 | 356 | 2 800＜$L$≤3 200 | 979 |
| 800＜$L$≤1 000 | 372 | 3 200＜$L$≤3 600 | 1 040 |
| 1 000＜$L$≤1 200 | 417 | 3 600＜$L$≤4 000 | 1 203 |
| 1 200＜$L$≤1 400 | 565 | 4 000＜$L$≤4 400 | 1 271 |
| 1 400＜$L$≤1 600 | 598 | $L$＞4 400 km后，每增加200 km增加调遣费 | 48 |

注：调遣里程依据铁路里程计算，铁路无法到达的部分，依据公路、水路里程计算。

表 10-17　　　　　　　　施工队伍调遣人数定额表

| 通信设备安装工程 ||||
|---|---|---|---|
| 概（预）算技工总工日 | 调遣人数/人 | 概（预）算技工总工日 | 调遣人数/人 |
| 500 工日以下 | 5 | 4 000 工日以下 | 30 |
| 1 000 工日以下 | 10 | 5 000 工日以下 | 35 |
| 2 000 工日以下 | 17 | 5 000 工日以上，每增加1 000 工日增加调遣人数 | 3 |
| 3 000 工日以下 | 24 |  |  |
| 通信线路、通信管道工程 ||||
| 概（预）算技工总工日 | 调遣人数/人 | 概（预）算技工总工日 | 调遣人数/人 |
| 500 工日以下 | 5 | 9 000 工日以下 | 55 |
| 1 000 工日以下 | 10 | 10 000 工日以下 | 60 |
| 2 000 工日以下 | 17 | 15 000 工日以下 | 80 |
| 3 000 工日以下 | 24 | 20 000 工日以下 | 95 |
| 4 000 工日以下 | 30 | 25 000 工日以下 | 105 |
| 5 000 工日以下 | 35 | 30 000 工日以下 | 120 |
| 6 000 工日以下 | 40 | 30 000 工日以上，每增加5 000 工日增加调遣人数 | 3 |
| 7 000 工日以下 | 45 |  |  |
| 8 000 工日以下 | 50 |  |  |

(15)大型施工机械调遣费

①基本含义

大型施工机械调遣费是指大型施工机械调遣所发生的运输费用。

②计算规则

大型施工机械调遣费＝调遣用车运价×调遣运距×2。大型施工机械调遣吨位表、调遣用车吨位及运价表分别见表 10-18 和表 10-19。

大型施工机械调遣费

表 10-18　　　　　　　　　　　　　　大型施工机械调遣吨位表

| 机械名称 | 吨位/t | 机械名称 | 吨位/t |
|---|---|---|---|
| 混凝土搅拌机 | 2 | 水下光(电)缆沟挖冲机 | 6 |
| 电缆拖车 | 5 | 液压顶管机 | 5 |
| 微管微缆气吹设备 | 6 | 微控钻孔敷管设备(25 t 以下) | 8 |
| 气流敷设吹缆设备 | 8 | 微控钻孔敷管设备(25 t 以上) | 12 |
| 回旋钻机 | 11 | 液压钻机 | 15 |
| 型钢剪断机 | 4.2 | 磨钻机 | 0.5 |

表 10-19　　　　　　　　　　　　　　调遣用车吨位及运价表

| 名称 | 吨位/t | 运价(元/千米) 单程运距≤100 km | 运价(元/千米) 单程运距>100 km |
|---|---|---|---|
| 工程机械运输车 | 5 | 10.8 | 7.2 |
| 工程机械运输车 | 8 | 13.7 | 9.1 |
| 工程机械运输车 | 15 | 17.8 | 12.5 |

### 10.1.2　间接费

间接费主要由规费、企业管理费构成，各项费用均为不包括增值税可抵扣进项税额的税前造价。具体内容如下：

1. 规费

规费是指政府和有关部门规定必须缴纳的费用，包括工程排污费、社会保障费、住房公积金和危险作业意外伤害保险等 4 项费用。

(1) 工程排污费

① 基本含义

工程排污费是指施工现场按规定缴纳的工程排污费。

② 计算规则

根据施工所在地政府部门的相关规定。

(2) 社会保障费

① 基本含义

社会保障费是指企业按规定标准(或国家规定)为职工缴纳的相关社会保险费用，主要包括养老保险费、失业保险费、医疗保险费、生育保险费以及工伤保险费等费用。

- 养老保险费：指企业按照规定标准为职工缴纳的基本养老保险费。
- 失业保险费：指企业按照规定标准为职工缴纳的失业保险费。
- 医疗保险费：指企业按照规定标准为职工缴纳的基本医疗保险费。
- 生育保险费：指企业按照规定标准为职工缴纳的生育保险费。
- 工伤保险费：指企业按照规定标准为职工缴纳的工伤保险费。

规费

②计算规则

社会保障费＝人工费×相关费率(一般取定为28.5％)

(3)住房公积金

①基本含义

住房公积金是指企业按照规定标准为职工缴纳的住房公积金。②计算规则

住房公积金＝人工费×相关费率(一般取定为4.19％)

(4)危险作业意外伤害保险

①基本含义

危险作业意外伤害保险是指企业为从事危险作业的建筑安装施工人员支付的意外伤害保险费。

②计算规则

危险作业意外伤害保险＝人工费×相关费率(一般取定为1.00％)

2.企业管理费

企业管理费是指施工企业组织施工生产和经营管理所需费用,包括管理人员工资、办公费、差旅交通费、固定资产使用费、工具用具使用费、劳动保险费、工会经费、职工教育经费、财产保险费、财务费、税金、其他等12项内容。

(1)基本含义

①管理人员工资:指管理人员的基本工资、工资性补贴、职工福利费、劳动保护费等。

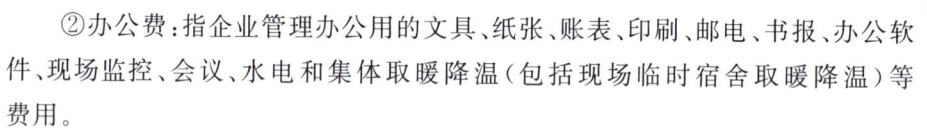

②办公费:指企业管理办公用的文具、纸张、账表、印刷、邮电、书报、办公软件、现场监控、会议、水电和集体取暖降温(包括现场临时宿舍取暖降温)等费用。

③差旅交通费:指职工因公出差、调动工作的差旅费、住勤补助费、市内交通费和误餐补助费,职工探亲路费,劳动力招募费,职工离退休、退职一次性路费,工伤人员就医路费,工地转移费以及管理部门使用的交通工具的油料、燃料等费用。

④固定资产使用费:指管理和试验部门及附属生产单位使用的属于固定资产的房屋、设备、仪器等的折旧、大修、维修或租赁费。

⑤工具用具使用费:指管理使用的不属于固定资产的生产工具、器具、家具、交通工具和检验、测绘、消防用具等的购置、维修和摊销费。

⑥劳动保险费:指由企业支付离退休职工的异地安家补助费、职工退职金、六个月以上的病假人员工资、按规定支付给离退休干部的各项经费。

⑦工会经费:指企业按职工工资总额计提的工会经费。

⑧职工教育经费:指按职工工资总额的规定比例计提,企业为职工进行专业技术和职业技能培训,专业技术人员继续教育、职工职业技能鉴定、职业资格认定以及根据需要对职工进行各类文化教育所发生的费用。

⑨财产保险费:指施工管理用财产、车辆保险等的费用。

⑩财务费:指企业为施工生产筹集资金或提供预付款担保、履约担保、职工工资支付担保

等所发生的各种费用。

⑪税金：指企业按规定缴纳的城市维护建设税、教育费附加税、地方教育费附加税、房产税、车船使用税、土地使用税、印花税等。

⑫其他：包括技术转让费、技术开发费、投标费、业务招待费、绿化费、广告费、公证费、法律顾问费、审计费、咨询费等。

(2)计算规则

企业管理费＝人工费×相关费率（各类通信工程取定为27.4%）。

### 10.1.3 利　润

1.基本含义

利润是指施工企业完成所承包工程获得的盈利。

2.计算规则

利润的计算公式如下：

利润＝人工费×利润率（各类通信工程取定为20%）。

### 10.1.4 销项税额

1.基本含义

销项税额是指按国家税法规定应计入建筑安装工程造价的增值税销项税额。

2.计算规则

销项税额＝（人工费＋乙供主材费＋辅材费＋机械使用费＋仪表使用费＋措施项目费＋规费＋企业管理费＋利润）×11%＋甲供主材费×适用税率。

上式中，甲供主材适用税率为材料采购税率，乙供主材指建筑服务方提供的材料。

## 10.2　设备、工器具购置费

1.基本含义

设备、工器具购置费是指根据设计提出的设备（包括必需的备品备件）、仪表、工器具清单，按设备原价、运杂费、运输保险费、采购及保管费和采购代理服务费计算的费用。设备、工器具购置费由需要安装的设备购置费和不需要安装的设备、工器具购置费组成。

2.计算规则

设备、工器具购置费计算公式如下：

设备、工器具购置费＝设备原价＋运杂费＋运输保险费＋采购及保管费＋采购代理服务费。

其中：

(1)设备原价：供应价或供货地点价。设备原价指国产设备制造厂的供货地点价，进口设备的到岸价（包括货价、国外运输费、国外运输保险费）。

(2)运杂费＝设备原价×设备运杂费费率，其费率计取见表10-20。

表 10-20　　　　　　　　　　　　　设备运杂费费率

| 运输里程(L)/km | 计算基础 | 费率/% | 运输里程(L)/km | 计算基础 | 费率/% |
| --- | --- | --- | --- | --- | --- |
| L≤100 | 设备原价 | 0.8 | 1 000＜L≤1 250 | 设备原价 | 2.0 |
| 100＜L≤200 | 设备原价 | 0.9 | 1 250＜L≤1 500 | 设备原价 | 2.2 |
| 200＜L≤300 | 设备原价 | 1.0 | 1 500＜L≤1 750 | 设备原价 | 2.4 |
| 300＜L≤400 | 设备原价 | 1.1 | 1 750＜L≤2 000 | 设备原价 | 2.6 |
| 400＜L≤500 | 设备原价 | 1.2 | L＞2 000 km 时，每增 250 km 增加 | 设备原价 | 0.1 |
| 500＜L≤750 | 设备原价 | 1.5 | | | |
| 750＜L≤1 000 | 设备原价 | 1.7 | — | — | — |

(3)运输保险费＝设备原价×运输保险费费率(一般取定为 0.4%)。

(4)采购及保管费＝设备原价×采购及保管费费率，其费率见表 10-21。

表 10-21　　　　　　　　　　　采购及保管费费率

| 项目名称 | 计算基础 | 费率/% |
| --- | --- | --- |
| 需要安装的设备 | 设备原价 | 0.82 |
| 不需要安装的设备(仪表、工器具) | 设备原价 | 0.41 |

(5)采购代理服务费按实计列。

(6)进口设备(材料)的国外运输费、国外运输保险费、关税、增值税、外贸手续费、银行财务费、国内运杂费、国内运输保险费、进口设备(材料)国内检验费、海关监管手续费等按进口货价计算后计入相应的设备材料费中。单独引进软件不计关税，只计增值税。

对于引进工程项目来说，引进设备购置费＝到岸价＋入关各项手续费＋国内运输及保管等费用，其中：

到岸价＝货价＋国外运输费＋国外运输保险费。

入关各项手续费＝关税＋增值税＋工商统一费＋海关监管费＋外贸手续费＋银行财务费。

国内运输及保管等费用＝国内运杂费＋国内运输保险费＋采购及保管费＋采购代理服务费。

## 学习单元 11　工程建设其他费的计取

工程建设其他费是指应在建设项目的建设投资中开支的固定资产其他费用、无形资产费用和其他资产费用，具体包括建设用地及综合赔补费、项目建设管理费、可行性研究费、研究试验费、勘察设计费、环境影响评价费、建设工程监理费、安全生产费、引进技术及进口设备其他费、工程保险费、工程招标代理费、专利及专用技术使用费、其他费用、生产准备及开办费等 14 项内容，具体见表 11-1。

表 11-1　　　　　　　　　　　工程建设其他费构成

| 一级费用明细 | 二级费用明细 |
| --- | --- |
| 工程建设其他费<br>（共 14 项） | 建设用地及综合赔补费 |
| | 项目建设管理费 |
| | 可行性研究费 |
| | 研究试验费 |
| | 勘察设计费 |
| | 环境影响评价费 |
| | 建设工程监理费 |
| | 安全生产费 |
| | 引进技术及进口设备其他费 |
| | 工程保险费 |
| | 工程招标代理费 |
| | 专利及专用技术使用费 |
| | 其他费用 |
| | 生产准备及开办费 |

## 11.1 建设用地及综合赔补费

**1. 基本含义**

建设用地及综合赔补费是指按照《中华人民共和国土地管理法》等规定，建设项目征用土地或租用土地应支付的费用。内容包括：

（1）土地征用及迁移补偿费：经营性建设项目通过出让方式购置的土地使用权（或建设项目通过划拨方式取得无限期的土地使用权）而支付的土地补偿费、安置补偿费、地上附着物和青苗补偿费、余物迁建补偿费、土地登记管理费等；行政事业单位的建设项目通过出让方式取得土地使用权而支付的出让金；建设单位在建设过程中发生的土地复垦费用和土地损失补偿费用；建设期间临时占地补偿费。

（2）征用耕地按规定一次性缴纳的耕地占用税；征用城镇土地在建设期间按规定每年缴纳的城镇土地使用税；征用城市郊区菜地按规定缴纳的新菜地开发建设基金。

（3）建设单位租用建设项目土地使用权而支付的租地费用。

（4）建设单位在建设项目期间租用建筑设施、场地的费用；以及因项目施工造成所在地企事业单位或居民的生产、生活受到干扰而支付的补偿费用。

**2. 计算规则**

建设用地及综合赔补费的费率计取方法有如下两种：

（1）根据应征建设用地面积、临时用地面积，按建设项目所在省、自治区、直辖市人民政府制定的土地征用补偿费、安置补助费标准和耕地占用税、城镇土地使用税标准计算。

（2）建设用地上的建（构）筑物如需迁建，其迁建补偿费应按迁建补偿协议计列或按新建同类工程造价计算。

## 11.2　项目建设管理费

1.基本含义

项目建设管理费是指项目建设单位从项目筹建之日起至办理竣工财务决算之日止发生的管理性质的支出。包括:不在原单位领工资的工作人员工资及相关费用、办公费、办公场地租用费、差旅交通费、劳动保护费、工具用具使用费、固定资产使用费、招募生产工人费、技术图书资料费(含软件)、业务招待费、施工现场津贴、竣工验收费和其他管理性质开支。

实行代建制管理的项目,代建管理费按照不高于项目建设管理费标准核定。一般不得同时列支代建管理费和项目建设管理费,确需同时发生的,两项费用之和不得高于项目建设管理费限额。

2.计算规则

建设单位可根据《关于印发〈基本建设项目建设成本管理规定〉的通知》(财建〔2016〕504号)结合自身实际情况制定项目建设管理费取费规则。

如建设项目采用工程总承包方式,其总包管理费由建设单位与总包单位根据总包工作范围在合同中商定,从项目建设管理费中列支。

## 11.3　可行性研究费

1.基本含义

可行性研究费是指在建设项目前期工作中,编制和评估项目建议书(或预可行性研究报告)、可行性研究报告所需的费用。

2.计算规则

根据《国家发展改革委关于进一步放开建设项目专业服务价格的通知》(发改价格〔2015〕299号)文件的要求,可行性研究服务收费实行市场调节价。

## 11.4　研究试验费

1.基本含义

研究试验费是指为本建设项目提供或验证设计数据、资料等进行必要的研究试验及按照设计规定在建设过程中必须进行试验、验证所需的费用。

2.计算规则

根据建设项目研究试验内容和要求进行编制。

研究试验费不包括以下项目:

(1)应由科技三项费用(新产品试制费、中间试验费和重要科学研究补助费)开支的项目;

(2)应在建筑安装费用中列支的施工企业对材料、构件进行一般鉴定、检查所发生的费用及技术革新的研究试验费;

(3)应在勘察设计费或工程费中列支的项目。

## 11.5 勘察设计费

1.基本含义

勘察设计费是指委托勘察设计单位进行工程勘察、工程设计所发生的各项费用,包括工程勘察费、初步设计费和施工图设计费。

2.计算规则

根据《国家发展改革委关于进一步放开建设项目专业服务价格的通知》(发改价格〔2015〕299号)文件的要求,勘察设计服务收费实行市场调节价。

## 11.6 环境影响评价费

1.基本含义

环境影响评价费是指按照《中华人民共和国环境保护法》《中华人民共和国环境影响评价法》等规定,为全面、详细评价本建设项目对环境可能产生的污染或造成的重大影响所需的费用,包括编制环境影响报告书(含大纲)、环境影响报告表和评估环境影响报告书(含大纲)、评估环境影响报告表等所需的费用。

2.计算规则

根据《国家发展改革委关于进一步放开建设项目专业服务价格的通知》(发改价格〔2015〕299号)文件的要求,环境影响评价服务收费实行市场调节价。

## 11.7 建设工程监理费

1.基本含义

建设工程监理费是指建设单位委托工程监理单位实施工程监理的费用。

2.计算规则

根据《国家发展改革委关于进一步放开建设项目专业服务价格的通知》(发改价格〔2015〕299号)文件的要求,建设工程监理服务收费实行市场调节价,可将相关标准作为计价基础。

## 11.8 安全生产费

1.基本含义

安全生产费是指施工企业按照国家有关规定和建筑施工安全标准,购置施工防护用具、落实安全施工措施以及改善安全生产条件所需要的各项费用。

2.计算规则

参照《财政部 安全监管总局关于印发＜企业安全生产费用提取和使用管理办法＞的通知》(财企〔2012〕16号)文件规定执行。

## 11.9 引进技术及进口设备其他费

1. 基本含义

费用内容包括：

(1) 引进项目图纸资料翻译复制费、备品备件测绘费；

(2) 出国人员费用：包括买方人员出国设计联络、出国考察、联合设计、监造、培训等所发生的差旅费、生活费、制装费等。

(3) 来华人员费用：包括卖方来华工程技术人员的现场办公费用、往返现场交通费用、工资、食宿费用、接待费用等；

(4) 银行担保及承诺费：指引进项目由国内外金融机构出面承担风险和责任担保所发生的费用，以及支付贷款机构的承诺费用。

2. 计算规则

(1) 引进项目图纸资料翻译复制费：根据引进项目的具体情况计列或按引进设备到岸价的比例估列。

(2) 出国人员费用：依据合同规定的出国人次、期限和费用标准计算。生活费及制装费按照财政部、外交部规定的现行标准计算，差旅费按中国民航公布的国际航线票价计算。

(3) 来华人员费用：应依据引进合同有关条款规定计算。引进合同价款中已包括的费用内容不得重复计算。来华人员接待费用可按每人次费用指标计算。

(4) 银行担保及承诺费：应按担保或承诺协议计取。

## 11.10 工程保险费

1. 基本含义

工程保险费是指建设项目在建设期间根据需要对建筑工程、安装工程及机器设备进行投保而发生的保险费用，包括建筑安装工程一切险、进口设备财产和人身意外伤害险等。

2. 计算规则

(1) 不投保的工程不计取此项费用。

(2) 不同的建设项目可根据工程特点选择投保险种，根据投保合同计列保险费用。

## 11.11 工程招标代理费

1. 基本含义

工程招标代理费是指招标人委托代理机构编制招标文件、编制标底、审查投标人资格、组织投标人踏勘现场并答疑，组织开标、评标、定标，以及提供招标前期咨询、协调合同的签订等业务所收取的费用。

2. 计算规则

根据《国家发展改革委关于进一步放开建设项目专业服务价格的通知》（发改价格〔2015〕299号）文件的要求，工程招标代理服务收费实行市场调节价。

## 11.12　专利及专用技术使用费

1.基本含义

专利及专用技术使用费包括以下三个方面：

(1)国外设计及技术资料费，引进有效专利、专有技术使用费和技术保密费。

(2)国内有效专利、专有技术使用费。

(3)商标使用费、特许经营权费等。

2.计算规则

(1)按专利使用许可协议和专有技术使用合同的规定计列。

(2)专有技术的界定应以省、部级鉴定机构的批准为依据。

(3)项目投资中只计取需要在建设期支付的专利及专有技术使用费。协议或合同规定在生产期支付的使用费应在成本中核算。

## 11.13　其他费用

1.基本含义

根据建设任务的需要，必须在建设项目中列支的其他费用，如中介机构审查费等。

2.计算规则

根据工程实际计列。

## 11.14　生产准备及开办费

1.基本含义

生产准备及开办费是指建设项目为保证正常生产(或营业、使用)而发生的人员培训费、提前进场费以及投产使用初期必备的生产生活用具、工器具等的购置费用。内容包括以下三个方面：

(1)人员培训费及提前进场费：自行组织培训或委托其他单位培训的人员工资、工资性补贴、职工福利费、差旅交通费、劳动保护费、学习资料费等。

(2)为保证初期正常生产、生活(或营业、使用)所必需的生产办公、生活家具用具购置费。

(3)为保证初期正常生产(或营业、使用)所必需的第一套不够固定资产标准的生产工具、器具、用具购置费(不包括备品备件费)。

2.计算规则

新建项目以设计定员为基数计算，改扩建项目以新增设计定员为基数计算：

生产准备及开办费＝设计定员×生产准备及开办费指标（元/人）

其中，生产准备及开办费指标由投资企业自行测算，此项费用列入运营费。

# 学习单元 12  预备费和建设期利息的计取

## 12.1 预备费

1. 基本含义

预备费是指在初步设计阶段编制概算时难以预料的工程费用。预备费包括基本预备费和价差预备费。

基本预备费主要包含以下三个方面：

(1) 进行技术设计、施工图设计和施工过程中，在批准的初步设计概算范围内所增加的工程费用。

(2) 由一般自然灾害所造成的损失和预防自然灾害所采取的措施项目费用。

(3) 竣工验收时为鉴定工程质量，必须开挖和修复隐蔽工程的费用。

价差预备费是指设备、材料的价差。

2. 计算规则

预备费＝(工程费＋工程建设其他费)×预备费费率，费率计取见表 12-1。可以发现：在单项工程各项费用中除建设期利息外，其他费用的变化都可以影响到预备费。

表 12-1　　预备费费率

| 工程名称 | 计算基础 | 费率/% |
| --- | --- | --- |
| 通信设备安装工程 | 工程费＋工程建设其他费 | 3.0 |
| 通信线路工程 |  | 4.0 |
| 通信管道工程 |  | 5.0 |

## 12.2 建设期利息

1. 基本含义

建设期利息是指建设项目贷款在建设期内发生并应计入固定资产的贷款利息等财务费用。

2. 计算规则

按银行当期利率计算。

## 知识归纳

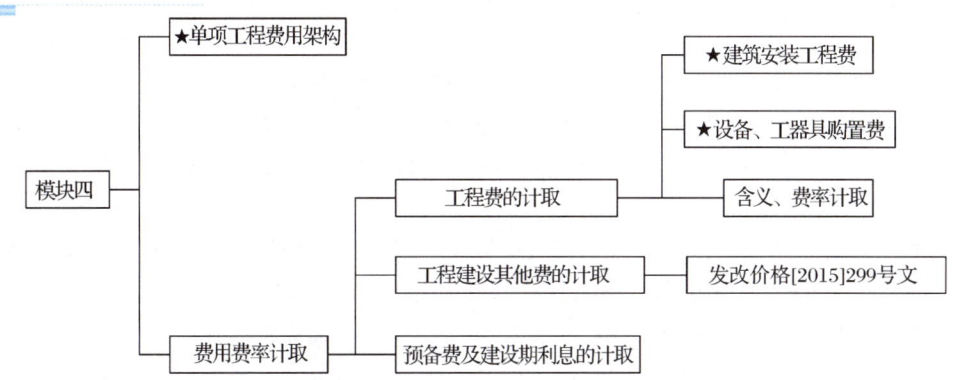

```
           ┌─ ★单项工程费用架构
           │
           │                    ┌─ ★建筑安装工程费
           │                    │
           │        ┌─ 工程费的计取 ─┼─ ★设备、工器具购置费
模块四 ─────┤        │           │
           │        │            └─ 含义、费率计取
           │        │
           │        ├─ 工程建设其他费的计取 ── 发改价格[2015]299号文
           └─ 费用费率计取 ┤
                    └─ 预备费及建设期利息的计取
```

## 思政引读

王树军,潍柴动力股份有限公司一号工厂机修钳工(图 S4)。作为一名普通维修工,他突破国外高精尖设备维修的技术封锁,大胆改造进口生产线核心部件的设计缺陷,生产出我国自主研发的大功率低能耗发动机,让中国在重型柴油机领域站在了世界强者之列。他是维修工,也是设计师,更是永不屈服的斗士! 他临危请命,只为国之重器不能受制于人。他展示出中国工匠的风骨,在尽头处超越,在平凡中非凡。

图 S4 "大国工匠"王树军

(资料来源:央视新闻)

## 自我测试

### 一、填空题

1.工程费由_____和设备、工器具购置费(需要安装和不需要安装)两大类组成,是信息通信建设单项工程总费用的重要组成部分。

2.信息通信建设工程项目总费用由_____构成,每个单项工程费用由_____、工程建设其他费、_____和建设期利息四个部分组成。

3.预备费是指在_____内难以预料的工程费用。预备费包括_____和价差预备费。

4.完成某项目C,其技工总工日为100工日,普工总工日为200工日,则此工程所需人工费为_____元。

5.销项税额是指按国家税法规定应计入建筑安装工程造价的_____销项税额。

6.一般来说,对于通信线路工程来说,工程费就等于_____费。

7.冬雨季施工增加费是指在冬雨季施工时所采取的防冻、保温、防雨、防滑等安全措施及_____所增加的费用。

8.措施项目费是指为完成工程项目施工,发生于该工程前和施工过程中非工程实体项目的费用,属于直接费范畴,其包括的费用计费基础多为_____费。

9.企业管理费是指施工企业组织施工生产和_____所需要的费用。

10.夜间施工增加费是指因夜间施工所发生的夜间补助费、_____、夜间施工照明设备摊销及_____等费用。

11.间接费由规费、_____构成,各项费用均为不包括增值税可抵扣_____的税前造价。

## 二、判断题

1.项目建设管理费是指项目建设单位从项目筹建之日起至办理竣工财务决算之日止发生的管理性质的支出。(    )

2.施工队伍调遣费是指因建设工程的需要,应支付施工队伍的调遣费用。无论本地网还是长途网的通信工程均需计取。(    )

3.通信建设工程不分专业均可计取冬雨季施工增加费。(    )

4.利润是指按规定应计入建筑安装工程造价中的施工单位必须获取的利润。(    )

5.施工队伍调遣费、大型施工机械调遣费和运土费是建筑安装工程费的组成部分。(    )

6.在夜间施工的通信工程均需要计列夜间施工增加费。(    )

7.凡是施工图设计的预算都应计列预备费。(    )

8.工程所在地与施工企业间距离为30 km的施工队伍调遣费比距离为25 km的要多。(    )

9.施工图预算需要修改时,应由设计单位修改,由建设单位报主管部门审批。(    )

10.直接工程费就是直接费。(    )

11.凡是通信线路工程都应计列冬雨季施工增加费。(    )

12.通信管道工程都应计列工程干扰费。(    )

13.通信工程计费依据中的人工费,包含技工费和普工费。(    )

14.在海拔2 000 m以上的高原施工时,可计取特殊地区施工增加费。(    )

15.在编制通信建设工程概算时,主要材料费运距均按1500 km计算。(    )

16.可行性研究费是指在建设项目前期工作中,编制和评估项目建议书(或预可行性研究报告)、可行性研究报告所需的费用。(    )

17.仪表使用费包括折旧费、修理费(大修理费、经常修理费)、年检费以及人工费。(    )

## 三、单项选择题

1.某通信线路工程在海拔2 000 m以上的原始森林地区进行室外施工,如果根据工程量统计的工日为1 000工日,海拔2 000 m以上和原始森林地区的调整系数分别为1.13和1.3,则总工日应为( )工日。
  A.1130     B.1469     C.2430     D.1300

2.设备购置费是指( )。
  A.设备采购时的实际成交价
  B.设备采购和安装的费用之和
  C.设备在工地仓库出库之前所发生的费用之和
  D.设备在运抵工地之前所发生的费用之和

3.下列选项中,不应归入措施项目费的是( )。
  A.临时设施费     B.特殊地区施工增加费
  C.项目建设管理费     D.工程车辆使用费

4.建设工程监理费应在( )中单独计列。
  A.工程建设其他费     B.项目建设管理费
  C.工程招标代理费     D.建筑安装工程费

5.下列选项中,( )不包括在材料的预算价格中。
  A.材料原价     B.材料包装费
  C.材料采购及保管费     D.工地器材搬运费

6.编制竣工图纸和资料所发生的费用已包含在( )中。
  A.工程点交、场地清理费     B.企业管理费
  C.现场管理费     D.建设单位管理费

7.下列选项中,不属于间接费的是( )。
  A.财务费     B.职工养老保险费
  C.企业管理人员工资     D.生产人员工资

8.信息通信建设工程预算定额用于扩建工程时,其人工工日按( )系数计取。
  A.1.0     B.1.1     C.1.2     D.1.3

9.通信设备工程预备费费率一般为( )。
  A.2.0%     B.2.5%     C.3.0%     D.3.5%

10.工程干扰费是指通信线路工程在市区施工时( )所需采取的安全措施及降效补偿的费用。
  A.工程对外界的干扰     B.相互干扰
  C.外界对施工的干扰     D.电磁干扰

11.通信设备工程中,线缆桥架安装为双层时,按相应定额的( )倍计取。
  A.1     B.1.5     C.2     D.3

12.计算通信设备安装工程的预备费时,费率按( )%计取。
  A.2     B.3     C.4     D.5

13.安全生产费按建筑安装工程费的( )%计取。
  A.0.6     B.1.4     C.1.2     D.1.5

14.对于有线通信设备安装工程来说,仅安装总配线架(铁架)时,按相应定额的( )倍计取。
  A.0.6     B.0.7     C.1.0     D.1.2

15.施工队伍调遣费的计算与施工现场距企业的距离有关,一般在(　　)km 以内时可以不计取此项费用。

　　　　A.35　　　　　　B.200　　　　　　　C.400　　　　　　　D.600

16.通信设备安装工程的概预算技工总工日在1 000工日以下时,施工队伍调遣人数应为(　　)人。

　　　　A.5　　　　　　　B.10　　　　　　　C.17　　　　　　　　D.24

17.数字分配架是按标准机柜宽度考虑的,若为超宽机柜,按人工定额乘以(　　)系数计算。

　　　　A.0.9　　　　　　B.1.1　　　　　　　C.1.2　　　　　　　D.1.3

18.《信息通信建设工程费用定额》规定,在计算主要材料运输保险费时,保险费费率计取(　　)。

　　　　A.0.1％　　　　　B.0.2％　　　　　　C.0.3％　　　　　　D.0.4％

19.《信息通信建设工程费用定额》规定,通信设备安装工程的材料采购及保管费费率计取(　　)。

　　　　A.0.9％　　　　　B.1.0％　　　　　　C.1.1％　　　　　　D.3.0％

20.《信息通信建设工程费用定额》规定,有线通信设备安装工程的辅助材料费费率计取(　　)。

　　　　A.0.3％　　　　　B.0.5％　　　　　　C.3.0％　　　　　　D.5.0％

21.《信息通信建设工程费用定额》规定,通信设备安装工程的工地器材搬运费费率计取(　　)。

　　　　A.1.1％　　　　　B.1.3％　　　　　　C.2.0％　　　　　　D.5.0％

22.《信息通信建设工程费用定额》规定,对于通信设备安装工程来说,在施工现场与企业之间的距离小于等于35 km 时临时设施费费率计取(　　)。

　　　　A.6.0％　　　　　B.12.0％　　　　　　C.10.0％　　　　　　D.3.8％

23.《信息通信建设工程费用定额》规定,施工队伍调遣里程超过100 km,但是不超过200 km 时,单程调遣费为(　　)元。

　　　　A.295　　　　　　B.141　　　　　　　C.174　　　　　　　D.240

24.《通信电源设备安装工程》预算定额在用于拆除交直流电源设备、不间断电源设备及配套装置工程(不需入库)时,拆除工程人工工日系数为(　　)。

　　　　A.0.4　　　　　　B.0.5　　　　　　　C.0.55　　　　　　　D.1.0

25.下列工资中,不属于生产人员辅助工资的是(　　)。

　　　　A.职工学习、培训期间的工资　　　　B.因气候影响而停工的工资
　　　　C.病假在6个月以上的工资　　　　　D.职工探亲、休假期间的工资

26.下列通信建设工程中,材料采购及保管费费率为1.0％的是(　　)。

　　　　A.通信线路工程　　B.通信管道工程　　C.通信设备安装工程　　D.土建工程

27.建设工程监理费应在(　　)。

　　　　A.工程建设其他费中单独计列　　　　B.建设单位管理费中计列
　　　　C.直接工程费中计列　　　　　　　　D.建筑安装工程费中计列

28.《信息通信建设工程费用定额》的内容不包括(　　)。

　　　　A.直接工程费中人工工日定额　　　　B.措施项目费取费标准
　　　　C.间接费取费标准　　　　　　　　　D.工程建设其他费取费标准

29.下列费用项目不属于工程建设其他费的是( )。
　　A.研究试验费　　B.勘察设计费　　C.临时设施费　　D.环境影响评价费
30.下列费用中,属于设备、工器具购置费的是( )。
　　A.运输保险费　　B.消费税　　C.工地材料搬运费　　D.设备安装费
31.施工队伍调遣费的内容包括调遣人员的( )、调遣期间的工资、施工工具与用具等的运费。
　　A.差旅费　　B.劳动保护费　　C.伙食补贴费　　D.保险费
32.通信建设工程企业管理费的计算基础是( )。
　　A.技工费　　B.直接工程费　　C.人工费　　D.直接费

## 四、多项选择题

1.措施项目费是指为完成工程项目施工,发生于该工程前和施工过程中非工程实体项目的费用,下列费用中属于措施项目费的是( )。
　　A.生产工具用具使用费　　　　B.工程车辆使用费
　　C.工程点交、场地清理费　　　D.差旅交通费
2.下列费用中,不属于直接费的是( )。
　　A.直接工程费　　B.安全生产费　　C.措施项目费　　D.财务费
3.计算材料运杂费时材料按光缆、电缆、塑料及塑料制品、木材及木制品、( )各类分别计算。
　　A.电线　　B.地方材料　　C.水泥及水泥制品　　D.其他
4.预备费包括( )等。
　　A.一般自然灾害造成工程损失和预防自然灾害所采取措施的费用
　　B.竣工验收时为鉴定工程质量对隐蔽工程进行必要的挖掘和修复费用
　　C.旧设备拆除费用
　　D.割接费
5.措施项目费中含有( )。
　　A.冬雨季施工增加费　　　B.工程干扰费
　　C.新技术培训费　　　　　D.仪表使用费
6.对概预算进行修改时,如果需要安装的设备购置费有所增加,那么将对( )产生影响。
　　A.建筑安装工程费　　　　B.工程建设其他费
　　C.预备费　　　　　　　　D.运营费
7.机械使用费包括大修理费、经常维修费、安拆费、燃料动力费、( )等。
　　A.机械调遣费　　　　　　B.包装费
　　C.养路费及车船使用税　　D.折旧费
8.夜间施工增加费是为确保工程顺利实施,需要在夜间施工而增加的费用,下列选项中可以计取夜间施工增加费的工作内容有( )。
　　A.敷设管道　　B.通信设备的联调　　C.城区开挖路面　　D.赶工期
9.临时设施费的主要内容包括临时设施的( )、拆除和摊销费。
　　A.搭设　　B.维修　　C.租用　　D.材料
10.直接费由( )构成。
　　A.直接工程费　　B.间接工程费　　C.预备费　　D.措施项目费

11.下列选项中,与计划利润计算有关的是(　　)。
　　A.工程类别　　　　　　　　　　B.计划利润率
　　C.人工费　　　　　　　　　　　D.施工企业资质等级
12.工程建设其他费包括(　　)等内容。
　　A.勘察设计费　　　　　　　　　B.施工队伍调遣费
　　C.企业管理费　　　　　　　　　D.建设单位管理费
13.下列选项中,属于建设用地及综合赔补费的是(　　)。
　　A.征地费　　　　　　　　　　　B.耕地占用税
　　C.安置补助费　　　　　　　　　D.土地清理费
14.下列费用中,属于建设单位管理费的是(　　)。
　　A.可行性研究费　　　　　　　　B.差旅交通费
　　C.印花税　　　　　　　　　　　D.固定资产使用费
15.下列选项中,属于建筑安装工程费的是(　　)。
　　A.直接费　　　　　　　　　　　B.间接费
　　C.利润和税金　　　　　　　　　D.设备、工器具购置费
16.间接费由(　　)构成。
　　A.规费　　　　B.企业管理费　　C.机械使用费　　D.仪表使用费
17.下列选项中,属于仪表使用费的是(　　)。
　　A.折旧费　　　B.修理费　　　　C.人工费　　　　D.年检费
18.下列费用中属于工程建设其他费的是(　　)。
　　A.建设单位管理费　　　　　　　B.勘察设计费
　　C.劳动保险费　　　　　　　　　D.专利及专有技术使用费
19.下列预备费中,属于费用定额定义的预备费的是(　　)。
　　A.工伤预备费　B.基本预备费　　C.价差预备费　　D.材料预备费
20.规费是指政府和有关部门规定必须缴纳的费用。下列费用中,属于规费的有(　　)。
　　A.工程干扰费　B.工程排污费　　C.社会保障费　　D.住房公积金
21.企业管理费是指施工企业组织施工生产经营活动所发生的管理费用,包括(　　)等。
　　A.养老保险费　　　　　　　　　B.差旅交通费
　　C.劳动保险费　　　　　　　　　D.固定资产使用费
22.规费包括(　　)。
　　A.工程排污费　　　　　　　　　B.社会保障费
　　C.住房公积金　　　　　　　　　D.危险作业意外伤害保险
23.下列费用中,以人工费作为计算基础的是(　　)。
　　A.机械使用费　　　　　　　　　B.利润
　　C.企业管理费　　　　　　　　　D.施工用水电蒸汽费
24.下列费用中,综合布线工程不计取的是(　　)。
　　A.工程点交、场地清理费　　　　B.工程干扰费
　　C.施工用水电蒸汽费　　　　　　D.冬雨季施工增加费

25.下列费用中,属于建设单位用地及综合赔补费的是(　　)。
　　A.安置补偿费　　　　　　　　　B.耕地占用税
　　C.土地登记管理费　　　　　　　D.土地清理费
26.研究试验费是指为本建设项目提供或验证设计数据、资料等进行必要的研究试验及按照设计规定在建设过程中必须进行试验、验证所需的费用。该费用不包括(　　)。
　　A.新产品试制费　　　　　　　　B.应在勘察设计费中列支的项目
　　C.中间试验费　　　　　　　　　D.重要科学研究补助费
27.下列工程中,夜间施工增加费按照人工费的2.5%计取的是(　　)。
　　A.通信设备安装工程　　　　　　B.通信管道工程
　　C.通信线路工程(城区部分)　　　D.通信线路工程(野外部分)
28.下列工程中,允许计列工程干扰费的有(　　)。
　　A.移动通信基站设备安装工程　　B.通信管道工程(干扰地区)
　　C.通信线路工程(城区部分)　　　D.综合布线工程
29.设备、工器具购置费由设备原价、运杂费与(　　)构成。
　　A.采购及保管费　　　　　　　　B.运输保险费
　　C.采购代理服务费　　　　　　　D.设备安装费
30.下列费用中,以人工费为计算基础的是(　　)。
　　A.税金　　　　　　　　　　　　B.社会保障费
　　C.特殊地区施工增加费　　　　　D.临时设施费

## 五、综合题

本工程为某教学楼室内分布系统工程,主要工程量统计见表 T4-1。假设所涉及的主要材料费为 6 000 元,国内需要安装的设备购置费为 16 000 元。

表 T4-1　　　某教学楼室内分布系统工程主要工程量统计表

| 序号 | 定额编号 | 项目名称 | 单位 | 数量 |
| --- | --- | --- | --- | --- |
| 1 | TSW2-070 | 安装调测直放站设备 | 站 | 1 |
| 2 | TSW2-039 | 安装调测室内天、馈线附属设备　合路器、分路器(功分器、耦合器) | 个 | 8 |
| 3 | TSW2-024 | 安装室内天线(高度 6 m 以下) | 副 | 6 |
| 4 | TSW2-027 | 布放射频同轴电缆 1/2 英寸以下(4 m 以下) | 条 | 10 |
| 5 | TSW2-028 | 布放射频同轴电缆 1/2 英寸以下(每增加 1 m) | 米条 | 58 |
| 6 | TSW1-060 | 室内布放电力电缆(双芯)16 mm$^2$ 以下(近端) | 十米条 | 1.5 |
| 7 | TSW1-060 | 室内布放电力电缆(双芯)16 mm$^2$ 以下(远端) | 十米条 | 1.5 |
| 8 | TSW2-046 | 分布式天、馈线系统调测 | 副 | 6 |

本次工程为Ⅰ类非特殊地区,施工企业与施工地点间距离为 30 km,施工用水电蒸汽费、勘察设计费分别按 500 元、1500 元计取;不计取监理费,不具备计算条件的费用不计取。建设单位管理费的计算基础为工程费,费率为 1.5%。

请根据以上条件,计算出人工费、直接工程费、直接费、建筑安装工程费、工程费、工程建设其他费和预备费。

## 技能训练

### 技能训练四　信息通信建设工程费用定额的使用

**一、实训目的**

1.掌握信息通信建设单项工程总费用的构成
2.掌握通信建设工程各项费用及费率的计取
3.能对照施工图纸进行相应工程的费用费率计取

**二、实训场所和器材**

通信工程设计实训室(2016版预算定额手册1套、微型计算机1台)

**三、实训内容**

1.已知条件

(1)本次工程位于Ⅱ类非特殊地区,其设计为××学院移动通信基站中继光缆线路单项工程一阶段设计,其工程图如图 J4-1 所示。人孔内均有积水现象,管道敷设时需要敷设1孔塑料子管,机房内桥架明布光缆,架设长度为15米。

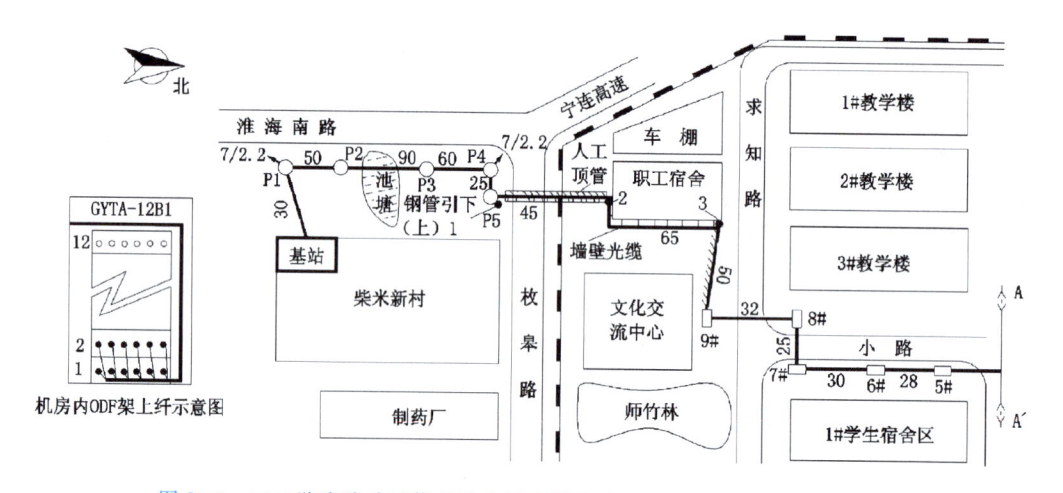

图 J4-1　××学院移动通信基站中继光缆线路单项工程一阶段设计施工图

(2)本工程建设单位为××市移动分公司,不购买工程保险,不实行工程招标,其核心机房的 ODF 架已安装完毕,本次工程的中继传输光缆只需上架成端即可。

(3)国内配套主材的运距为 500 km,按不需要中转(无须采购代理)考虑,所有材料单价均假设为除税价10元,增值税税率为13%。

(4)施工用水电蒸汽费、建设用地及综合赔补费、可行性研究费分别按1 000元、12 000元、2 000元计取(除税价),勘察设计费(除税价)为 2 000元;本次工程不具备计算条件的费用不计取。

(5)安全生产费以建筑安装工程费为计算基础,相应费率为1.5%。

2.要求学生根据以上已知条件和施工图(图 J4-1),在完成工程量统计的基础上,填写表 J4-1 至表 J4-5。

表 J4-1　　　　　　　　　　　　　　工程主材用量统计表

| 序号 | 定额编号 | 项目名称 | 工程量 | 主材名称 | 规格型号 | 单位 | 定额量 | 使用量 |
|---|---|---|---|---|---|---|---|---|
| 1 | | | | | | | | |
| | | | | | | | | |
| | | | | | | | | |
| 2 | | | | | | | | |
| | | | | | | | | |
| | | | | | | | | |
| 3 | | | | | | | | |
| | | | | | | | | |

表 J4-2　　　　　　　　　　　　　　主材用量分类汇总表

| 序号 | 类别 | 名称 | 规格 | 单位 | 使用量 |
|---|---|---|---|---|---|
| 1 | 光缆 | | | | |
| 2 | 塑料及塑料制品 | | | | |
| 3 | | | | | |
| 4 | | | | | |
| 5 | 水泥及水泥构件 | | | | |
| 6 | | | | | |
| 7 | | | | | |
| 8 | 其他 | | | | |
| 9 | | | | | |
| 10 | | | | | |

表 J4-3　　　　　　　　　　　　　　国内主要材料(表四)甲

| 序号 | 名称 | 规格程式 | 单位 | 数量 | 单价/元 除税价 | 合计/元 除税价 | 合计/元 增值税 | 合计/元 含税价 | 备注 |
|---|---|---|---|---|---|---|---|---|---|
| Ⅰ | Ⅱ | Ⅲ | Ⅳ | Ⅴ | Ⅵ | Ⅶ | Ⅷ | Ⅸ | |
| 1 | | | | | | | | | 光缆 |
| | (1)小计 | | | | | | | | |
| | (2)材料运杂费:(1)小计×_____% | | | | | | | | |
| | (3)运输保险费:(1)小计×_____% | | | | | | | | |
| | (4)采购及保管费:(1)小计×_____% | | | | | | | | |
| | (5)合计 1 | | | | | | | | |
| 2 | | | | | | | | | 塑料及塑料制品 |
| | (2)小计 | | | | | | | | |
| | (2)材料运杂费:(2)小计×_____% | | | | | | | | |
| | (3)运输保险费:(2)小计×_____% | | | | | | | | |
| | (4)采购及保管费:(2)小计×_____% | | | | | | | | |
| | (5)合计 2 | | | | | | | | |

（续表）

| 序号 | 名称 | 规格程式 | 单位 | 数量 | 单价/元 除税价 | 合计/元 除税价 | 合计/元 增值税 | 合计/元 含税价 | 备注 |
|---|---|---|---|---|---|---|---|---|---|
| 3 | | | | | | | | | 水泥及水泥构件 |
| | （3）小计 | | | | | | | | |
| | （2）材料运杂费:（3）小计×_____% | | | | | | | | |
| | （3）运输保险费:（3）小计×_____% | | | | | | | | |
| | （4）采购及保管费:（3）小计×_____% | | | | | | | | |
| | （5）合计 3 | | | | | | | | |
| 4 | | | | | | | | | 其他 |
| | （4）小计 | | | | | | | | |
| | （2）材料运杂费:（4）小计×_____% | | | | | | | | |
| | （3）运输保险费:（4）小计×_____% | | | | | | | | |
| | （4）采购及保管费:（4）小计×_____% | | | | | | | | |
| | （5）合计 4 | | | | | | | | |
| | 总计＝合计 1＋合计 2＋合计 3＋合计 4 | | | | | | | | |

表 J4-4　　　　　　　　　　　建筑安装工程费（表二）

| 序号 Ⅰ | 费用名称 Ⅱ | 依据和计算方法 Ⅲ | 合计/元 Ⅵ | 序号 Ⅰ | 费用名称 Ⅱ | 依据和计算方法 Ⅲ | 合计/元 Ⅳ |
|---|---|---|---|---|---|---|---|
| | 建筑安装工程费（含税价） | 一＋二＋三＋四 | | （二） | 措施项目费 | 1＋2＋…＋15 | |
| | 建筑安装工程费（除税价） | 一＋二＋三 | | 1 | 文明施工费 | | |
| 一 | 直接费 | （一）＋（二） | | 2 | 工地器材搬运费 | | |
| （一） | 直接工程费 | 1＋2＋3＋4 | | 3 | 工程干扰费 | | |
| 1 | 人工费 | （1）＋（2） | | 4 | 工程点交、场地清理费 | | |
| （1） | 技工费 | 技工总工日×技工单价 | | 5 | 临时设施费 | | |
| （2） | 普工费 | 普工总工日×普工单价 | | 6 | 工程车辆使用费 | | |
| 2 | 材料费 | （1）＋（2） | | 7 | 夜间施工增加费 | | |
| （1） | 主要材料费 | 来自（表四）甲主要材料表 | | 8 | 冬雨季施工增加费 | | |
| （2） | 辅助材料费 | | | 9 | 生产工具用具使用费 | | |
| 3 | 机械使用费 | 来自（表三）乙 | | 10 | 施工用水电蒸汽费 | | |
| 4 | 仪表使用费 | 来自（表三）丙 | | 11 | 特殊地区施工增加费 | | |

(续表)

| 序号 | 费用名称 | 依据和计算方法 | 合计/元 | 序号 | 费用名称 | 依据和计算方法 | 合计/元 |
|---|---|---|---|---|---|---|---|
| 12 | 已完工程及设备保护费 | | | 2 | 社会保障费 | | |
| 13 | 运土费 | | | 3 | 住房公积金 | | |
| 14 | 施工队伍调遣费 | | | 4 | 危险作业意外伤害保险 | | |
| 15 | 大型施工机械调遣费 | | | (二) | 企业管理费 | | |
| 二 | 间接费 | (一)+(二) | | 三 | 利润 | | |
| (一) | 规费 | 1+2+3+4 | | 四 | 销项税额 | | |
| 1 | 工程排污费 | | | | | | |

表 J4-5　　　　　　　　　　　工程建设其他费(表五)甲

| 序号 | 费用名称 | 计算依据及方法 | 金额/元 除税价 | 金额/元 增值税 | 金额/元 含税价 | 备注 |
|---|---|---|---|---|---|---|
| Ⅰ | Ⅱ | Ⅲ | Ⅳ | Ⅴ | Ⅵ | Ⅶ |
| 1 | 建设用地及综合赔补费 | | | | | |
| 2 | 项目建设管理费 | | | | | |
| 3 | 可行性研究费 | | | | | |
| 4 | 研究试验费 | | | | | |
| 5 | 勘察设计费 | | | | | |
| 6 | 环境影响评价费 | | | | | |
| 7 | 建设工程监理费 | | | | | |
| 8 | 安全生产费 | | | | | |
| 9 | 引进技术及进口设备其他费 | | | | | |
| 10 | 工程保险费 | | | | | |
| 11 | 工程招标代理费 | | | | | |
| 12 | 专利及专用技术使用费 | | | | | |
| 13 | 其他费用 | | | | | |
| | 总计 | | | | | |
| 14 | 生产准备及开办费（运营费） | | | | | |

四、总结与体会

# 模块五 通信建设工程概预算文件编制

## 目标导航

1. 熟悉概预算的含义、作用及构成，了解设计概算和施工图预算文件的管理
2. 掌握通信建设工程设计文件的组成及概预算的编制流程，并能正确理解和使用国家发布的信息通信建设工程概预算编制规程
3. 理解和掌握概预算表格的填写方法、填写顺序，弄清概预算表格与单项工程各项费用之间的对应关系
4. 能独立地按照概预算的编制流程和编制办法，正确完成实际工程项目概预算文件的编制和预算说明的撰写
5. 培养学生严谨的科学精神和创新精神
6. 培养学生理论联系实际、学思结合、知行合一的学习方式

## 教学建议

| 模块内容 | 学时分配 | 总学时 | 重点 | 难点 |
|---|---|---|---|---|
| 学习单元13 通信建设工程概预算认知 | 1 | | | |
| 14.1 通信建设工程设计文件的构成 | 1 | | | √ |
| 14.2 概预算文件的构成 | 5 | | √ | |
| 15.1 信息通信建设工程概预算编制规程 | 1 | 38 | √ | |
| 15.2 通信建设工程概预算编制流程 | 1 | | √ | |
| 15.3 概预算文件管理 | 1 | | | |
| 16.1 ××学院移动通信基站中继光缆线路工程施工图预算 | 8 | | √ | √ |
| 16.2 ××学院移动通信基站设备安装工程施工图预算 | 8 | | √ | √ |
| 16.3 ××广电学院教学楼室内分布系统设备安装工程施工图预算 | 4 | | √ | √ |
| 技能训练 | 8 | | √ | √ |

## 内容解读

本模块包括通信建设工程概预算认知、通信建设工程设计文件构成及解析、通信建设工程概预算编制与管理、工程项目案例分析等四个学习单元。主要介绍了概预算的含义、作用和构

成、概预算文件的管理；重点阐述了通信建设工程设计文件的具体构成、概预算表的填写方法以及与单项工程各项费用的对应关系；依据概预算编制规程，结合实际工程项目案例分析了光缆线路工程、移动基站设备安装工程和室内分布系统工程三类工程项目的概预算文件编制。

# 学习单元 13  通信建设工程概预算认知

## 13.1 概预算的含义

建设工程项目的概预算是设计概算和施工图预算的统称。通信建设工程概预算是工程项目设计文件的重要组成部分，它是根据各个不同设计阶段的深度要求和建设内容，按照国家相关主管部门发布的概预算定额、设备和材料价格、概预算编制方法、费用定额等有关规定和文件，对通信建设项目、单项工程按实物工程量法预先计算和确定的全部费用文件。

设计概预算是以初步设计和施工图设计为基础编制的，它不仅是考核设计方案经济性和合理性的重要指标之一，也是制订建设工程项目的建设计划、签订合同、办理贷款、进行竣工决算以及考核工程造价的主要依据。

及时、准确地编制出建设工程项目概预算，对于提高建设工程项目投资的社会、经济效益有着重要意义，同时也是加强建设工程项目管理的重要内容。

一般来说，概算要套用概算定额，预算要套用预算定额。目前在我国，没有专门针对通信建设工程的概算定额，在编制通信建设工程概算时，通过使用预算定额来代替概算定额。

## 13.2 概预算的作用

（1）设计概算的作用

设计概算是指以货币形式综合反映和确定建设工程项目从筹建至验收投产的所有建设费用之和。其主要作用包括以下几点：

①设计概算是确定和控制固定资产投资、编制和安排投资计划、控制施工图预算的主要依据。一个建设工程项目所耗费的人力、物力和财力，是通过设计概算来确定的，所以设计概算是确定建设工程项目的投资总额及其构成的有效依据，同时也是确定年度建设计划和年度建设投资额的基础。因此，设计概算编制质量的好坏将直接影响整个建设工程项目年度建设计划的编制质量。因为只有依据正确的设计概算文件，才能保证年度建设计划投资额满足工程项目建设的需要，同时又不浪费建设资金。

经批准的设计概算能确定建设项目或单项工程所需投资的计划额度。设计单位必须严格按照批准的初步设计中的总概算进行施工图预算的编制，施工图预算不应超过设计概算。实行三阶段设计的情况下，在技术设计阶段应编制修正概算，修正概算所确定的投资额不应超过相应的设计总概算，若超过，应调整和修改工程总概算，并报主管部门审批。

②设计概算是签订建设工程项目总承包合同、实行投资包干和核定贷款额度的主要依据。

建设单位根据批准的设计概算总投资,安排投资计划,控制贷款。如果建设项目投资额超过设计概算,应查明原因后,由建设单位报请上级主管部门调整或追加设计概算总投资额。

③设计概算是考核工程设计技术经济合理性以及工程造价的主要依据。设计概算是项目建设方案(或设计方案)经济合理性的反映,可以用来比较不同建设方案的工程技术和经济投资的合理性,从而保证正确选择最佳的建设方案或设计方案。建设或设计方案是概算编制的基础,其经济合理性通常是以货币形式来反映的。对于同一建设工程项目的不同方案,可利用设计概算中用货币表示的技术经济指标,对技术经济指标进行分析和对比,最终选择较为合理的建设或设计方案。

项目建设的各项费用是在编制设计概算时逐一确定的,因此,工程造价的管理必须根据设计概算编制所规定的应包括的费用内容,并要求严格控制各项费用,防止超过项目投资估算总额,增加工程项目建设成本。

④设计概算是筹备设备、材料和签订订货合同的主要依据。设计概算获批后,建设单位即可开始按照该设计所提供的设备、材料清单,对多家生产厂商的设备进行性能调查、询价,并按照设计要求进行对比,在同等条件下,选择性价比高的产品,签订订货合同,进行建设准备工作。

⑤在工程招标承包制中,设计概算是确定标底的主要依据。工程施工招标发包时,建设单位须以设计概算为基础编制标底,并以此为评标决标的主要依据。施工企业为了在投标竞争中得到承包任务,必须编制投标书,标书中的报价也应以设计概算为基础进行估价,过高或过低都有可能导致投标失败。

(2)施工图预算的作用

实质上,施工图预算是设计概算的具体化,即对照施工图进行工程量的统计,套用现行预算定额和费用定额(费用费率的计取规则和计算方法等),并依据签订的设备、材料合同价或设备、材料预算价格等,进行计算和编制的工程费用文件。主要作用包括以下几点:

①考核工程成本,确定工程造价的主要依据。根据单项工程的施工图纸统计出其实物工程量,然后按现行工程预算定额、费用标准等相关资料,计算出工程的施工生产费用,再加上有关规定应计列的其他费用,就等于建筑安装工程的价格,即工程预算造价。由此可见,只有正确地编制施工图预算,才能合理地确定工程的预算造价,并且可以据此落实和调整年度建设投资计划,同时施工企业必须以所确定的工程预算造价为依据进行经济核算,以最低的人力、物力和财力耗费量来完成工程施工任务,保证较低的工程成本。

②签订工程承、发包合同的主要依据。建设单位与施工企业的经济费用往来是以施工图预算和双方签订的合同为依据的,因此,施工图预算又是建设单位监督工程拨款和控制工程造价的主要依据之一。对于实行招投标的工程来说,施工图预算又作为建设单位确定标底和施工企业进行工程估价的依据。同时也是评价设计方案,签订年度总包和分包合同的依据。依据施工图预算,建设单位和施工单位双方签订工程承包合同,明确各自的经济责任。

③工程价款结算的主要依据。工程竣工验收点交后,除加系数包干工程外,均需编制工程项目结算,以便结清工程价款。结算工程价款是以施工图预算为基础进行的,具体来说,是以施工图预算中的工程量和单价,根据施工过程中设计变更后的实际情况以及实际完成的工程量情况所编制的项目结算。

④考核施工图设计技术、经济合理性的主要依据。施工图预算要根据设计文件编制程序进行编制,对确定单项工程造价具有重要作用。施工图预算的工料统计表列出的各单位工程人工、设备以及材料等的消耗量,是施工企业编制工程施工计划、施工准备、工程统计以及工程核算等的重要依据。

## 13.3 概预算的构成

(1) 设计概算

建设项目在初步设计阶段必须编制概算。设计概算的组成,视工程建设规模大小而定,一般由建设工程项目总概算、一个或多个单项工程概算组成。单项工程概算由工程费、工程建设其他费、预备费、建设期利息四个部分组成;建设工程项目总概算等于各单项工程概算之和,它是指一个建设项目从筹建到竣工验收的全部投资之和,其具体构成如图 13-1 所示。

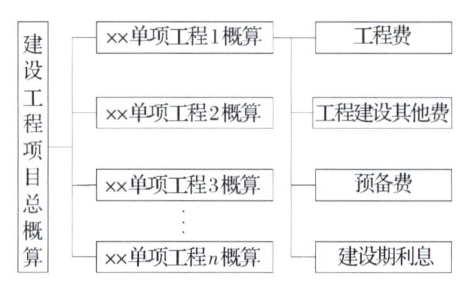

图 13-1 建设工程项目总概算构成

(2) 施工图预算

建设项目在施工图设计阶段编制预算。预算一般应包括工程费和工程建设其他费。对于一阶段设计时的施工图预算,除工程费和工程建设其他费之外,还应计列预备费(费用标准按概算编制办法计算);对于两阶段设计时的施工图预算,由于初步设计概算中已计列预备费,所以预算中不再计列预备费。

# 学习单元 14  通信建设工程设计文件构成及解析

## 14.1 通信建设工程设计文件的构成

初步设计文件、一阶段设计文件按照单项工程编制,含多个单项工程的设计文件应编制总册。当单项工程数量较少时,可在主体设计中涵盖总册内容。当多个单项工程的设计内容较少时,可合册编制。工程较小或单项较少的工程经建设单位同意也可不编制总册。施工图设计可以按照单项工程或单位工程进行编制。按照单位工程编制的设计文件,必要时可编制单项工程总册。

工程设计文件一般由封面、扉页、设计资质证书、设计文件分发表、目次、正文、封底等组成。其中,正文应包括设计说明、概(预)算编制说明、概(预)算表格、工程图纸等内容。必要时也可增加附表部分。

(1) 封面的标识包括:密级标识、建设项目名称、设计阶段、单项工程名称、设计编号、工程编号(可选)、建设单位名称、设计单位名称、出版年月。具体要求有如下几点：

①密级标识根据建设单位的要求确定，它标注在封面首页的左上角。

②建设项目名称应与立项名称一致，尽可能简要明了，一般由时间、归属、地域、通信工程类型四部分属性组成。

③设计阶段分为初步设计、施工图设计、一阶段设计，各阶段修改册在相应设计阶段后加括号标识。

④单项工程名称尽可能简要明了，能反映本单项工程的属性。

⑤设计编号是设计单位的项目计划代号。

⑥工程编号(可选)是建设单位给定的项目管理编号。

⑦建设单位和设计单位名称应使用全称，且设计单位应在设计封面上加盖设计单位公章或设计专用章等。

⑧设计单位应在设计封面上标注出版年月。

(2)扉页的标识包括：建设项目名称、设计阶段、单项工程名称、设计单位的企业法人、技术主管、单位主管(可选)、部门主管(可选)、设计总负责人、单项设计负责人、审核人、设计人、概(预)算编制及审核人姓名和证书编号。

(3)设计文件分发表应放在扉页之后，出版份数和种类应满足建设单位的要求。

(4)目次一般要求录入到正文的第三级标题，即部分、章、节，三级的目次均应给出编号、标题和页码。目次应列出概(预)算表的名称及表格编号、图纸名称及图纸编号、附表名称及编号。

(5)设计说明主要包括工程概述(工程概况、设计依据、设计文件编册、设计范围及分工、建设规模及主要工程量、初步设计与可行性研究报告的变化等)、业务需求、建设方案、设备、器材配置及选型原则，局站建设条件和工艺要求，设备安装基本要求，节能、环保、劳动保护、安全与防火要求，共建共享，运行维护，培训与仪表配置，工程进度安排等内容。

(6)施工图设计说明主要包括工程概述(工程概况、设计依据、设计文件编册、设计范围及分工、工程建设规模等)、网络资源现状及分析，建设方案，设备、器材配置及选型原则，工程实施要求，施工注意事项，验收指标及要求，运行维护，培训与仪表配置等内容。

(7)一阶段设计说明主要包括工程概述(工程概况、设计依据、设计文件组成、设计范围及分工、工程建设规模及主要工作量等)、业务需求，建设方案，设备、器材配置及选型原则，局站建设条件及工艺要求，工程安装基本要求，工程实施要求及施工注意事项等内容。

(8)概预算编制说明和概预算表的内容及要求，将在下一节里进行具体阐述，这里不再给出。

(9)工程图纸必须按照《通信工程制图与图形符号规定》(YD/T 5015—2015)编制。要求图纸布局合理、清晰美观，编号简单、唯一。

## 14.2 概预算文件的构成

概预算文件由概预算编制说明和概预算表组成。

### 14.2.1 概预算编制说明

（1）工程概况和概预算总价值的介绍。说明工程项目的规模、用途、概预算总价值、产品品种、生产能力、公用工程及项目外工程的主要情况等。

（2）编制依据及采用的取费标准和计算方法的说明。主要说明编制时所依据的技术经济文件、各种定额、材料设备价格、地方政府的有关规定和有关主管部门未做统一规定的费用计算依据和说明。

（3）工程技术经济指标的分析。主要说明各项投资的比例及与类似工程投资额的比较，分析投资额高低的原因、工程设计的经济合理性、技术的先进性及其适宜性等。工程技术经济指标分析表见表 14-1。

表 14-1　　　　　　　　　　　工程技术经济指标分析表

工程项目名称：_____

| 序号 | 项目 | 单位 | 经济指标分析 ||
|---|---|---|---|---|
| | | | 数量 | 指标/% |
| 1 | 工程总投资（预算） | 元 | | |
| 2 | 其中：需要安装的设备购置费 | 元 | | |
| 3 | 建筑安装工程费 | 元 | | |
| 4 | 预备费 | 元 | | |
| 5 | 工程建设其他费 | 元 | | |
| 6 | 光缆总皮长 | 千米 | | |
| 7 | 折合纤芯公里 | 纤芯千米 | | |
| 8 | 皮长造价 | 元/千米 | | |
| 9 | 单位工程造价 | 元/纤芯千米 | | |

（4）其他需要说明的问题。如建设项目的特殊条件和特殊问题，需要上级主管部门和有关部门帮助解决的其他有关问题等。

### 14.2.2 概预算表的填写及分析

通信建设工程概预算表共 6 种 10 张，分别如下：建设项目总概预算表（汇总表）、工程概预算总表（表一）、建筑安装工程费用概预算表（表二）、建筑安装工程量概预算表（表三）甲、建筑安装工程机械使用费概预算表（表三）乙、建筑安装工程仪表使用费概预算表（表三）丙、国内器材概预算表（表四）甲、进口器材概预算表（表四）乙、工程建设其他费概预算表（表五）甲、进口设备工程建设其他费概预算表（表五）乙。下面详细介绍各张概预算表格的结构和填写方法。

1.表格总说明

（1）本套表格供编制工程项目概算或预算使用，各类表格的标题"_____"应根据编制阶段明确填写"概"或"预"。

（2）本套表格的表首填写具体工程的相关内容。

（3）本套表格中"增值税"栏目中的数值，均为建设方应支付的进项税额。在计算乙供主材时，表四中的"增值税"及"含税价"栏可不填写。

（4）本套表格的编码规则见表一、表二：

## 表一　表格编码表

| 表格名称 | 表格编号 |
|---|---|
| 汇总表 | 专业代码-总 |
| 表一 | 专业代码-1 |
| 表二 | 专业代码-2 |
| 表三　表三甲 | 专业代码-3甲 |
| 表三乙 | 专业代码-3乙 |
| 表三丙 | 专业代码-3丙 |
| 表四甲　材料表 | 专业代码-4甲A |
| 设备表 | 专业代码-4甲B |
| 不需要安装设备、仪表工器具 | 专业代码-4甲C |
| 表四乙　材料表 | 专业代码-4乙A |
| 设备表 | 专业代码-4乙B |
| 不需要安装设备、仪表工器具 | 专业代码-4乙C |
| 表五甲 | 专业代码-5甲 |
| 表五乙 | 专业代码-5乙 |

## 表二　专业代码编码表

| 专业名称 | 专业代码 |
|---|---|
| 通信电源设备安装工程 | TSD |
| 有线通信设备安装工程 | TSY |
| 无线通信设备安装工程 | TSW |
| 通信线路工程 | TXL |
| 通信管道工程 | TGD |

2.表格构成及填写方法

(1)建设项目总概预算表(汇总表)

本表供编制建设项目总概算(预算)使用，建设项目的全部费用在本表中汇总。

1)汇总表的具体构成

### 建设项目总_____算表(汇总表)

建设项目名称：　　　建设单位名称：　　　表格编号：　　　第　　页

| 序号 | 表格编号 | 工程名称 | 小型建筑工程费 | 需要安装的设备购置费 | 不需安装的设备、工器具购置费 | 建筑安装工程费 | 其他费用 | 预备费 | 总价值 | | | | 生产准备及开办费 |
|---|---|---|---|---|---|---|---|---|---|---|---|---|---|
| | | | | | | | | | 除税价 | 增值税 | 含税价 | 其中外币（　） | |
| | | | (元) | | | | | | | | | | (元) |
| Ⅰ | Ⅱ | Ⅲ | Ⅳ | Ⅴ | Ⅵ | Ⅶ | Ⅷ | Ⅸ | Ⅹ | Ⅺ | Ⅻ | XIII | XIV |
| | | | | | | | | | | | | | |
| | | | | | | | | | | | | | |

设计负责人：　　　审核：　　　编制：　　　编制日期：　　　年　　月

2)汇总表的填写方法

①第Ⅱ栏填写各工程对应的总表(表一)编号。

②第Ⅲ栏填写各工程名称。

③第Ⅳ~Ⅸ栏填写各工程概算或预算表(表一)对应的费用合计,费用均为除税价。

④第Ⅹ栏填写第Ⅳ~Ⅸ栏的各项费用之和。

⑤第Ⅺ栏填写第Ⅳ~Ⅸ栏各项费用建设方应支付的进项税之和。

⑥第Ⅻ栏填写第Ⅹ、Ⅺ栏之和。

⑦第ⅩⅢ栏填写以上各列费用中以外币支付的合计。

⑧第ⅩⅣ栏填写各工程项目需单列的"生产准备及开办费"金额。

⑨当工程有回收金额时,应在费用项目总计下列出"其中回收费用",其金额填入第Ⅷ栏。此费用不冲减总费用。

(2)工程概预算总表(表一)

本表供编制单项(单位)工程概算(预算)使用。

1)表一的具体构成

工程_____算总表(表一)

建设项目名称:

项目名称:　　　　建设单位名称:　　　　表格编号:　　　　第　页

| 序号 | 表格编号 | 费用名称 | 小型建筑工程费 | 需要安装的设备购置费 | 不需要安装的设备、工器具购置费 | 建筑安装工程费 | 其他费用 | 预备费 | 总价值 ||||
|---|---|---|---|---|---|---|---|---|---|---|---|---|
| | | | (元) |||||| 除税价 | 增值税 | 含税价 | 其中外币( ) |
| Ⅰ | Ⅱ | Ⅲ | Ⅳ | Ⅴ | Ⅵ | Ⅶ | Ⅷ | Ⅸ | Ⅹ | Ⅺ | Ⅻ | ⅩⅢ |
| | | 工程费 | | | | | | | | | | |
| | | 工程建设其他费 | | | | | | | | | | |
| | | 合计 | | | | | | | | | | |
| | | 预备费 | | | | | | | | | | |
| | | 建设期利息 | | | | | | | | | | |
| | | 总计 | | | | | | | | | | |
| | | 其中回收费用 | | | | | | | | | | |

设计负责人:　　　　审核:　　　　编制:　　　　编制日期:　　　年　月

2)表一的填写方法

①表首"建设项目名称"填写立项工程项目全称。

②第Ⅱ栏填写本工程各类费用概算(预算)表格编号。

③第Ⅲ栏填写本工程概算(预算)各类费用名称。

④第Ⅳ～Ⅸ栏填写各类费用合计,费用均为除税价。
⑤第Ⅹ栏填写第Ⅳ～Ⅸ栏之和。
⑥第Ⅺ栏填写第Ⅳ～Ⅸ栏各项费用建设方应支付的进项税之和。
⑦第Ⅻ栏填写第Ⅹ、Ⅺ栏之和。
⑧第ⅩⅢ栏填写本工程引进技术和设备所支付的外币总额。
⑨当工程有回收金额时,应在费用项目总计下列出"其中回收费用",其金额填入第Ⅷ栏。此费用不冲减总费用。

(3)建筑安装工程费用概预算表(表二)

本表供编制建筑安装工程费使用。

1)表二的具体构成

建筑安装工程费用_____算表(表二)

工程名称:　　　　　建设单位名称:　　　　　表格编号:　　　　　第　　页

| 序号 | 费用名称 | 依据和计算方法 | 合计/元 | 序号 | 费用名称 | 依据和计算方法 | 合计/元 |
|---|---|---|---|---|---|---|---|
| Ⅰ | Ⅱ | Ⅲ | Ⅳ | Ⅰ | Ⅱ | Ⅲ | Ⅳ |
|  | 建筑安装工程费(含税价) |  |  | 7 | 夜间施工增加费 |  |  |
|  | 建筑安装工程费(除税价) |  |  | 8 | 冬雨季施工增加费 |  |  |
| 一 | 直接费 |  |  | 9 | 生产工具用具使用费 |  |  |
| (一) | 直接工程费 |  |  | 10 | 施工用水电蒸汽费 |  |  |
| 1 | 人工费 |  |  | 11 | 特殊地区施工增加费 |  |  |
| (1) | 技工费 |  |  | 12 | 已完工程及设备保护费 |  |  |
| (2) | 普工费 |  |  | 13 | 运土费 |  |  |
| 2 | 材料费 |  |  | 14 | 施工队伍调遣费 |  |  |
| (1) | 主要材料费 |  |  | 15 | 大型施工机械调遣费 |  |  |
| (2) | 辅助材料费 |  |  | 二 | 间接费 |  |  |
| 3 | 机械使用费 |  |  | (一) | 规费 |  |  |
| 4 | 仪表使用费 |  |  | 1 | 工程排污费 |  |  |
| (二) | 措施项目费 |  |  | 2 | 社会保障费 |  |  |
| 1 | 文明施工费 |  |  | 3 | 住房公积金 |  |  |
| 2 | 工地器材搬运费 |  |  | 4 | 危险作业意外伤害保险 |  |  |
| 3 | 工程干扰费 |  |  | (二) | 企业管理费 |  |  |
| 4 | 工程点交、场地清理费 |  |  | 三 | 利润 |  |  |
| 5 | 临时设施费 |  |  | 四 | 销项税额 |  |  |
| 6 | 工程车辆使用费 |  |  |  |  |  |  |

设计负责人:　　　　　审核:　　　　　编制:　　　　　编制日期:　　年　　月

2)表二的填写方法

①第Ⅲ栏根据《信息通信建设工程费用定额》相关规定,填写第Ⅱ栏各项费用的计算依据和方法。

②第Ⅳ栏填写第Ⅱ栏各项费用的计算结果。

(4)建筑安装工程量概预算表(表三)甲

本表供编制工程量,并计算技工和普工总工日数量使用。

1)(表三)甲的具体构成

建筑安装工程量_____算表(表三)甲

工程名称：　　　　　建设单位名称：　　　　　表格编号：　　　　　第　页

| 序号 | 定额编号 | 项目名称 | 单位 | 数量 | 单位定额值/工日 || 合计值/工日 ||
|---|---|---|---|---|---|---|---|---|
| | | | | | 技工 | 普工 | 技工 | 普工 |
| Ⅰ | Ⅱ | Ⅲ | Ⅳ | Ⅴ | Ⅵ | Ⅶ | Ⅷ | Ⅸ |
| | | | | | | | | |
| | | | | | | | | |
| | | | | | | | | |

设计负责人：　　　　审核：　　　　编制：　　　　编制日期：　　　年　　月

2)(表三)甲的填写方法

①第Ⅱ栏根据《信息通信建设工程预算定额》,填写所套用预算定额子目的编号。若需临时估列工作内容子目,在本栏中标注"估列"两字;"估列"条目达到两项,应编写"估列"序号。

②第Ⅲ、Ⅳ栏根据《信息通信建设工程预算定额》分别填写所套用定额子目的名称、单位。

③第Ⅴ栏填写对应该子目的工程量数值。

④第Ⅵ、Ⅶ栏填写所套用定额子目的单位工日定额值。

⑤第Ⅷ栏为第Ⅴ栏与第Ⅵ栏的乘积。

⑥第Ⅸ栏为第Ⅴ栏与第Ⅶ栏的乘积。

(5)建筑安装工程机械使用费概预算表(表三)乙

本表供计算机械使用费使用。

1)(表三)乙的具体构成

建筑安装工程机械使用费_____算表(表三)乙

工程名称：　　　　　建设单位名称：　　　　　表格编号：　　　　　第　页

| 序号 | 定额编号 | 项目名称 | 单位 | 数量 | 机械名称 | 单位定额值 || 合计值 ||
|---|---|---|---|---|---|---|---|---|---|
| | | | | | | 消耗量/台班 | 单价/元 | 消耗量/台班 | 合价/元 |
| Ⅰ | Ⅱ | Ⅲ | Ⅳ | Ⅴ | Ⅵ | Ⅶ | Ⅷ | Ⅸ | Ⅹ |
| | | | | | | | | | |
| | | | | | | | | | |
| | | | | | | | | | |

设计负责人：　　　　审核：　　　　编制：　　　　编制日期：　　　年　　月

2)(表三)乙的填写方法

①第Ⅱ、Ⅲ、Ⅳ和Ⅴ栏分别填写所套用定额子目的编号、名称、单位以及对应该子目的工程量数值。

②第Ⅵ、Ⅶ栏分别填写定额子目所涉及的机械名称及机械台班的单位定额值。

③第Ⅷ栏填写根据"信息通信建设工程施工机械、仪表台班单价"表查到的相应机械台班单价值。

④第Ⅸ栏填写第Ⅶ栏与第Ⅴ栏的乘积。
⑤第Ⅹ栏填写第Ⅷ栏与第Ⅸ栏的乘积。

(6)建筑安装工程仪表使用费概预算表(表三)丙

本表供计算仪表使用费使用。

1)(表三)丙的具体构成

建筑安装工程仪表使用费_____算表(表三)丙

工程名称：　　　　　　建设单位名称：　　　　　　表格编号：　　　　　　第　　页

| 序号 | 定额编号 | 项目名称 | 单位 | 数量 | 仪表名称 | 单位定额值 ||  合计值 ||
|---|---|---|---|---|---|---|---|---|---|
|  |  |  |  |  |  | 消耗量/台班 | 单价/元 | 消耗量/台班 | 合价/元 |
| Ⅰ | Ⅱ | Ⅲ | Ⅳ | Ⅴ | Ⅵ | Ⅶ | Ⅷ | Ⅸ | Ⅹ |
|  |  |  |  |  |  |  |  |  |  |
|  |  |  |  |  |  |  |  |  |  |
|  |  |  |  |  |  |  |  |  |  |

设计负责人：　　　　　审核：　　　　　编制：　　　　　编制日期：　　　年　　月

2)(表三)丙的填写方法

①第Ⅱ、Ⅲ、Ⅳ和Ⅴ栏分别填写所套用定额子目的编号、名称、单位以及对应该子目的工程量数值。

②第Ⅵ、Ⅶ栏分别填写定额子目所涉及的仪表名称及仪表台班的单位定额值。

③第Ⅷ栏填写根据"信息通信建设工程施工机械、仪表台班单价"表查到的相应仪表台班单价值。

④第Ⅸ栏填写第Ⅶ栏与第Ⅴ栏的乘积。
⑤第Ⅹ栏填写第Ⅷ栏与第Ⅸ栏的乘积。

(7)国内器材概预算表(表四)甲

本表供编制本工程的主要材料、设备和工器具费使用。

1)(表四)甲的具体构成

国内器材_____算表(表四)甲<br>(　　　　)表

材料分类汇总及表四的填写

工程名称：　　　　　　建设单位名称：　　　　　　表格编号：　　　　　　第　　页

| 序号 | 名称 | 规格程式 | 单位 | 数量 | 单价/元 ||  合计/元 ||| 备注 |
|---|---|---|---|---|---|---|---|---|---|---|
|  |  |  |  |  | 除税价 | 除税价 | 增值税 | 含税价 |  |
| Ⅰ | Ⅱ | Ⅲ | Ⅳ | Ⅴ | Ⅵ | Ⅶ | Ⅷ | Ⅸ | Ⅹ |
|  |  |  |  |  |  |  |  |  |  |
|  |  |  |  |  |  |  |  |  |  |
|  |  |  |  |  |  |  |  |  |  |

设计负责人：　　　　　审核：　　　　　编制：　　　　　编制日期：　　　年　　月

2)(表四)甲的填写方法

①本表可根据需要拆分成主要材料表、需要安装的设备表和不需要安装的设备、仪表、工器具表。表格标题下面括号内根据需要填写"主要材料""需要安装的设备""不需要安装的设备、仪表、工器具"字样。

②第Ⅱ、Ⅲ、Ⅳ、Ⅴ、Ⅵ栏分别填写名称、规格程式、单位、数量、单价。第Ⅵ栏为不含税单价。

③第Ⅶ栏填写第Ⅵ栏与第Ⅴ栏的乘积。第Ⅷ、Ⅸ栏分别填写合计的增值税及含税价。

④第Ⅹ栏填写需要说明的有关问题。

⑤依次填写上述信息后,还需计取下列费用:小计、运杂费、运输保险费、采购及保管费、采购代理服务费以及合计。

⑥用作主要材料表时,应将主要材料分类后按上述⑤计取相关费用,然后进行总计。

(8)进口器材概预算表(表四)乙

本表供编制进口的主要材料、设备和工器具费使用。

1)(表四)乙的具体构成

进口器材_____算表(表四)乙
(　　)表

工程名称:　　　　建设单位名称:　　　表格编号:　　　　第　页

| 序号 | 中文名称 | 外文名称 | 单位 | 数量 | 单价 |  | 合价 |  |  |  |
|---|---|---|---|---|---|---|---|---|---|---|
|  |  |  |  |  | 外币（　） | 折合人民币（元） | 外币（　） | 折合人民币（元） |  |  |
|  |  |  |  |  |  | 除税价 |  | 除税价 | 增值税 | 含税价 |
| Ⅰ | Ⅱ | Ⅲ | Ⅳ | Ⅴ | Ⅵ | Ⅶ | Ⅷ | Ⅸ | Ⅹ | Ⅺ |
|  |  |  |  |  |  |  |  |  |  |  |
|  |  |  |  |  |  |  |  |  |  |  |
|  |  |  |  |  |  |  |  |  |  |  |

设计负责人:　　　审核:　　　编制:　　　编制日期:　　年　月

2)(表四)乙的填写方法

①本表可根据需要拆分成主要材料表、需要安装的设备表和不需要安装的设备、仪表、工器具表。表格标题下面括号内根据需要填写"主要材料""需要安装的设备""不需要安装的设备、仪表、工器具"字样。

②第Ⅵ、Ⅶ、Ⅷ、Ⅸ、Ⅹ、Ⅺ栏填写对应的外币金额及折合人民币的金额,并按引进工程的有关规定填写相应费用。其他填写方法与(表四)甲基本相同。

(9)工程建设其他费概预算表(表五)甲

本表供编制国内工程计列的工程建设其他费使用。

1)(表五)甲的具体构成

工程建设其他费_____算表(表五)甲

表五的填写

工程名称:　　　　建设单位名称:　　　表格编号:　　　　第　页

| 序号 | 费用名称 | 计算依据及方法 | 金额/元 |  |  | 备注 |
|---|---|---|---|---|---|---|
|  |  |  | 除税价 | 增值税 | 含税价 |  |
| Ⅰ | Ⅱ | Ⅲ | Ⅳ | Ⅴ | Ⅵ | Ⅶ |
| 1 | 建设用地及综合赔补费 |  |  |  |  |  |
| 2 | 项目建设管理费 |  |  |  |  |  |
| 3 | 可行性研究费 |  |  |  |  |  |
| 4 | 研究试验费 |  |  |  |  |  |

(续表)

| 序号 | 费用名称 | 计算依据及方法 | 金额/元 除税价 | 金额/元 增值税 | 金额/元 含税价 | 备注 |
|---|---|---|---|---|---|---|
| 5 | 勘察设计费 | | | | | |
| 6 | 环境影响评价费 | | | | | |
| 7 | 建设工程监理费 | | | | | |
| 8 | 安全生产费 | | | | | |
| 9 | 引进技术及进口设备其他费 | | | | | |
| 10 | 工程保险费 | | | | | |
| 11 | 工程招标代理费 | | | | | |
| 12 | 专利及专用技术使用费 | | | | | |
| 13 | 其他费用 | | | | | |
| | 总计 | | | | | |
| 14 | 生产准备及开办费(运营费) | | | | | |

设计负责人： 　　审核： 　　编制： 　　编制日期： 　　年　　月

2)(表五)甲的填写方法

①第Ⅲ栏根据《信息通信建设工程费用定额》相关费用的计算规则填写。

②第Ⅶ栏填写需要补充说明的内容事项。

(10)进口设备工程建设其他费概预算表(表五)乙

本表供编制进口设备工程所需计列的工程建设其他费使用。

1)(表五)乙的具体构成

**进口设备工程建设其他费概算表(表五)乙**

工程名称： 　　建设单位名称： 　　表格编号： 　　第　　页

| 序号 | 费用名称 | 计算依据及方法 | 金额 外币( ) | 金额 折合人民币(元) 除税价 | 金额 折合人民币(元) 增值税 | 金额 折合人民币(元) 含税价 | 备注 |
|---|---|---|---|---|---|---|---|
| Ⅰ | Ⅱ | Ⅲ | Ⅳ | Ⅴ | Ⅵ | Ⅶ | Ⅷ |
| | | | | | | | |
| | | | | | | | |
| | | | | | | | |
| | | | | | | | |

设计负责人： 　　审核： 　　编制： 　　编制日期： 　　年　　月

2)(表五)乙的填写方法

①第Ⅲ栏根据国家及主管部门的相关规定填写。

②第Ⅳ、Ⅴ、Ⅵ、Ⅶ栏填写各项费用的外币与人民币数值。

③第Ⅷ栏根据需要填写补充说明的内容事项。

3.通信建设工程概预算表的填写顺序

为了保证概预算文件编制的正确性和高效性，以上10张概预算表的填写一般遵循一定的顺序，如图14-1所示。

概预算表格的填写顺序

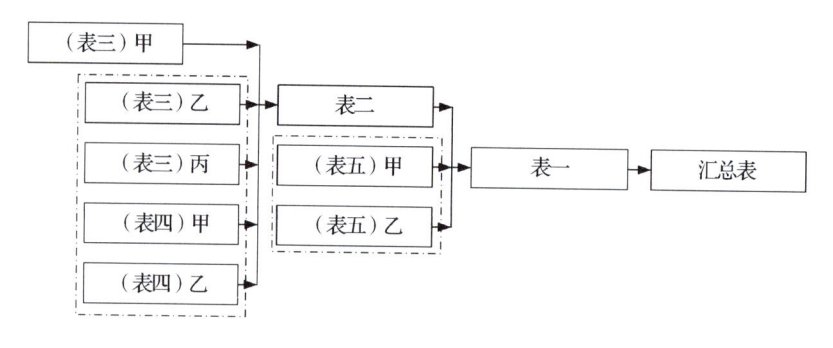

图 14-1　通信建设工程概预算表的填写顺序

第一步：根据统计出来的工程量汇总表,套用定额,填写工程量(表三)甲；同时,根据预算定额手册定额项目表中所反映的主材及规定用量、机械台班量、仪表台班量,一是依据"信息通信建设工程施工机械、仪表台班单价"表查找机械、仪表台班单价,填写(表三)乙和(表三)丙,二是依据定额管理部门所规定的设备、材料的预算价格,完成(表四)甲和(表四)乙,如果本次工程不是引进工程项目,(表四)乙无须填写。

第二步：根据工程实际情况和相关条件,填写表二、(表五)甲和(表五)乙,完成工程费用费率的计取。需要注意的是,对于工信部等规定取消的相关费用,要注明,比如工信部〔2016〕451号文规定取消工程建设其他费中的"工程质量监督费"和"工程定额测定费",如果本次工程不是引进工程项目,(表五)乙无须填写。

第三步：完成单项工程总费用表一的填写。单项工程总费用由工程费、工程建设其他费、预备费以及建设期利息组成,根据工程实际要求进行计列。

第四步：完成建设工程项目总费用汇总表的填写。这里要注意的是,若本工程是单个的单项工程,则汇总表就不需要填写了,只有由多个单项工程组成一个建设工程项目时,才需要填写汇总表。

4.概预算表与费用的对应关系

概预算表表二的主要内容对应于工程费中的建筑安装工程费,(表四)甲国内器材、(表四)乙进口器材的主要内容对应于工程费中的设备、工器具购置费,(表五)甲、(表五)乙的主要内容对应于单项工程总费用中的工程建设其他费,整个单项工程的总费用直接反映在概预算表表一中,示意图如图 14-2 所示。

概预算表格与费用的对应关系

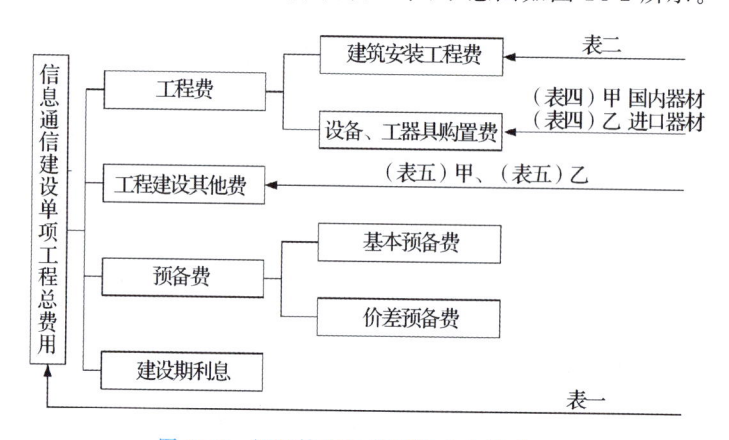

图 14-2　概预算表与费用的对应关系(一)

概预算表(表三)甲对应于直接工程费中的人工费,由(表三)甲可得技工总工日和普工总工日,依据人工工日标准,计算出人工费;(表四)甲国内器材、(表四)乙进口器材对应于材料费,材料费由主要材料费和辅助材料费组成;机械使用费、仪表使用费分别反映在概预算表(表三)乙、(表三)丙中;措施项目费大多以人工费为计算基础,示意图如图14-3所示。

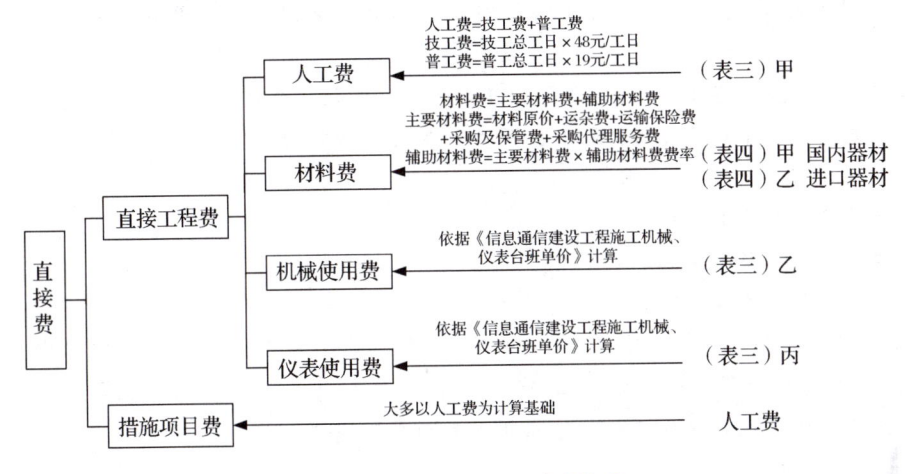

```
                              人工费=技工费+普工费
                              技工费=技工总工日×48元/工日
                              普工费=普工总工日×19元/工日
                 人工费 ─────────────────────────────── (表三)甲

                              材料费=主要材料费+辅助材料费
                              主要材料费=材料原价+运杂费+运输保险费
                                      +采购及保管费+采购代理服务费
                 材料费         辅助材料费=主要材料费×辅助材料费率     (表四)甲 国内器材
          直接工程费 ─────────────────────────────── (表四)乙 进口器材

                              依据《信息通信建设工程施工机械、
 直接费                         仪表台班单价》计算
                 机械使用费 ─────────────────────────────── (表三)乙

                              依据《信息通信建设工程施工机械、
                              仪表台班单价》计算
                 仪表使用费 ─────────────────────────────── (表三)丙

          措施项目费 ───大多以人工费为计算基础─────── 人工费
```

图14-3 概预算表与费用的对应关系(二)

# 学习单元 15 通信建设工程概预算编制与管理

## 15.1 信息通信建设工程概预算编制规程

第一章 总则

1.0.1 本规程适用于信息通信建设项目新建和扩建工程的概算、预算的编制,改建工程可参照使用。

信息通信建设项目涉及土建工程时(铁塔基础施工工程除外),应按各地区有关部门编制的土建工程的相关标准编制概算、预算。

1.0.2 信息通信建设工程概算、预算应包括从筹建到竣工验收所需的全部费用,其具体内容、计算方法、计算规则应依据现行信息通信建设工程定额及其他有关计价依据进行编制。

1.0.3 概算、预算的编制和审核以及从事信息通信工程造价相关工作的人员必须熟练掌握《信息通信建设工程预算定额》等文件。通信主管部门应通过信息化手段加强对从事概算、预算编制及工程造价从业人员的监督管理。

第二章 设计概算、施工图预算的编制

2.0.1 信息通信建设工程概算、预算的编制,应按相应的设计阶段进行。当建设项目采用两阶段设计时,初步设计阶段编制设计概算,施工图设计阶段编制施工图预算。采用一阶段设计时,应编制施工图预算,并计列预备费、建设期利息等费用。建设项目按三阶段设计时,在技术设计阶段编制修正概算。

信息通信建设工程概算、预算应按单项工程编制。单项工程项目划分见表 1-1。

2.0.2 设计概算是初步设计文件的重要组成部分。编制设计概算应在投资估算的范围内进行。

施工图预算是施工图设计文件的重要组成部分。编制施工图预算应在批准的设计概算范围内进行。对于一阶段设计,编制施工图预算应在投资估算的范围内进行。

2.0.3 设计概算的编制依据。

1.批准的可行性研究报告;

2.初步设计图纸及有关资料;

3.国家相关管理部门发布的有关法律、法规、标准规范;

4.《信息通信建设工程预算定额》(目前信息通信工程用预算定额代替概算定额编制概算)、《信息通信建设工程费用定额》及其有关文件;

5.建设项目所在地政府发布的土地征用和赔补费等有关规定;

6.有关合同、协议等。

2.0.4 施工图预算的编制依据。

1.批准的初步设计概算或可行性研究报告及有关文件;

2.施工图、标准图、通用图及其编制说明;

3.国家相关管理部门发布的有关法律、法规、标准规范;

4.《信息通信建设工程预算定额》《信息通信建设工程费用定额》及其有关文件;

5.建设项目所在地政府发布的土地征用和赔补费用等有关规定;

6.有关合同、协议等。

2.0.5 设计概算由编制说明和概算表组成。

1.编制说明包括的内容:

(1)工程概况、概算总价值;

(2)编制依据及采用的取费标准和计算方法的说明;

(3)工程技术经济指标分析:主要分析各项投资的比例和费用构成,分析投资情况,说明设计的经济合理性及编制中存在的问题;

(4)其他需要说明的问题。

2.概算表(见 14.2 节)。

2.0.6 施工图预算由编制说明和预算表组成。

1.编制说明包括的内容:

(1)工程概况、预算总价值;

(2)编制依据及采用的取费标准和计算方法的说明;

(3)工程技术经济指标分析;

(4)其他需要说明的问题。

2.预算表(见 14.2 节)。

2.0.7 设计概算、施工图预算的编制应按下列程序进行:

1.收集资料,熟悉图纸;

2. 计算工程量；

3. 套用定额，选用价格；

4. 计算各项费用；

5. 审核；

6. 写编制说明；

7. 审核出版。

2.0.8 进口设备工程的概算、预算除应包括本规程和费用定额规定的费用外，还应包括关税等国家规定应计取的其他费用，其计取标准应参照相关部门的规定。外币表现形式可用美元或进口国货币。编制表格应包括：进口器材概预算表（表四）乙、进口设备工程建设其他费概预算表（表五）乙。

## 15.2 通信建设工程概预算编制流程

通信建设工程概预算编制时，首先要收集工程相关资料、熟悉图纸，进行工程量的统计；其次要套用预算定额确定主材使用量、选用设备和材料价格，依据费用定额计算各项费用费率的计取；再其次进行复核检查，检查无误后撰写编制说明；最后经主管领导审核、签字后，进行印刷出版。其流程如图 15-1 所示。

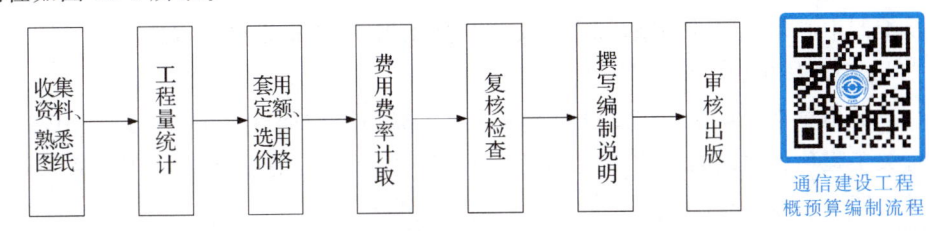

图 15-1 通信建设工程概预算编制流程

（1）收集资料、熟悉图纸

在编制概预算文件前，针对本工程的具体情况和所编制概预算内容，进行相关资料的收集，具体来说，包括信息通信建设工程预算定额、费用定额以及材料、设备价格等。

对施工图进行一次全面的检查。检查所给图纸是否完整，尤其是与概预算文件编制紧密相关的信息；检查各部分尺寸是否清楚标注，是否标注有误；检查是否有工程施工说明，重点要明确施工意图；检查有无本次工程的主要工程量列表。

（2）工程量统计

工程量是编制概预算的基本数据，计算的准确与否直接影响工程造价的准确度。工程量统计时要注意以下几点：

① 熟悉工程图纸的内容和相互关系，注意有关标注和说明；

② 工程量的计量单位必须与编制概预算时依据的概预算定额单位保持一致；

③ 工程量统计可依照施工图顺序由上而下、由内而外、由左而右依次进行，也可以依据工程图纸从左上角开始逐一统计，还可以按照概预算定额目录顺序进行统计；

④ 防止工程量的误算、漏算和重复计算，最后将同类项合并，并编制工程量汇总表。

（3）套用定额、选用价格

工程量经复核无误方可套用定额。套用定额时，应核对工程内容与定额内容是否一致，以防误套。即实际工程的工作内容与定额所规定的工作内容是否一致。另外要特别注意定额的总说明、册说明、章节说明以及定额项目表下方的注释内容,特殊情况需进行相应的计取调整。

正确套用定额后,紧接着就是选用价格,包括机械、仪表台班单价和设备、材料价格两部分。对于工程所涉及的机械、仪表,其单价可以依据"信息通信建设工程施工机械、仪表台班单价"表进行查找;而设备、材料价格是由定额编制管理部门所给定的,但要注意概预算编制所需要的设备、材料价格是指预算价格,如果给定的是原价,要记住计取其运杂费、运输保险费、采购及保管费和采购代理服务费。

(4)费用费率计取

根据工信部通信〔2016〕451号文件公布的费用定额所规定的计算规则、标准分别计算各项费用,并按通信建设工程概预算表的填写要求填写表二、表五和表一,在费用填写过程中,要特别注意对于不同工程类型、不同条件下相关费用费率的计取原则。

(5)复核检查

对上述表格内容进行一次全面检查。检查所列项目、工程量、计算结果、套用定额、选用价格、取费标准以及计算数值等是否正确。通信建设工程概预算表的核查顺序一般为:(表三)甲→(表三)乙→(表三)丙→(表四)甲→表二→(表五)甲→表一→汇总表。

(6)撰写编制说明

复核无误后,进行对比、分析,撰写概预算编制说明。凡概预算表不能反映的一些事项以及编制中必须说明的问题,都应用文字表达出来,以供审批单位审核。

(7)审核出版

概预算文件审核的主要目的是核实工程概预算的造价。在审核过程中,要严格按照国家有关工程项目建设的方针、政策和规定对费用实事求是地逐项核实,经主管领导审核、签字后,进行印刷出版。

## 15.3 概预算文件管理

### 15.3.1 设计概预算文件管理

(1)设计概算审批

是否能够严格执行概算文件的审批程序,直接影响着建设工程项目设计概算文件的质量和概算作用的有效发挥。其审批权限划分的基本原则如下:

①大型建设工程项目的初步设计和总概算,按隶属关系,由国务院主管部门或省、自治区、直辖市建委提出审查意见,报国家计委批准。技术设计和修正总概算,由国务院主管部门或省、自治区、直辖市审查批准。

②中型建设工程项目的初步设计和总概算,按隶属关系,由国务院主管部门或省、自治区、直辖市审批,批准文件抄送国家计委备案。

③小型建设工程项目的设计内容和审批权限,由各部门和省、自治区、直辖市自行规定。

初步设计和总概算经批准后,建设单位要及时分送给各设计单位。设计单位必须严格按批准的初步设计和总概算进行施工图设计。若原初步设计的主要内容有重大变更或总概算较批准的可行性研究报告中的投资额有所突破,须提出超出部分的计算依据并阐述详细原因,经原批准单位审批同意,否则不得变动。

一般来说，工程建设单位、建设监理单位、概算编制单位、审计单位、施工单位等，均应参与设计概算的审查工作。设计概算较为全面、完整地反映了建设工程项目的投资额及其投资构成，也是控制投资规模和工程造价的主要依据。因此，开展和加强设计概算的审批管理十分必要。

(2) 设计概算审查

设计概算审查是一项政策性和技术性强、复杂细致的工作。其主要内容包括以下几个方面：

① 编制依据的审查

编制依据的审查即审查设计概算的编制是否符合初步设计规定的技术、经济条件及相关说明，是否遵守国家规定的有关定额、指标、价格、取费标准及其他有关规定等，同时应注意审查编制依据的适用范围和时效性。

② 工程量的审查

工程量是计算直接工程费的重要依据，直接工程费在概算造价中起着十分重要的作用。审查工程量，纠正其差错，对提高工程概算编制的质量，节约工程项目的建设资金非常必要。审查主要依据初步设计图纸、概算定额以及工程量计算规则等。总之，在工程量审查时，要注意统计是否出现漏算、重算和错算，定额和单价的套用是否正确；计算工程量所采用的工程相关数据是否与工程设计图纸上所标注的数据和相关说明相一致；工程量的计算方法及所采用的公式是否符合相应的计算规则和预算定额规定。

③ 相关费用费率计取的审查

(a) 定额套用是否正确。(b) 按照预算定额相关要求，工程项目内容是否可以换算，且换算过程是否正确。(c) 临时定额是否正确、合理、符合现行定额的编制依据和原则。(d) 材料预算价格的审查。主要审查材料原价和运输费用，并根据设计文件确定的材料耗用量，重点审查耗用量较大的主要材料。(e) 间接费的审查。审查间接费时应注意：间接费的计算基础、费率计取是否符合要求，是否套错；间接费中的项目应以工程实际情况为准，没有发生的部分务必不计。(f) 其他费用的审查。主要看审查费用的计算基础、计取费率以及计算数值是否正确。(g) 设备及安装工程概算的审查。根据设备清单审查设备价格、运杂费和安装费用的计算。标准设备的价格以各级规定的统一价格为准；非标准设备的价格应审查其估价依据和估价方法等；设备运杂费费率应按主管部门或地方规定的标准执行；进口设备的费用应按设备费用各组成部分及我国设备进口公司、外汇管理局、海关等有关部门的规定执行。对于设备安装工程概算，应审查其编制依据和编制方法等。另外，还应该审查计算安装费的设备数量及种类是否符合设计要求。(h) 项目总概算的审查。审查总概算文件的组成是否完整，是否包括了全部设计内容，概算反映的建设规模、建筑标准、投资总额等是否符合设计文件的要求，概算投资是否包括了项目从筹建至竣工投产所需的全部费用，是否把设计以外的项目计入概算内多列投资，定额的使用是否符合规定，各项技术经济指标的计算方法和数值是否正确，概算文件中的单位造价与类似工程的造价是否相符或接近，当不符且差异过大时，应审查初步设计与采用的概算定额是否相符。

## 15.3.2 施工图预算文件管理

(1) 施工图预算审批

① 施工图预算应由建设单位进行审批。

②施工图预算需要修改的,应由设计单位修改,超过原概算的应由建设单位上报主管部门审批。

(2)施工图预算审查步骤

①备齐有关资料,熟悉图纸。审查施工图预算,首先要做好预算编制所依据的有关资料的审查准备工作。比如,工程施工图纸、有关标准、各类预算定额、费用标准、图纸会审记录等,同时要熟悉工程施工图纸,因为工程施工图纸是审查施工图预算各项数量的主要依据。

②熟悉工程施工现场情况。审查施工图预算的人员在进行审查前,应亲临工程施工现场了解现场的三通一平、场地运输、材料堆放等条件。

③熟悉预算所包括的范围。依据施工图预算编制说明,了解预算包括哪些工程项目及工程内容(如配套设施、室外管线、道路及图纸会审后的设计变更等),是否与施工合同所规定的内容范围相一致。

④了解预算所采用的定额标准。因为任何预算定额都有一定的适用范围,都与工程性质相联系,所以需了解编制本预算所采用的是什么预算定额,是否与工程性质相符合。

⑤选定审查方法对预算进行审查。由于工程规模大小、繁简程度不同,编制施工图预算的单位情况也不一样,所以工程预算的繁简程度和编制质量水平也不同,因而需根据预算编制的实际情况,来选定合适的审查方法进行审查。

⑥预算审查结果的处理与定案。审查施工图预算应建立完整的审查档案,做好预算审查的原始记录,整理出完备的工程量计算文档。对审查中发现的差错,应与预算编制单位协商,做相应的增加或核减处理,统一意见后,对施工图预算进行相应的调整,并编制施工图预算调整表,将调整结果逐一填入以备审查定案。

(3)施工图预算审查

审查施工图预算时,应重点对工程量、套用预算定额、临时定额和定额换算、各项计取费用等进行审查。

①工程量的审查。工程量的审查应检查预算工程量的计算是否遵守计算规则和预算定额的分项工程项目的划分,是否有重算、漏算和错算等。

②套用预算定额的审查。审查预算定额套用的正确性,是施工图预算审查的主要内容之一。一旦套用错误,就会影响施工图预算的准确性。审查时应注意审核预算中所列预算分项工程的名称、规格、计量单位与预算定额所列的项目内容是否一致,定额的套用是否正确,已包括的项目是否又另列而重复计算。

③临时定额和定额换算的审查。对于临时定额,应审核其是否符合编制原则,编制所用人工单价标准、材料价格是否正确,人工工日、机械台班和仪表台班的计算是否合理;对于定额工日数量和单价的换算,应审查换算的分项工程是否定额中允许换算的,其换算依据是否正确。

④各项计取费用的审查。费率标准与工程性质、承包方式、施工企业级别和工程类别是否相符,计算基础是否符合规定。对于计划利润和税金,应注意审查计算基础和费率计取是否符合现行规定。

## 学习单元 16　工程项目案例分析

### 16.1　××学院移动通信基站中继光缆线路工程施工图预算

#### 16.1.1　案例描述

本设计为××学院移动通信基站中继光缆线路单项工程一阶段设计,其工程图纸如图 16-1 所示。人孔内均有积水现象,管道敷设时需要敷设 1 孔塑料子管,机房内桥架明布光缆,架设长度为 15 m,所有钢管引上和引下光缆长度均为 6 m,钢管管径为 50 mm。

(1)本工程建设单位为××市移动分公司,不购买工程保险,不实行工程招标,其核心机房的 ODF 架已安装完毕,本次工程的中继传输光缆只需上架成端即可。

(2)工程所在地为江苏省,为非特殊地区,工程施工企业距离工程所在地 300 km,敷设通道光缆用材视同敷设管道光缆。

(3)国内配套主材的运距为 300 km,按不需要中转(无须采购代理)考虑。

(4)施工用水电蒸汽费、可行性研究费、建设工程监理费及勘察设计费除税价分别按 1 000 元、2 000 元、1 800 元和 4 000 元计取;本次工程不计取工程干扰费、工程排污费、已完工程及设备保护费、运土费、建设用地及综合赔补费、项目建设管理费、研究试验费、环境影响评价费、工程保险费、工程招标代理费、专利及专用技术使用费、其他费用和生产准备及开办费等费用。

(5)安全生产费(除税价)以建筑安装工程费为计算基础,相应费率为 1.5%。

(6)本工程光缆单盘测试按单窗口取定,不进行偏正模色散测试。

(7)本工程不计有毒有害气体检测仪和可燃气体检测仪两种仪表。

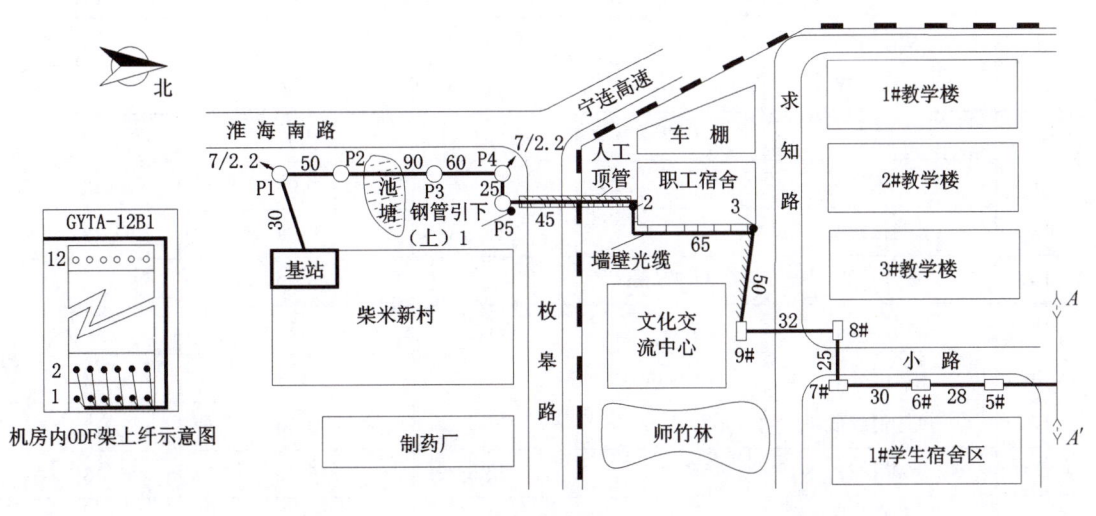

(a)施工图 Ⅰ

图 16-1　××学院移动通信基站中继光缆线路工程施工图

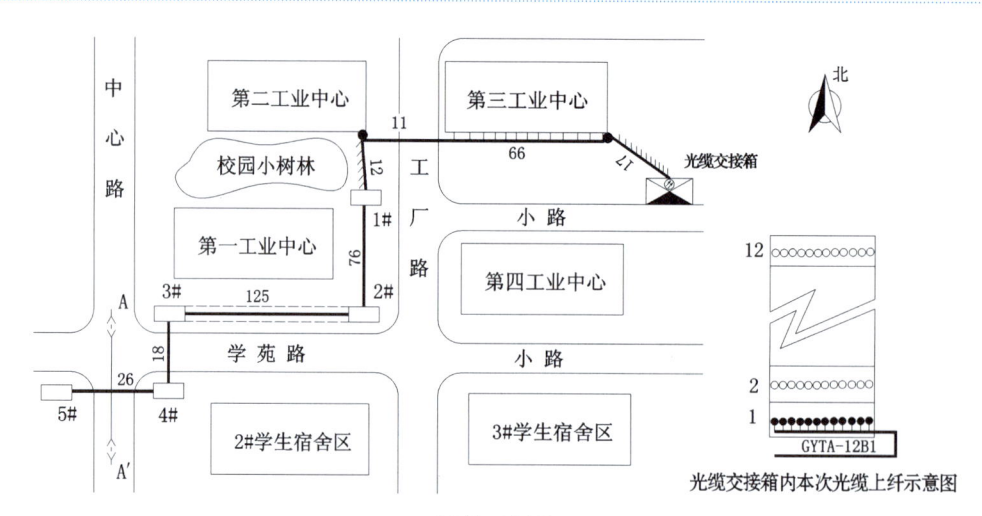

(b) 施工图 Ⅱ

图 16-1(续)　××学院移动通信基站中继光缆线路工程施工图

(8) 要求编制一阶段设计预算，并撰写编制说明。

(9) 本次工程采用一般计税方式，材料均由建筑服务方提供，所用主材及单价见表 16-1。

表 16-1　　　　　　　　　　　　主材及单价表

| 序号 | 主材名称 | 规格型号 | 主材单位 | 主材单价(除税价)/元 | 增值税税率/% |
|---|---|---|---|---|---|
| 1 | 光缆 | 12 芯 | m | 2.68 | 13 |
| 2 | 聚乙烯塑料管 |  | m | 50.00 | 13 |
| 3 | 固定堵头 |  | 个 | 34.00 | 13 |
| 4 | 塞子 |  | 个 | 26.00 | 13 |
| 5 | 聚乙烯波纹管 |  | m | 3.30 | 13 |
| 6 | 胶带(PVC) |  | 盘 | 1.43 | 13 |
| 7 | 托板垫 |  | 块 | 6.80 | 13 |
| 8 | 塑料管 | ($\phi$80~$\phi$100)mm | m | 40.00 | 13 |
| 9 | 热缩管 |  | m | 20.00 | 13 |
| 10 | 保护软管 |  | m | 9.80 | 13 |
| 11 | 水泥 | C32.5 | kg | 0.33 | 13 |
| 12 | 中粗砂 |  | kg | 0.05 | 13 |
| 13 | 水泥拉线盘 |  | 套 | 45.00 | 13 |
| 14 | 镀锌铁线 | $\phi$1.5 mm | kg | 6.80 | 13 |
| 15 | 镀锌铁线 | $\phi$3.0 mm | kg | 7.73 | 13 |
| 16 | 镀锌铁线 | $\phi$4.0 mm | kg | 7.73 | 13 |
| 17 | 镀锌钢绞线 | 7/2.2 | kg | 9.80 | 13 |
| 18 | 光缆托板 |  | 块 | 6.50 | 13 |
| 19 | 余缆架 |  | 套 | 52.00 | 13 |

(续表)

| 序号 | 主材名称 | 规格型号 | 主材单位 | 主材单价(除税价)/元 | 增值税税率/% |
|---|---|---|---|---|---|
| 20 | 标志牌 |  | 个 | 1.00 | 13 |
| 21 | 管材(直) |  | 根 | 24.00 | 13 |
| 22 | 管材(弯) |  | 根 | 8.00 | 13 |
| 23 | 钢管卡子 |  | 副 | 4.50 | 13 |
| 24 | 挂钩 |  | 只 | 0.29 | 13 |
| 25 | U形钢卡 | $\phi 6.0$ mm | 副 | 6.00 | 13 |
| 26 | 拉线衬环(小号) |  | 个 | 1.20 | 13 |
| 27 | 膨胀螺栓 | M12 | 副 | 0.57 | 13 |
| 28 | 终端转角墙担 |  | 根 | 16.00 | 13 |
| 29 | 中间支撑物 |  | 套 | 13.00 | 13 |
| 30 | 镀锌无缝钢管 | ($\phi 50 \sim \phi 100$)mm | m | 18.60 | 13 |
| 31 | 管箍 |  | 个 | 12.30 | 13 |
| 32 | 地锚铁柄 |  | 套 | 22.00 | 13 |
| 33 | 三眼双槽夹板 |  | 副 | 11.00 | 13 |
| 34 | 拉线衬环 |  | 个 | 1.56 | 13 |
| 35 | 拉线抱箍 |  | 套 | 10.80 | 13 |
| 36 | 吊线箍 |  | 副 | 14.50 | 13 |
| 37 | 镀锌穿钉 | 50 mm | 副 | 8.00 | 13 |
| 38 | 镀锌穿钉 | 100 mm | 副 | 15.00 | 13 |
| 39 | 三眼单槽夹板 |  | 副 | 9.00 | 13 |
| 40 | 茶托拉板 |  | 块 | 9.80 | 13 |
| 41 | 光缆标志牌 |  | 个 | 1.00 | 13 |
| 42 | 光缆成端接头材料 |  | 套 | 35.00 | 13 |

### 16.1.2 案例解析

1. 工程量的统计

(1)图16-1(a)的工程量统计:认真识读图16-1(a)后,可以得知,从 A—A' 接图符号处由 5#人孔至9#人孔采用管道光缆敷设,其路由长度为28+30+25+32=115 m;再由9#人孔处经打人孔墙洞后转为50 m的直埋方式(挖、夯填)敷设;到达职工宿舍楼后,由3处钢管引上,采用吊线式墙壁光缆敷设65 m,再由2处钢管引下,经 45 m 的人工顶管敷设至电杆 P5 处,由此通过杆上钢管引上后,经电杆 P5、P4、P3、P2 及 P1 架空光缆敷设至基站机房墙壁,然后沿墙直接进入基站机房内,最后光纤在基站机房内的传输机架上与1、2排法兰盘进行连接,每排上纤 6 芯,第一排上 1#～6#纤,第二排上 7#～12#纤,其敷设光缆类型为GYTA-12B1。

具体来说,图16-1(a)的工程量计算如下:

①光(电)缆工程施工测量(直埋):长度=50+45(人工顶管)=95 m。

②光(电)缆工程施工测量(架空):长度＝30＋50＋90＋60＋25＋6(1处钢管引下)＝261 m。

③光(电)缆工程施工测量(管道):长度＝6(2处钢管引上)＋65(墙壁光缆)＋6(3处钢管引下)＋32＋25＋30＋28＝192 m。

④人工敷设塑料子管(1孔子管):长度＝32＋25＋30＋28＝115 m。

⑤布放光(电)缆人孔抽水(积水):数量＝5个。

⑥敷设管道光缆(12芯以下):长度＝32＋25＋30＋28＝115 m。

⑦打人孔墙洞(砖砌人孔,3孔管以下):9#人孔处,数量＝1处。

⑧安装引上钢管($\phi$50 mm以下,墙上):图中2和3处,数量＝2套。

⑨穿放引上光缆:图中1、2和3处,数量＝3条。

⑩架设吊线式墙壁光缆:数量＝0.65百米条。

⑪挖、夯填光(电)缆沟及接头坑(普通土):9#人孔至图中3处直埋工程,假设采用不放坡,沟深和沟宽分别为0.8 m和0.3 m,则体积＝0.8×0.3×50＝12 m³。

⑫平原地区敷设埋式光缆(12芯以下):长度＝50＋45＝95 m。

⑬铺管保护(塑料管):数量＝50 m。

⑭人工顶管:数量＝45 m。

⑮安装引上钢管($\phi$50 mm以下,杆上):图中1处,数量＝1套。

⑯水泥杆夹板法装7/2.2单股拉线(综合土):数量＝2条。

⑰水泥杆架设7/2.2吊线(平原):长度＝25＋60＋90＋50＋30＝255 m。

⑱架设100 m以内辅助吊线:数量＝1条档。

⑲挂钩法架设架空光缆(平原,36芯以下):长度＝25＋60＋90＋50＋30＝255 m。

⑳打穿楼墙洞(砖墙):位于机房,数量＝1个。

㉑桥架内明布光缆:数量＝0.15百米条。

㉒光缆成端接头(束状):数量＝12芯。

将以上计算出的工程量按工程量表的形式进行统计和整理,见表16-2。

表16-2　　　　　　　　　图16-1(a)的工程量统计表

| 序号 | 定额编号 | 项目名称 | 定额单位 | 数量 |
| --- | --- | --- | --- | --- |
| 1 | TXL1-001 | 光(电)缆工程施工测量(直埋) | 百米 | 0.95 |
| 2 | TXL1-002 | 光(电)缆工程施工测量(架空) | 百米 | 2.61 |
| 3 | TXL1-003 | 光(电)缆工程施工测量(管道) | 百米 | 1.92 |
| 4 | TXL4-004 | 人工敷设塑料子管(1孔子管) | km | 0.115 |
| 5 | TXL4-001 | 布放光(电)缆人孔抽水(积水) | 个 | 5 |
| 6 | TXL4-011 | 敷设管道光缆(12芯以下) | 千米条 | 0.115 |
| 7 | TXL4-033 | 打人(手)孔墙洞(砖砌人孔,3孔管以下) | 处 | 1 |
| 8 | TXL4-044 | 安装引上钢管($\phi$50 mm以下,墙上) | 套 | 2 |
| 9 | TXL4-050 | 穿放引上光缆 | 条 | 3 |
| 10 | TXL4-053 | 架设吊线式墙壁光缆 | 百米条 | 0.65 |
| 11 | TXL2-007 | 挖、夯填光(电)缆沟及接头坑(普通土) | 百立方米 | 0.12 |

(续表)

| 序号 | 定额编号 | 项目名称 | 定额单位 | 数量 |
| --- | --- | --- | --- | --- |
| 12 | TXL2-015 | 平原地区敷设埋式光缆(36芯以下) | 千米条 | 0.095 |
| 13 | TXL2-110 | 铺管保护(塑料管) | m | 50 |
| 14 | TXL2-107 | 人工顶管 | m | 45 |
| 15 | TXL4-043 | 安装引上钢管($\phi$50 mm以下,杆上) | 套 | 1 |
| 16 | TXL3-051 | 水泥杆夹板法装7/2.2单股拉线(综合土) | 条 | 2 |
| 17 | TXL3-168 | 水泥杆架设7/2.2吊线(平原) | 千米条 | 0.255 |
| 18 | TXL3-180 | 架设100 m以内辅助吊线 | 条档 | 1 |
| 19 | TXL3-187 | 挂钩法架设架空光缆(平原,36芯以下) | 千米条 | 0.255 |
| 20 | TXL4-037 | 打穿楼墙洞(砖墙) | 个 | 1 |
| 21 | TXL5-074 | 桥架内明布光缆 | 百米条 | 0.15 |
| 22 | TXL6-005 | 光缆成端接头(束状) | 芯 | 12 |

(2)图16-1(b)的工程量统计：认真识读图16-1(b)后,可以得知,从 $A—A'$ 接图符号处由5♯人孔至3♯人孔采用管道光缆敷设,其路由长度为 26+18=44 m；由3♯人孔经125 m通信通道敷设至2♯人孔；再由2♯人孔经76 m管道敷设至1♯人孔,经打1♯人孔墙洞后转为12 m的直埋敷设(挖、松填)至第二工业中心楼下,经钢管引上后采用吊线式墙壁光缆,在第三工业中心东南角钢管引下,最后经过17 m直埋敷设(挖、松填)至光缆交接箱(光缆上纤至第一块光纤连接盘,即1♯纤～12♯纤),其敷设光缆类型为GYTA-12B1。

具体来说,图16-1(b)的工程量计算如下：

①光(电)缆工程施工测量(直埋)：长度=12+17=29 m。

②光(电)缆工程施工测量(管道)：长度=26+18+125(通信通道)+76+6(第二工业中心墙引上)+11+66+6(第三工业中心墙引下)=334 m。

③单盘检验(光缆)：数量=12芯盘。

④人工敷设塑料子管(1孔子管)：长度=26+18+76=120 m。

⑤布放光(电)缆人孔抽水(积水)：数量=4个。

⑥敷设管道光缆(12芯以下)：长度=26+18+76=120 m。

⑦打人(手)孔墙洞(砖砌人孔,3孔管以下)：1♯人孔处,数量=1处。

⑧安装引上钢管($\phi$50 mm以下,墙上)：第二、三工业中心,数量=2套。

⑨穿放引上光缆：第二、三工业中心,数量=2条。

⑩架设吊线式墙壁光缆：长度=66+11=77 m。

⑪挖、松填光(电)缆沟及接头坑(普通土)：假设采用不放坡,沟深和沟宽分别为0.8 m和0.3 m,则体积=0.8×0.3×(12+17)=6.96 m³。

⑫平原地区敷设埋式光缆(36芯以下)：长度=12+17=29 m。

⑬铺管保护(塑料管)：数量=29 m。

⑭敷设管道光缆(12芯以下,室外通道)：长度=125 m。

⑮光缆成端接头(束状)：数量=12芯。

将以上计算出的工程量按工程量表进行统计和整理,见表16-3。

表 16-3  图 16-1(b)的工程量统计表

| 序号 | 定额编号 | 项目名称 | 定额单位 | 数量 |
|---|---|---|---|---|
| 1 | TXL1-001 | 光(电)缆工程施工测量(直埋) | 百米 | 0.29 |
| 2 | TXL1-003 | 光(电)缆工程施工测量(管道) | 百米 | 3.34 |
| 3 | TXL1-006 | 单盘检验(光缆) | 芯盘 | 12 |
| 4 | TXL4-004 | 人工敷设塑料子管(1孔子管) | km | 0.12 |
| 5 | TXL4-001 | 布放光(电)缆人孔抽水(积水) | 个 | 4 |
| 6 | TXL4-011 | 敷设管道光缆(12芯以下) | 千米条 | 0.12 |
| 7 | TXL4-033 | 打人(手)孔墙洞(砖砌人孔,3孔管以下) | 处 | 1 |
| 8 | TXL4-044 | 安装引上钢管($\phi$50 mm以下,墙上) | 套 | 2 |
| 9 | TXL4-050 | 穿放引上光缆 | 条 | 2 |
| 10 | TXL4-053 | 架设吊线式墙壁光缆 | 百米条 | 0.77 |
| 11 | TXL2-001 | 挖、松填光(电)缆沟及接头坑(普通土) | 百立方米 | 0.069 6 |
| 12 | TXL2-015 | 平原地区敷设埋式光缆(36芯以下) | 千米条 | 0.029 |
| 13 | TXL2-110 | 铺管保护(塑料管) | m | 29 |
| 14 | TXL4-011 | 敷设管道光缆(12芯以下,室外通道) | 千米条 | 0.125 |
| 15 | TXL6-005 | 光缆成端接头(束状) | 芯 | 12 |

将图 16-1(a)和图 16-1(b)的工程量进行同类项合并,汇总表见表 16-4。

表 16-4  图 16-1(a)和图 16-1(b)的工程量汇总表

| 序号 | 定额编号 | 项目名称 | 定额单位 | 数量 |
|---|---|---|---|---|
| 1 | TXL1-001 | 光(电)缆工程施工测量(直埋) | 百米 | 1.24 |
| 2 | TXL1-002 | 光(电)缆工程施工测量(架空) | 百米 | 2.61 |
| 3 | TXL1-003 | 光(电)缆工程施工测量(管道) | 百米 | 5.26 |
| 4 | TXL1-006 | 单盘检验(光缆) | 芯盘 | 12 |
| 5 | TXL4-004 | 人工敷设塑料子管(1孔子管) | km | 0.235 |
| 6 | TXL4-001 | 布放光(电)缆人孔抽水(积水) | 个 | 9 |
| 7 | TXL4-011 | 敷设管道光缆(12芯以下) | 千米条 | 0.235 |
| 8 | TXL4-011 | 敷设管道光缆(12芯以下,室外通道) | 千米条 | 0.125 |
| 9 | TXL4-033 | 打人(手)孔墙洞(砖砌人孔,3孔管以下) | 处 | 2 |
| 10 | TXL4-044 | 安装引上钢管($\phi$50 mm以下,墙上) | 套 | 4 |
| 11 | TXL4-050 | 穿放引上光缆 | 条 | 5 |
| 12 | TXL4-053 | 架设吊线式墙壁光缆 | 百米条 | 1.42 |
| 13 | TXL2-007 | 挖、夯填光(电)缆沟及接头坑(普通土) | 百立方米 | 0.12 |
| 14 | TXL2-001 | 挖、松填光(电)缆沟及接头坑(普通土) | 百立方米 | 0.069 6 |
| 15 | TXL2-015 | 平原地区敷设埋式光缆(36芯以下) | 千米条 | 0.124 |

(续表)

| 序号 | 定额编号 | 项目名称 | 定额单位 | 数量 |
|---|---|---|---|---|
| 16 | TXL2-110 | 铺管保护（塑料管） | m | 79 |
| 17 | TXL2-107 | 人工顶管 | m | 45 |
| 18 | TXL4-043 | 安装引上钢管（φ50 mm 以下，杆上） | 套 | 1 |
| 19 | TXL3-051 | 水泥杆夹板法装 7/2.2 单股拉线（综合土） | 条 | 2 |
| 20 | TXL3-168 | 水泥杆架设 7/2.2 吊线（平原） | 千米条 | 0.255 |
| 21 | TXL3-180 | 架设 100 m 以内辅助吊线 | 条档 | 1 |
| 22 | TXL3-187 | 挂钩法架设架空光缆（平原,36 芯以下） | 千米条 | 0.255 |
| 23 | TXL4-037 | 打穿楼墙洞（砖墙） | 个 | 1 |
| 24 | TXL5-074 | 桥架内明布光缆 | 百米条 | 0.15 |
| 25 | TXL6-005 | 光缆成端接头（束状） | 芯 | 24 |

## 2.预算表的填写

(1)（表三）甲、（表三）乙、（表三）丙和（表四）甲的填写

按照本模块 14.2.2 节所述的表三填写说明，将上述统计出的工程量填入预算表（表三）甲中，并将对应的机械、仪表信息填入（表三）乙、（表三）丙中，分别见表 16-5～表 16-7。

表 16-5　　　　　建筑安装工程量　预　算表（表三）甲

工程名称：××学院移动通信基站中继光缆线路工程　　建设单位名称：××市移动分公司　　表格编号：TXL-3甲　第 全 页

| 序号 | 定额编号 | 工程及项目名称 | 单位 | 数量 | 单位定额值/工日 || 合计值/工日 ||
|---|---|---|---|---|---|---|---|---|
| | | | | | 技工 | 普工 | 技工 | 普工 |
| I | II | III | IV | V | VI | VII | VIII | IX |
| 1 | TXL1-001 | 光(电)缆工程施工测量（直埋） | 百米 | 1.24 | 0.56 | 0.14 | 0.69 | 0.17 |
| 2 | TXL1-002 | 光(电)缆工程施工测量（架空） | 百米 | 2.61 | 0.46 | 0.12 | 1.20 | 0.31 |
| 3 | TXL1-003 | 光(电)缆工程施工测量（管道） | 百米 | 5.26 | 0.35 | 0.09 | 1.84 | 0.47 |
| 4 | TXL1-006 | 单盘检验（光缆） | 芯盘 | 12 | 0.02 | 0 | 0.24 | 0.00 |
| 5 | TXL4-004 | 人工敷设塑料子管（1孔子管） | km | 0.235 | 4 | 5.57 | 0.94 | 1.31 |
| 6 | TXL4-001 | 布放光(电)缆人孔抽水（积水） | 个 | 9 | 0.25 | 0.5 | 2.25 | 4.50 |
| 7 | TXL4-011 | 敷设管道光缆（12 芯以下） | 千米条 | 0.235 | 5.5 | 10.94 | 1.29 | 2.57 |
| 8 | TXL4-011 | 敷设管道光缆（12 芯以下，室外通道）（通信管道工日取管道的70%） | 千米条 | 0.125 | 3.85 | 7.658 | 0.48 | 0.96 |
| 9 | TXL4-033 | 打人(手)孔墙洞（砖砌人孔，3孔管以下） | 处 | 2 | 0.36 | 0.36 | 0.72 | 0.72 |
| 10 | TXL4-044 | 安装引上钢管（φ50 mm 以下，墙上） | 套 | 4 | 0.25 | 0.25 | 1.00 | 1.00 |
| 11 | TXL4-050 | 穿放引上光缆 | 条 | 5 | 0.52 | 0.52 | 2.60 | 2.60 |
| 12 | TXL4-053 | 架设吊线式墙壁光缆 | 百米条 | 1.42 | 2.75 | 2.75 | 3.91 | 3.91 |

（续表）

| 序号 | 定额编号 | 工程及项目名称 | 单位 | 数量 | 单位定额值/工日 技工 | 单位定额值/工日 普工 | 合计值/工日 技工 | 合计值/工日 普工 |
|---|---|---|---|---|---|---|---|---|
| 13 | TXL2-007 | 挖、夯填光(电)缆沟及接头坑(普通土) | 百立方米 | 0.12 | 0 | 40.88 | 0.00 | 4.91 |
| 14 | TXL2-001 | 挖、松填光(电)缆沟及接头坑(普通土) | 百立方米 | 0.069 6 | 0 | 39.38 | 0.00 | 2.74 |
| 15 | TXL2-015 | 平原地区敷设埋式光缆(36芯以下) | 千米条 | 0.124 | 5.88 | 26.88 | 0.73 | 3.33 |
| 16 | TXL2-110 | 铺管保护(塑料管) | 米 | 79 | 0.01 | 0.1 | 0.79 | 7.90 |
| 17 | TXL2-107 | 人工顶管 | 米 | 45 | 1 | 2 | 45.00 | 90.00 |
| 18 | TXL4-043 | 安装引上钢管($\phi$50 mm以下，杆上) | 套 | 1 | 0.2 | 0.2 | 0.20 | 0.20 |
| 19 | TXL3-051 | 水泥杆夹板法装7/2.2单股拉线(综合土) | 条 | 2 | 0.78 | 0.6 | 1.56 | 1.20 |
| 20 | TXL3-168 | 水泥杆架设7/2.2吊线(平原) | 千米条 | 0.255 | 3 | 3.25 | 0.77 | 0.83 |
| 21 | TXL3-180 | 架设100 m以内辅助吊线 | 条档 | 1 | 1 | 1 | 1.00 | 1.00 |
| 22 | TXL3-187 | 挂钩法架设架空光缆(平原，36芯以下) | 千米条 | 0.255 | 6.31 | 5.13 | 1.61 | 1.31 |
| 23 | TXL4-037 | 打穿楼墙洞(砖墙) | 个 | 1 | 0.07 | 0.06 | 0.07 | 0.06 |
| 24 | TXL5-074 | 桥架内明布光缆 | 百米条 | 0.15 | 0.4 | 0.4 | 0.06 | 0.06 |
| 25 | TXL6-005 | 光缆成端接头(束状) | 芯 | 24 | 0.15 | 0 | 3.60 | 0.00 |
|  |  | 合　计 |  |  |  |  | 72.55 | 132.06 |
|  |  | 工程总工日在100～250工日调整(系数1.1) |  |  |  |  | 7.25 | 13.21 |
|  |  | 总　计 |  |  |  |  | 79.81 | 145.27 |

设计负责人：×××　　　审核：×××　　　编制：×××　　　编制日期：××××年××月

表16-6　　　　建筑安装工程机械使用费　　预　　算表(表三)乙

工程名称：××学院移动通信基站中继光缆线路工程　　建设单位名称：××市移动分公司　　表格编号：TXL-3乙　　第　全　页

| 序号 | 定额编号 | 工程及项目名称 | 单位 | 数量 | 机械名称 | 单位定额值 数量/台班 | 单位定额值 单价/元 | 合计值 数量/台班 | 合计值 合价/元 |
|---|---|---|---|---|---|---|---|---|---|
| Ⅰ | Ⅱ | Ⅲ | Ⅳ | Ⅴ | Ⅵ | Ⅶ | Ⅷ | Ⅸ | Ⅹ |
| 1 | TXL4-001 | 布放光(电)缆人孔抽水(积水) | 个 | 9 | 抽水机 | 0.2 | 119 | 1.8 | 214.20 |
| 2 | TXL2-007 | 挖、夯填光(电)缆沟及接头坑(普通土) | 百立方米 | 0.12 | 夯实机 | 0.75 | 117 | 0.09 | 10.53 |
| 3 | TXL6-005 | 光缆成端接头(束状) | 芯 | 24 | 光纤熔接机 | 0.03 | 144 | 0.72 | 103.68 |
| 4 |  | 合　计 |  |  |  |  |  |  | 328.41 |

设计负责人：×××　　　审核：×××　　　编制：×××　　　编制日期：××××年××月

注：表中的机械台班单价见表6-1。

表 16-7　　　　　　　建筑安装工程仪表使用费　　预　　算表(表三)丙

工程名称：××学院移动通信基站中继光缆线路工程　　建设单位名称：××市移动分公司　　表格编号：TXL-3丙　第 全 页

| 序号 | 定额编号 | 工程及项目名称 | 单位 | 数量 | 仪表名称 | 单位定额值 数量/台班 | 单位定额值 单价/元 | 合计值 数量/台班 | 合计值 合价/元 |
|---|---|---|---|---|---|---|---|---|---|
| Ⅰ | Ⅱ | Ⅲ | Ⅳ | Ⅴ | Ⅵ | Ⅶ | Ⅷ | Ⅸ | Ⅹ |
| 1 | TXL1-001 | 光(电)缆工程施工测量(直埋) | 百米 | 1.24 | 地下管线探测仪 | 0.05 | 157 | 0.062 | 9.73 |
| 2 | TXL1-001 | 光(电)缆工程施工测量(直埋) | 百米 | 1.24 | 激光测距仪 | 0.04 | 119 | 0.049 6 | 5.90 |
| 3 | TXL1-002 | 光(电)缆工程施工测量(架空) | 百米 | 2.61 | 激光测距仪 | 0.05 | 119 | 0.130 5 | 15.53 |
| 4 | TXL1-003 | 光(电)缆工程施工测量(管道) | 百米 | 5.26 | 激光测距仪 | 0.04 | 119 | 0.210 4 | 25.04 |
| 5 | TXL1-006 | 单盘检验(光缆) | 芯盘 | 12 | 光时域反射仪 | 0.05 | 153 | 0.6 | 91.80 |
| 6 | TXL6-005 | 光缆成端接头(束状) | 芯 | 24 | 光时域反射仪 | 0.05 | 153 | 1.2 | 183.60 |
| 7 | | | | 合　计 | | | | | 331.60 |

设计负责人：×××　　　　审核：×××　　　　编制：×××　　　　编制日期：××××年××月

注：表中的仪表台班单价见表 6-4。

在填写(表四)甲主要材料表时,应根据费用定额对材料进行分类(包括光缆、电缆、塑料及塑料制品、木材及木制品、水泥及水泥构件以及其他)并分开罗列,以便计算其运杂费,有关材料单价可以在表 16-1 中查找。

依据以上统计的工程量列表,将其对应材料进行统计,见表 16-8。

表 16-8　　　　　　　工程主材用量统计表

| 序号 | 定额编号 | 项目名称 | 工程量 | 主材名称 | 规格型号 | 单位 | 定额量 | 使用量 |
|---|---|---|---|---|---|---|---|---|
| 1 | TXL4-004 | 人工敷设塑料子管(1孔子管) | 0.235 | 聚乙烯塑料管 | | m | 1 020 | 239.7 |
| 2 | TXL4-004 | 人工敷设塑料子管(1孔子管) | 0.235 | 固定堵头 | | 个 | 24.3 | 5.710 5 |
| 3 | TXL4-004 | 人工敷设塑料子管(1孔子管) | 0.235 | 塞子 | | 个 | 24.5 | 5.757 5 |
| 4 | TXL4-004 | 人工敷设塑料子管(1孔子管) | 0.235 | 镀锌铁线 | $\phi$1.5 mm | kg | 3.05 | 0.716 75 |
| 5 | TXL4-011 | 敷设管道光缆(12芯以下) | 0.235 | 聚乙烯波纹管 | | m | 26.7 | 6.274 5 |
| 6 | TXL4-011 | 敷设管道光缆(12芯以下) | 0.235 | 胶带(PVC) | | 盘 | 52 | 12.22 |

（续表）

| 序号 | 定额编号 | 项目名称 | 工程量 | 主材名称 | 规格型号 | 单位 | 定额量 | 使用量 |
|---|---|---|---|---|---|---|---|---|
| 7 | TXL4-011 | 敷设管道光缆（12芯以下） | 0.235 | 镀锌铁线 | $\phi$1.5 mm | kg | 3.05 | 0.716 75 |
| 8 | TXL4-011 | 敷设管道光缆（12芯以下） | 0.235 | 光缆 | 12芯 | m | 1015 | 238.525 |
| 9 | TXL4-011 | 敷设管道光缆（12芯以下） | 0.235 | 光缆托板 |  | 块 | 48.5 | 11.397 5 |
| 10 | TXL4-011 | 敷设管道光缆（12芯以下） | 0.235 | 托板垫 |  | 块 | 48.5 | 11.397 5 |
| 11 | TXL4-011 | 敷设管道光缆（12芯以下） | 0.235 | 余缆架 |  | 套 | 1 | 0.235 |
| 12 | TXL4-011 | 敷设管道光缆（12芯以下） | 0.235 | 标志牌 |  | 个 | 10 | 2.35 |
| 13 | TXL4-011 | 敷设管道光缆（12芯以下,室外通道）（通信管道工日取管道的70％） | 0.125 | 聚乙烯波纹管 |  | m | 26.7 | 3.337 5 |
| 14 | TXL4-011 | 敷设管道光缆（12芯以下,室外通道）（通信管道工日取管道的70％） | 0.125 | 胶带（PVC） |  | 盘 | 52 | 6.5 |
| 15 | TXL4-011 | 敷设管道光缆（12芯以下,室外通道）（通信管道工日取管道的70％） | 0.125 | 镀锌铁线 | $\phi$1.5 | kg | 3.05 | 0.381 25 |
| 16 | TXL4-011 | 敷设管道光缆（12芯以下,室外通道）（通信管道工日取管道的70％） | 0.125 | 光缆 | 12芯 | m | 1015 | 126.875 |
| 17 | TXL4-011 | 敷设管道光缆（12芯以下,室外通道）（通信管道工日取管道的70％） | 0.125 | 光缆托板 |  | 块 | 48.5 | 6.062 5 |
| 18 | TXL4-011 | 敷设管道光缆（12芯以下,室外通道）（通信管道工日取管道的70％） | 0.125 | 托板垫 |  | 块 | 48.5 | 6.062 5 |

(续表)

| 序号 | 定额编号 | 项目名称 | 工程量 | 主材名称 | 规格型号 | 单位 | 定额量 | 使用量 |
|---|---|---|---|---|---|---|---|---|
| 19 | TXL4-011 | 敷设管道光缆（12芯以下,室外通道）（通信管道工日取管道的70%） | 0.125 | 余缆架 | | 套 | 1 | 0.125 |
| 20 | TXL4-011 | 敷设管道光缆（12芯以下,室外通道）（通信管道工日取管道的70%） | 0.125 | 标志牌 | | 个 | 6 | 0.75 |
| 21 | TXL4-033 | 打人（手）孔墙洞（砖砌人孔,3孔管以下） | 2 | 水泥 | C32.5 | kg | 5 | 10 |
| 22 | TXL4-033 | 打人（手）孔墙洞（砖砌人孔,3孔管以下） | 2 | 中粗砂 | | kg | 10 | 20 |
| 23 | TXL4-044 | 安装引上钢管（φ50以下,墙上） | 4 | 管材（直） | | 根 | 1.01 | 4.04 |
| 24 | TXL4-044 | 安装引上钢管（φ50以下,墙上） | 4 | 管材（弯） | | 根 | 1.01 | 4.04 |
| 25 | TXL4-044 | 安装引上钢管（φ50以下,墙上） | 4 | 钢管卡子 | | 副 | 2.02 | 8.08 |
| 26 | TXL4-050 | 穿放引上光缆 | 5 | 光缆 | 12芯 | m | 6 | 30 |
| 27 | TXL4-050 | 穿放引上光缆 | 5 | 镀锌铁线 | φ1.5 | kg | 0.1 | 0.5 |
| 28 | TXL4-050 | 穿放引上光缆 | 5 | 聚乙烯塑料管 | | m | 6 | 30 |
| 29 | TXL4-053 | 架设吊线式墙壁光缆 | 1.42 | 光缆 | 12芯 | m | 100.7 | 142.994 |
| 30 | TXL4-053 | 架设吊线式墙壁光缆 | 1.42 | 挂钩 | | 只 | 206 | 292.52 |
| 31 | TXL4-053 | 架设吊线式墙壁光缆 | 1.42 | 镀锌钢绞线 | 7/2.2 | kg | 23 | 32.66 |
| 32 | TXL4-053 | 架设吊线式墙壁光缆 | 1.42 | U形钢卡 | φ6 | 副 | 14.28 | 20.277 6 |
| 33 | TXL4-053 | 架设吊线式墙壁光缆 | 1.42 | 拉线衬环（小号） | | 个 | 4.04 | 5.736 8 |
| 34 | TXL4-053 | 架设吊线式墙壁光缆 | 1.42 | 膨胀螺栓 | M12 | 副 | 24.24 | 34.420 8 |
| 35 | TXL4-053 | 架设吊线式墙壁光缆 | 1.42 | 终端转角墙担 | | 根 | 4.04 | 5.736 8 |
| 36 | TXL4-053 | 架设吊线式墙壁光缆 | 1.42 | 中间支撑物 | | 套 | 8.08 | 11.473 6 |
| 37 | TXL4-053 | 架设吊线式墙壁光缆 | 1.42 | 镀锌铁线 | φ1.5 | kg | 0.1 | 0.142 |

(续表)

| 序号 | 定额编号 | 项目名称 | 工程量 | 主材名称 | 规格型号 | 单位 | 定额量 | 使用量 |
|---|---|---|---|---|---|---|---|---|
| 38 | TXL2-015 | 平原地区敷设埋式光缆（36芯以下） | 0.124 | 光缆 | 12芯 | m | 1005 | 124.62 |
| 39 | TXL2-110 | 铺管保护（塑料管） | 79 | 塑料管 | $\phi 80 \sim \phi 100$ | m | 1.01 | 79.79 |
| 40 | TXL2-107 | 人工顶管 | 45 | 镀锌无缝钢管 | $\phi 50 \sim \phi 100$ | m | 1.01 | 45.45 |
| 41 | TXL2-107 | 人工顶管 | 45 | 管箍 |  | 个 | 0.17 | 7.65 |
| 42 | TXL4-043 | 安装引上钢管（50以下,杆上） | 1 | 管材(直) |  | 根 | 1.01 | 1.01 |
| 43 | TXL4-043 | 安装引上钢管（50以下,杆上） | 1 | 管材(弯) |  | 根 | 1.01 | 1.01 |
| 44 | TXL4-043 | 安装引上钢管（50以下,杆上） | 1 | 镀锌铁线 | $\phi 4.0$ | kg | 1.2 | 1.2 |
| 45 | TXL3-051 | 水泥杆夹板法装7/2.2单股拉线(综合土) | 2 | 镀锌钢绞线 | 7/2.2 | kg | 3.02 | 6.04 |
| 46 | TXL3-051 | 水泥杆夹板法装7/2.2单股拉线(综合土) | 2 | 镀锌铁线 | $\phi 1.5$ | kg | 0.02 | 0.04 |
| 47 | TXL3-051 | 水泥杆夹板法装7/2.2单股拉线(综合土) | 2 | 镀锌铁线 | $\phi 3.0$ | kg | 0.3 | 0.6 |
| 48 | TXL3-051 | 水泥杆夹板法装7/2.2单股拉线(综合土) | 2 | 镀锌铁线 | $\phi 4.0$ | kg | 0.22 | 0.44 |
| 49 | TXL3-051 | 水泥杆夹板法装7/2.2单股拉线(综合土) | 2 | 地锚铁柄 |  | 套 | 1.01 | 2.02 |
| 50 | TXL3-051 | 水泥杆夹板法装7/2.2单股拉线(综合土) | 2 | 水泥拉线盘 |  | 套 | 1.01 | 2.02 |
| 51 | TXL3-051 | 水泥杆夹板法装7/2.2单股拉线(综合土) | 2 | 三眼双槽夹板 |  | 块 | 2.02 | 4.04 |
| 52 | TXL3-051 | 水泥杆夹板法装7/2.2单股拉线(综合土) | 2 | 拉线衬环 |  | 个 | 2.02 | 4.04 |

(续表)

| 序号 | 定额编号 | 项目名称 | 工程量 | 主材名称 | 规格型号 | 单位 | 定额量 | 使用量 |
|---|---|---|---|---|---|---|---|---|
| 53 | TXL3-051 | 水泥杆夹板法装 7/2.2 单股拉线(综合土) | 2 | 拉线抱箍 |  | 套 | 1.01 | 2.02 |
| 54 | TXL3-168 | 水泥杆架设 7/2.2 吊线(平原) | 0.255 | 镀锌钢绞线 | 7/2.2 | kg | 221.27 | 56.423 9 |
| 55 | TXL3-168 | 水泥杆架设 7/2.2 吊线(平原) | 0.255 | 镀锌穿钉 | 50 mm | 副 | 22.22 | 5.666 1 |
| 56 | TXL3-168 | 水泥杆架设 7/2.2 吊线(平原) | 0.255 | 镀锌穿钉 | 100 mm | 副 | 1.01 | 0.257 55 |
| 57 | TXL3-168 | 水泥杆架设 7/2.2 吊线(平原) | 0.255 | 吊线箍 |  | 套 | 22.22 | 5.666 1 |
| 58 | TXL3-168 | 水泥杆架设 7/2.2 吊线(平原) | 0.255 | 三眼单槽夹板 |  | 副 | 22.22 | 5.666 1 |
| 59 | TXL3-168 | 水泥杆架设 7/2.2 吊线(平原) | 0.255 | 镀锌铁线 | $\phi 4.0$ | kg | 2 | 0.51 |
| 60 | TXL3-168 | 水泥杆架设 7/2.2 吊线(平原) | 0.255 | 镀锌铁线 | $\phi 3.0$ | kg | 1 | 0.255 |
| 61 | TXL3-168 | 水泥杆架设 7/2.2 吊线(平原) | 0.255 | 镀锌铁线 | $\phi 1.5$ | kg | 0.1 | 0.025 5 |
| 62 | TXL3-168 | 水泥杆架设 7/2.2 吊线(平原) | 0.255 | 拉线抱箍 |  | 副 | 4.04 | 1.030 2 |
| 63 | TXL3-168 | 水泥杆架设 7/2.2 吊线(平原) | 0.255 | 拉线衬环 |  | 个 | 8.08 | 2.060 4 |
| 64 | TXL3-180 | 架设 100 m 以内辅助吊线 | 1 | 镀锌钢绞线 | 7/2.2 | kg | 22.127 | 22.127 |
| 65 | TXL3-180 | 架设 100 m 以内辅助吊线 | 1 | 镀锌穿钉 | 50 mm | 副 | 4.04 | 4.04 |
| 66 | TXL3-180 | 架设 100 m 以内辅助吊线 | 1 | 吊线箍 |  | 套 | 2.02 | 2.02 |

(续表)

| 序号 | 定额编号 | 项目名称 | 工程量 | 主材名称 | 规格型号 | 单位 | 定额量 | 使用量 |
|---|---|---|---|---|---|---|---|---|
| 67 | TXL3-180 | 架设 100 m 以内辅助吊线 | 1 | 三眼单槽夹板 |  | 副 | 2 | 2 |
| 68 | TXL3-180 | 架设 100 m 以内辅助吊线 | 1 | 镀锌铁线 | $\phi 3.0$ | kg | 0.6 | 0.6 |
| 69 | TXL3-180 | 架设 100 m 以内辅助吊线 | 1 | 镀锌铁线 | $\phi 1.5$ | kg | 0.03 | 0.03 |
| 70 | TXL3-180 | 架设 100 m 以内辅助吊线 | 1 | 拉线衬环 |  | 个 | 2.02 | 2.02 |
| 71 | TXL3-180 | 架设 100 m 以内辅助吊线 | 1 | 茶托拉板 |  | 块 | 2 | 2 |
| 72 | TXL3-187 | 挂钩法架设架空光缆（平原,36 芯以下） | 0.255 | 光缆 | 12 芯 | m | 1007 | 256.785 |
| 73 | TXL3-187 | 挂钩法架设架空光缆（平原,36 芯以下） | 0.255 | 挂钩 |  | 只 | 2060 | 525.3 |
| 74 | TXL3-187 | 挂钩法架设架空光缆（平原,36 芯以下） | 0.255 | 保护软管 |  | m | 25 | 6.375 |
| 75 | TXL3-187 | 挂钩法架设架空光缆（平原,36 芯以下） | 0.255 | 镀锌铁线 | $\phi 1.5$ | kg | 1.02 | 0.260 1 |
| 76 | TXL3-187 | 挂钩法架设架空光缆（平原,36 芯以下） | 0.255 | 光缆标识牌 |  | 个 | 10 | 2.55 |
| 77 | TXL4-037 | 打穿楼墙洞（砖墙） | 1 | 水泥 | C32.5 | kg | 1 | 1 |
| 78 | TXL4-037 | 打穿楼墙洞（砖墙） | 1 | 中粗砂 |  | kg | 2 | 2 |
| 79 | TXL5-074 | 桥架内明布光缆 | 0.15 | 光缆 | 12 芯 | m | 102 | 15.3 |
| 80 | TXL6-005 | 光缆成端接头（束状） | 24 | 光缆成端接头材料 |  | 套 | 1.01 | 24.24 |
| 81 | TXL6-005 | 光缆成端接头（束状） | 24 | 热缩管 |  | m | 0.05 | 1.2 |

根据费用定额有关主材的分类原则,将上述表 16-8 的同类项利用 SUMIF 函数进行合并就得到了表 16-9 主材用量分类汇总表。

表 16-9　　　　　　　　　　　　　　主材用量分类汇总表

| 序号 | 类别 | 名称 | 规格 | 单位 | 使用量 |
|---|---|---|---|---|---|
| 1 | 光缆 | 光缆 | 12 芯 | m | 935.10 |
| 2 | 塑料及塑料制品 | 聚乙烯塑料管 |  | m | 269.70 |
| 3 |  | 固定堵头 |  | 个 | 5.71 |
| 4 |  | 塞子 |  | 个 | 5.76 |
| 5 |  | 聚乙烯波纹管 |  | m | 9.61 |
| 6 |  | 胶带(PVC) |  | 盘 | 18.72 |
| 7 |  | 托板垫 |  | 块 | 17.46 |
| 8 |  | 塑料管 | $\phi 80 \sim \phi 100$ | m | 79.79 |
| 9 |  | 热缩管 |  | m | 1.20 |
| 10 |  | 保护软管 |  | m | 6.38 |
| 11 | 水泥及水泥构件 | 水泥 | C32.5 | kg | 11.00 |
| 12 |  | 中粗砂 |  | kg | 22.00 |
| 13 |  | 水泥拉线盘 |  | 套 | 2.02 |
| 14 | 其他 | 镀锌铁线 | $\phi 1.5$ | kg | 2.81 |
| 15 |  | 镀锌铁线 | $\phi 3.0$ | kg | 1.46 |
| 16 |  | 镀锌铁线 | $\phi 4.0$ | kg | 2.15 |
| 17 |  | 镀锌钢绞线 | 7/2.2 | kg | 117.25 |
| 18 |  | 光缆托板 |  | 块 | 17.46 |
| 19 |  | 余缆架 |  | 套 | 0.36 |
| 20 |  | 标志牌 |  | 个 | 3.10 |
| 21 |  | 管材(直) |  | 根 | 5.05 |
| 22 |  | 管材(弯) |  | 根 | 5.05 |
| 23 |  | 钢管卡子 |  | 副 | 8.08 |
| 24 |  | 挂钩 |  | 只 | 817.82 |
| 25 |  | U 形钢卡 | $\phi 6.0$ | 副 | 20.28 |
| 26 |  | 拉线衬环(小号) |  | 个 | 5.74 |
| 27 |  | 膨胀螺栓 | M12 | 副 | 34.42 |
| 28 |  | 终端转角墙担 |  | 根 | 5.74 |
| 29 |  | 中间支撑物 |  | 套 | 11.47 |
| 30 |  | 镀锌无缝钢管 | $\phi 50 \sim \phi 100$ | m | 45.45 |
| 31 |  | 管箍 |  | 个 | 7.65 |
| 32 |  | 地锚铁柄 |  | 套 | 2.02 |
| 33 |  | 三眼双槽夹板 |  | 副 | 4.04 |
| 34 |  | 拉线衬环 |  | 个 | 8.12 |
| 35 |  | 拉线抱箍 |  | 套 | 3.05 |
| 36 |  | 吊线箍 |  | 副 | 7.69 |
| 37 |  | 镀锌穿钉 | 50 mm | 副 | 9.71 |
| 38 |  | 镀锌穿钉 | 100 mm | 副 | 0.26 |
| 39 |  | 三眼单槽夹板 |  | 副 | 7.67 |
| 40 |  | 茶托拉板 |  | 块 | 2.00 |
| 41 |  | 光缆标志牌 |  | 个 | 2.55 |
| 42 |  | 光缆成端接头材料 |  | 套 | 24.24 |

将表16-9的主材用量填入预算表(表四)甲中，见表16-10。

表16-10　　　　　　　　　　国内器材　预　算表(表四)甲
(主要材料)表

工程名称：××学院移动通信基站中继光缆线路工程　　建设单位名称：××市移动分公司　　表格编号：TXL-4甲A　　第 全 页

| 序号 | 名　称 | 规格程式 | 单位 | 数量 | 单价/元 | | 合计/元 | | | 备注 |
|---|---|---|---|---|---|---|---|---|---|---|
| | | | | | 除税价 | | 除税价 | 增值税 | 含税价 | |
| Ⅰ | Ⅱ | Ⅲ | Ⅳ | Ⅴ | Ⅵ | | Ⅶ | Ⅷ | Ⅸ | Ⅹ |
| 1 | 光缆 | 12芯 | m | 935.10 | 2.68 | | 2 506.07 | 325.79 | 2 831.86 | 光缆 |
| | 光缆类小计1 | | | | | | 2 506.07 | 325.79 | 2 831.86 | |
| | 运杂费(小计1×1.7%) | | | | | | 42.60 | 5.54 | 48.14 | |
| | 运输保险费(小计1×0.1%) | | | | | | 2.51 | 0.33 | 2.83 | |
| | 采购保管费(小计1×1.1%) | | | | | | 27.57 | 3.58 | 31.15 | |
| | 光缆类合计1 | | | | | | 2 578.75 | 335.24 | 2 913.98 | |
| 2 | 聚乙烯塑料管 | | m | 269.70 | 50.00 | | 13 485.00 | 1 753.05 | 15 238.05 | 塑料及塑料制品 |
| 3 | 固定堵头 | | 个 | 5.71 | 34.00 | | 194.14 | 25.24 | 219.38 | |
| 4 | 塞子 | | 个 | 5.76 | 26.00 | | 149.76 | 19.47 | 169.23 | |
| 5 | 聚乙烯波纹管 | | m | 9.61 | 3.30 | | 31.71 | 4.12 | 35.83 | |
| 6 | 胶带(PVC) | | 盘 | 18.72 | 1.43 | | 26.77 | 3.48 | 30.25 | |
| 7 | 托板垫 | | 块 | 17.46 | 6.80 | | 118.73 | 15.43 | 134.16 | |
| 8 | 塑料管 | $\phi 80 \sim \phi 100$ | m | 79.79 | 40.00 | | 3 191.60 | 414.91 | 3 606.51 | |
| 9 | 热缩管 | | m | 1.20 | 20.00 | | 24.00 | 3.12 | 27.12 | |
| 10 | 保护软管 | | m | 6.38 | 9.80 | | 62.52 | 8.13 | 70.65 | |
| | 塑料及塑料制品类小计2 | | | | | | 17 284.23 | 2 246.95 | 19 531.18 | |
| | 运杂费(小计2×5.4%) | | | | | | 933.35 | 121.34 | 1054.69 | |
| | 运输保险费(小计2×0.1%) | | | | | | 17.28 | 2.25 | 19.53 | |
| | 采购保管费(小计2×1.1%) | | | | | | 190.13 | 24.72 | 214.85 | |
| | 塑料及塑料制品类合计2 | | | | | | 18 424.99 | 2 395.26 | 20 820.25 | |
| 11 | 水泥 | C32.5 | kg | 11.00 | 0.33 | | 3.63 | 0.47 | 4.10 | 水泥及水泥构件 |
| 12 | 中粗砂 | | kg | 22.00 | 0.05 | | 1.10 | 0.14 | 1.24 | |
| 13 | 水泥拉线盘 | | 套 | 2.02 | 45.00 | | 90.90 | 11.82 | 102.72 | |
| | 水泥及水泥制品类小计3 | | | | | | 95.63 | 12.43 | 108.06 | |
| | 运杂费(小计3×23%) | | | | | | 21.99 | 2.86 | 24.85 | |
| | 运输保险费(小计3×0.1%) | | | | | | 0.10 | 0.01 | 0.11 | |
| | 采购保管费(小计3×1.1%) | | | | | | 1.05 | 0.14 | 1.19 | |
| | 水泥及水泥制品类合计3 | | | | | | 118.77 | 15.44 | 134.21 | |
| 14 | 镀锌铁线 | $\phi 1.5$ | kg | 2.81 | 6.80 | | 19.11 | 2.48 | 21.59 | 其他 |
| 15 | 镀锌铁线 | $\phi 3.0$ | kg | 1.46 | 7.73 | | 11.29 | 1.47 | 12.75 | |
| 16 | 镀锌铁线 | $\phi 4.0$ | kg | 2.15 | 7.73 | | 16.62 | 2.16 | 18.78 | |
| 17 | 镀锌钢绞线 | 7/2.2 | kg | 117.25 | 9.80 | | 1 149.05 | 149.38 | 1 298.43 | |
| 18 | 光缆托板 | | 块 | 17.46 | 6.50 | | 113.49 | 14.75 | 128.24 | |
| 19 | 余缆架 | | 套 | 0.36 | 52.00 | | 18.72 | 2.43 | 21.15 | |
| 20 | 标志牌 | | 个 | 3.10 | 1.00 | | 3.10 | 0.40 | 3.40 | |
| 21 | 管材(直) | | 根 | 5.05 | 24.00 | | 121.20 | 15.76 | 136.96 | |
| 22 | 管材(弯) | | 根 | 5.05 | 8.00 | | 40.40 | 5.25 | 45.65 | |
| 23 | 钢管卡子 | | 副 | 8.08 | 4.50 | | 36.36 | 4.73 | 41.09 | |
| 24 | 挂钩 | | 只 | 817.82 | 0.29 | | 237.17 | 30.83 | 268.00 | |
| 25 | U形钢卡 | $\phi 6.0$ | 副 | 20.28 | 6.00 | | 121.68 | 15.82 | 137.50 | |
| 26 | 拉线衬环(小号) | | 个 | 5.74 | 1.20 | | 6.89 | 0.90 | 7.78 | |
| 27 | 膨胀螺栓 | M12 | 副 | 34.42 | 0.57 | | 19.62 | 2.55 | 22.17 | |
| 28 | 终端转角墙担 | | 根 | 5.74 | 16.00 | | 91.84 | 11.94 | 103.78 | |
| 29 | 中间支撑物 | | 套 | 11.47 | 13.00 | | 149.11 | 19.38 | 168.49 | |

(续表)

| 序号 | 名称 | 规格程式 | 单位 | 数量 | 单价/元 除税价 | 合计/元 除税价 | 合计/元 增值税 | 合计/元 含税价 | 备注 |
|---|---|---|---|---|---|---|---|---|---|
| Ⅰ | Ⅱ | Ⅲ | Ⅳ | Ⅴ | Ⅵ | Ⅶ | Ⅷ | Ⅸ | Ⅹ |
| 30 | 镀锌无缝钢管 | $\phi 50 \sim \phi 100$ | m | 45.45 | 18.60 | 845.37 | 109.90 | 955.27 | 其他 |
| 31 | 管箍 | | 个 | 7.65 | 12.30 | 94.10 | 12.23 | 106.33 | |
| 32 | 地锚铁柄 | | 套 | 2.02 | 22.00 | 44.44 | 5.78 | 50.22 | |
| 33 | 三眼双槽夹板 | | 副 | 4.04 | 11.00 | 44.44 | 5.78 | 50.22 | |
| 34 | 拉线衬环 | | 个 | 8.12 | 1.56 | 12.67 | 1.65 | 14.31 | |
| 35 | 拉线抱箍 | | 套 | 3.05 | 10.80 | 32.94 | 4.28 | 37.22 | |
| 36 | 吊线箍 | | 副 | 7.69 | 14.50 | 111.51 | 14.50 | 126.00 | |
| 37 | 镀锌穿钉 | 50 mm | 副 | 9.71 | 8.00 | 77.68 | 10.10 | 87.78 | |
| 38 | 镀锌穿钉 | 100 mm | 副 | 0.26 | 15.00 | 3.90 | 0.51 | 4.41 | |
| 39 | 三眼单槽夹板 | | 副 | 7.67 | 9.00 | 69.03 | 8.97 | 78.00 | |
| 40 | 茶托拉板 | | 块 | 2.00 | 9.80 | 19.60 | 2.55 | 22.15 | |
| 41 | 光缆标志牌 | | 个 | 2.55 | 1.00 | 2.55 | 0.33 | 2.88 | |
| 42 | 光缆成端接头材料 | | 套 | 24.24 | 35.00 | 848.40 | 110.29 | 958.69 | |
| | 其他类小计 4 | | | | | 4 362.28 | 567.10 | 4 929.24 | |
| | 运杂费(小计 4×4.5%) | | | | | 196.30 | 25.52 | 221.82 | |
| | 运输保险费(小计 4×0.1%) | | | | | 4.36 | 0.57 | 4.93 | |
| | 采购保管费(小计 4×1.1%) | | | | | 47.99 | 6.24 | 54.22 | |
| | 其他类合计 4 | | | | | 4 610.93 | 599.43 | 5 210.21 | |
| | 总计(合计1+合计2+合计3+合计4) | | | | | 25 733.44 | 3 345.37 | 29 078.65 | |

设计负责人：×××　　审核：×××　　编制：×××　　编制日期：××××年××月

要注意的是，在进行主材统计时，若定额子目表主要材料栏中材料定额量是以带有括号的或以分数的形式表示的，表示供系统设计选用，即可选可不选，应根据工程技术要求或工艺流程来决定；而"*"号表示的是由设计确定其用量，即设计中需要根据工程技术要求或工艺流程来决定其用量。

(2)表二和(表五)甲的填写

填写预算表(表二)：填写表二时，应严格按照题中给定的各项工程建设条件，确定每项费用的费率及计算基础，和使用预算定额一样，必须时刻注意费用定额中有关特殊情况的注解和说明，同时填写在表二中的"依据和计算方法"一列。见表16-11。

①因施工企业距工程所在地 300 km，所以临时设施费费率为 5%(可以在模块四中查找)。

②题中根据已知条件，施工用水电蒸汽费、可行性研究费、建设工程监理费及勘察设计费除税价分别按 1 000 元、2 000 元、1 800 元和 4 000 元计取；不计取工程干扰费、工程排污费、已完工程及设备保护费、运土费、建设用地及综合赔补费、项目建设管理费、研究试验费、环境影响评价费、工程保险费、工程招标代理费、专利及专用技术使用费、其他费用和生产准备及开办费等费用。

③从(表三)乙可以看出，本次工程无大型施工机械，所以无大型施工机械调遣费，同时工程所在地为江苏省，为非特殊地区，所以无特殊地区施工增加费，且冬雨季施工增加费费率按 1.8% 计取。

④因建筑方提供材料，所以销项税额=(直接费+间接费+利润)×9%。

表 16-11　　　　　　　　建筑安装工程费用　　预　　算表(表二)

工程名称:××学院移动通信基站中继光缆线路工程　　建设单位名称:××市移动分公司　　表格编号:TXL-2　第 全 页

| 序号 I | 费用名称 II | 依据和计算方法 III | 合计/元 IV | 序号 I | 费用名称 II | 依据和计算方法 III | 合计/元 IV |
|---|---|---|---|---|---|---|---|
| | 建筑安装工程费(含税价) | 一+二+三+四 | 72 218.43 | 7 | 夜间施工增加费 | 不计 | 0 |
| | 建筑安装工程费(除税价) | 一+二+三 | 66 255.44 | 8 | 冬雨季施工增加费 | 人工费×1.8% | 323.28 |
| 一 | 直接费 | (一)+(二) | 51 691.82 | 9 | 生产工具用具使用费 | 人工费×1.5% | 269.40 |
| (一) | 直接工程费 | 1+2+3+4 | 44 430.46 | 10 | 施工用水电蒸汽费 | 给定 | 1 000.00 |
| 1 | 人工费 | (1)+(2) | 17 959.81 | 11 | 特殊地区施工增加费 | 非特殊地区 | 0.00 |
| (1) | 技工费 | 技工工日×114元/工日 | 9 098.34 | 12 | 已完工程及设备保护费 | 已知条件 | 0.00 |
| (2) | 普工费 | 普工工日×61元/工日 | 8 861.47 | 13 | 运土费 | 已知条件 | 0.00 |
| 2 | 材料费 | (1)+(2) | 25 810.64 | 14 | 施工队伍调遣费 | 单程调遣定额×调遣人数×2 | 2 400.00 |
| (1) | 主要材料费 | 主要材料表 | 25 733.44 | 15 | 大型施工机械调遣费 | 调遣车运价×调遣运距×2 | 0.00 |
| (2) | 辅助材料费 | 主要材料费×0.3% | 77.20 | 二 | 间接费 | (一)+(二) | 10 971.66 |
| 3 | 机械使用费 | 表三乙 | 328.41 | (一) | 规费 | 1+2+3+4 | 6 050.67 |
| 4 | 仪表使用费 | 表三丙 | 331.60 | 1 | 工程排污费 | 不计 | 0.00 |
| (二) | 措施项目费 | 1+2+3+…+15 | 7 261.36 | 2 | 社会保障费 | 人工费×28.5% | 5 118.55 |
| 1 | 文明施工费 | 人工费×1.5% | 269.40 | 3 | 住房公积金 | 人工费×4.19% | 752.52 |
| 2 | 工地器材搬运费 | 人工费×3.4% | 610.63 | 4 | 危险作业意外伤害保险 | 人工费×1% | 179.60 |
| 3 | 工程干扰费 | 不计 | 0.00 | (二) | 企业管理费 | 人工费×27.4% | 4 920.99 |
| 4 | 工程点交、场地清理费 | 人工费×3.3% | 592.67 | 三 | 利润 | 人工费×20% | 3 591.96 |
| 5 | 临时设施费 | 人工费×5% | 897.99 | 四 | 销项税额 | 建筑安装工程费(除税价)×适用税率 | 5 962.99 |
| 6 | 工程车辆使用费 | 人工费×5% | 897.99 | | | | |

设计负责人:×××　　　　审核:×××　　　编制:×××　　　编制日期:××××年××月

填写预算表(表五)甲:

①由已知条件可知,建设用地及综合赔补费不计取;安全生产费以建筑安装工程费为计算基础,相应费率为 1.5%。即:

安全生产费(除税价)=建筑安装工程费(除税价)×1.5%=66 255.44×1.5%≈993.83 元。

安全生产费(增值税)=安全生产费(除税价)×9%=993.83×9%≈89.44 元。

安全生产费(含税价)=安全生产费(除税价)+安全生产费(增值税)=993.83+89.44=1 083.27 元。

②勘察设计费

勘察设计费(除税价)=4 000 元(给定)。

勘察设计费(增值税)=勘察设计费(除税价)×6%=4 000×6%=240 元。

勘察设计费(含税价)=勘察设计费(除税价)+勘察设计费(增值税)=4 000+240=4240 元。

③工程监理费

工程监理费(除税价)=1 800 元。

工程监理费(增值税)=工程监理费(除税价)×6%=1 800×6%=108 元。

工程监理费(含税价)=工程监理费(除税价)+工程监理费(增值税)=1 800+108=1 908元。

④本次工程不计取项目管理费、研究试验费、环境影响评价费、工程保险费、工程招标代理费、专利及专用技术使用费、其他费用和生产准备及开办费等费用。由此完成的工程建设其他费预算表(表五)甲,见表 16-12。

表 16-12　　　　　　　工程建设其他费　　预　　算表(表五)甲

工程名称:××学院移动通信基站中继光缆线路工程　　建设单位名称:××市移动分公司　　表格编号:TXL-5甲　　第 全 页

| 序号 | 费用名称 | 计算依据及方法 | 金额/元 除税价 | 金额/元 增值税 | 金额/元 含税价 | 备注 |
|---|---|---|---|---|---|---|
| Ⅰ | Ⅱ | Ⅲ | Ⅳ | Ⅴ | Ⅵ | Ⅶ |
| 1 | 建设用地及综合赔补费 | 不计 | 0.00 | 0.00 | 0.00 | |
| 2 | 项目建设管理费 | 不计 | 0.00 | 0.00 | 0.00 | |
| 3 | 可行性研究费 | 给定 | 2 000.00 | 120.00 | 2 120.00 | |
| 4 | 研究试验费 | 不计 | 0.00 | 0.00 | 0.00 | |
| 5 | 勘察设计费 | 已知条件 | 4 000.00 | 240.00 | 4 240.00 | |
| 6 | 环境影响评价费 | 不计 | 0.00 | 0.00 | 0.00 | |
| 7 | 建设工程监理费 | 已知条件 | 1 800.00 | 108.00 | 1 908.00 | |
| 8 | 安全生产费 | 建筑安装工程费(除税价)×1.5% | 993.83 | 89.44 | 1 083.27 | |
| 9 | 引进技术及进口设备其他费 | 不计 | 0.00 | 0.00 | 0.00 | |
| 10 | 工程保险费 | 不计 | 0.00 | 0.00 | 0.00 | |
| 11 | 工程招标代理费 | 不计 | 0.00 | 0.00 | 0.00 | |
| 12 | 专利及专用技术使用费 | 不计 | 0.00 | 0.00 | 0.00 | |
| 13 | 其他费用 | 不计 | 0.00 | 0.00 | 0.00 | |
| | 总计 | | 8 793.83 | 557.44 | 9 351.27 | |
| 14 | 生产准备及开办费(运营费) | 不计 | 0.00 | 0.00 | 0.00 | |

设计负责人:×××　　审核:×××　　编制:×××　　编制日期:××××年××月

(3) 表一的填写

①建筑安装工程费的增值税＝表二的销项税额＝5 962.99 元。

②工程建设其他费的增值税＝(表五)甲中的总增值税＝557.44 元。

③本次工程不计取价差预备费,只计取基本预备费,且基本预备费费率为 4％。基本预备费＝(建筑安装工程费＋工程建设其他费)×4％＝(66 255.44＋8 793.83)×4％≈3 001.97 元,预备费的增值税＝预备费(除税价)×13％＝3 001.97×13％≈390.26 元。

④每行的含税价＝除税价＋增值税。

填写后的预算总表(表一),见表 16-13 。

表 16-13　　　　　　　　　　工程　　　预　　　算总表(表一)

工程名称：××学院移动通信基站中继光缆线路工程　　　建设单位名称：××市移动分公司　　　表格编号：TXL-1　　　第　全　页

| 序号 | 表格编号 | 费用名称 | 小型建筑工程费 | 需要安装的设备购置费 | 不需要安装的设备、工器具购置费 | 建筑安装工程费 | 其他费用 | 预备费 | 总价值 | | | 其中外币 ( ) |
|---|---|---|---|---|---|---|---|---|---|---|---|---|
| | | | | | (元) | | | | 除税价 | 增值税 | 含税价 | |
| I | II | III | IV | V | VI | VII | VIII | IX | X | XI | XII | XIII |
| 1 | TXL-2 | 工程费 | | | | 66 255.44 | | | 66 255.44 | 5 962.99 | 72 218.43 | |
| 2 | TXL-5甲 | 工程建设其他费 | | | | | 8 793.83 | | 8 793.83 | 557.44 | 9 351.27 | |
| 3 | | 合计 | | | | | | | 75 049.27 | 6 520.43 | 81 569.70 | |
| 4 | | 预备费 | | | | | | 3 001.97 | 3 001.97 | 390.26 | 3 392.23 | |
| 5 | | 建设期利息 | | | | | | | 0.00 | 0.00 | 0.00 | |
| 6 | | 总计 | | | | | | | 78 051.24 | 6 910.69 | 84 961.93 | |
| | | 其中回收费用 | | | | | | | 0.00 | 0.00 | 0.00 | |

设计负责人：×××　　　审核：×××　　　编制：×××　　　编制日期：××××年××月

3.撰写预算编制说明

(1)工程概况

本工程为××学院移动通信基站中继光缆线路工程,敷设光缆总长为 935.10 m,施工形式为架空、人工顶管、墙壁光缆、管道、直埋以及通信通道等,本次工程主要用于满足该学院基站系统扩容。工程总投资为 84 961.93 元。

(2)编制依据及有关费用费率的计取

①施工图设计图纸及说明；

②《工业和信息化部关于印发信息通信建设工程预算定额、工程费用定额及工程概预算编制规程的通知》(工信部通信〔2016〕451号)；

③预算定额手册第四册《通信线路工程》；

④建筑方提供的材料报价；

⑤勘察设计费(除税价)为4 000元，建筑工程监理费(除税价)为1800元；

⑥工程预算内不计列运土费、工程排污费、建设用地及综合赔补费、项目建设管理费、可行性研究费、研究试验费、环境影响评价费、工程保险费、工程招标代理费、其他费用、生产准备及开办费及建设期利息。

⑦本工程主材由建筑服务方提供，适用税率为13%，本工程勘察设计及监理费适用税率为6%，安全生产费适用税率为9%，预备费税率为13%。

(3)工程技术经济指标分析

本工程总投资为84 961.93元，其中建筑安装工程费为72 218.43元，工程建设其他费为9 351.27元，预备费为3 392.23元，各部分费用所占比例见表16-14。

表16-14　　　　　　　　　　　工程技术经济指标分析表

| 序号 | 项目 | 单位 | 经济指标分析 数量 | 指标/% |
|---|---|---|---|---|
| | 工程项目名称：×××学院移动通信基站中继光缆线路工程 | | | |
| 1 | 工程总投资(预算) | 元 | 84 961.93 | 100.00 |
| 2 | 其中：需要安装的设备购置费 | 元 | 0.00 | 0.00 |
| 3 | 建筑安装工程费 | 元 | 72 218.43 | 85.00 |
| 4 | 预备费 | 元 | 3 392.23 | 3.99 |
| 5 | 工程建设其他费 | 元 | 9 351.27 | 11.01 |
| 6 | 光缆总皮长 | 千米 | 0.935 1 | |
| 7 | 折合纤芯公里 | 纤芯千米 | 11.221 2 | |
| 8 | 皮长造价 | 元/千米 | 90 858.66 | |
| 9 | 单位工程造价 | 元/纤芯千米 | 7 571.55 | |

(4)其他需要说明的问题

无。

## 16.2　××学院移动通信基站设备安装工程施工图预算

### 16.2.1　案例描述

本次工程为采用中兴TD-SCDMA设备对某学院进行4G无线覆盖，在教学楼九层908#房间安装无线基站设备NodeB(ZXTR B328+ZXTR R04)及配套设备，天馈系统安装在十层楼顶，其机房设备平面布置图、天馈系统侧视图和天馈系统俯视图分别如图16-2(a)、图16-2(b)和图16-2(c)所示，其中室内走线架宽度为600 mm，室外馈线走线架宽度为300 mm。本工程所用部分线缆计划表见表16-15。

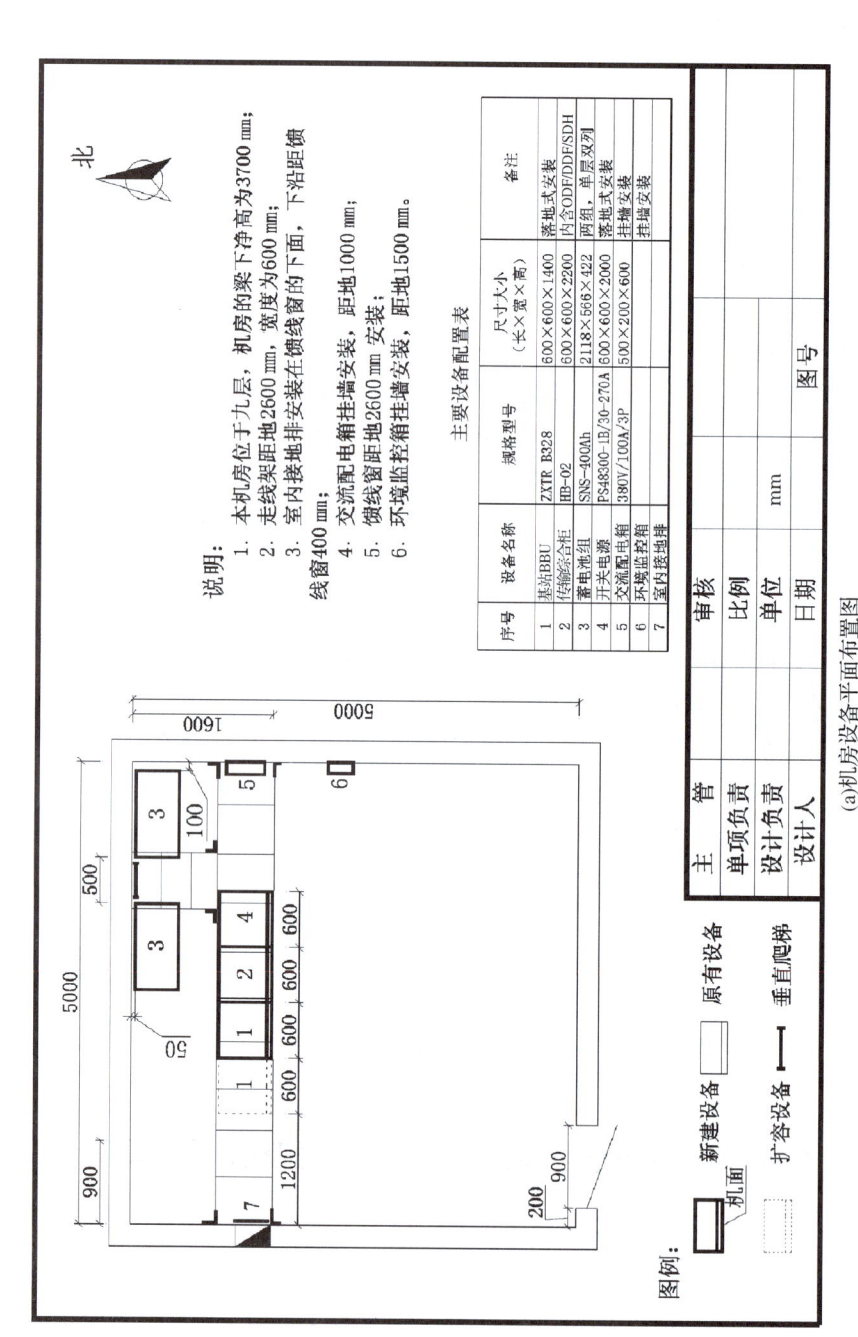

图16-2 ××学院移动通信基站设备安装工程施工图

(a) 机房设备平面布置图

说明：
1. 本机房位于几层，机房的梁下净高为3700 mm。
2. 走线架距地2600 mm，宽度为600 mm；
3. 室内接地排安装在馈线窗的下面，下沿距馈线窗400 mm；
4. 交流配电箱挂墙安装，距地1000 mm；
5. 馈线窗距地2600 mm 安装；
6. 环境监控箱挂墙安装，距地1500 mm。

主要设备配置表

| 序号 | 设备名称 | 规格型号 | 尺寸大小（长×宽×高） | 备注 |
|---|---|---|---|---|
| 1 | 基站BBU | ZXTR B28 | 600×600×1400 | 落地式安装 |
| 2 | 传输综合柜 | HB-02 | 600×600×2200 | 内含ODF/DDF/SDH |
| 3 | 蓄电池组 | SNS-400Ah | 2118×566×422 | 两组，单层双列 |
| 4 | 开关电源 | PS48300-1B/30-270A | 600×600×2000 | 落地式安装 |
| 5 | 交流配电箱 | 380V/100A/3P | 500×200×600 | 挂墙安装 |
| 6 | 环境监控箱 | | | 挂墙安装 |
| 7 | 室内接地排 | | | |

图例：
■ 新建设备　□ 原有设备
— 扩容设备
■ 机面　▭ 垂直爬梯

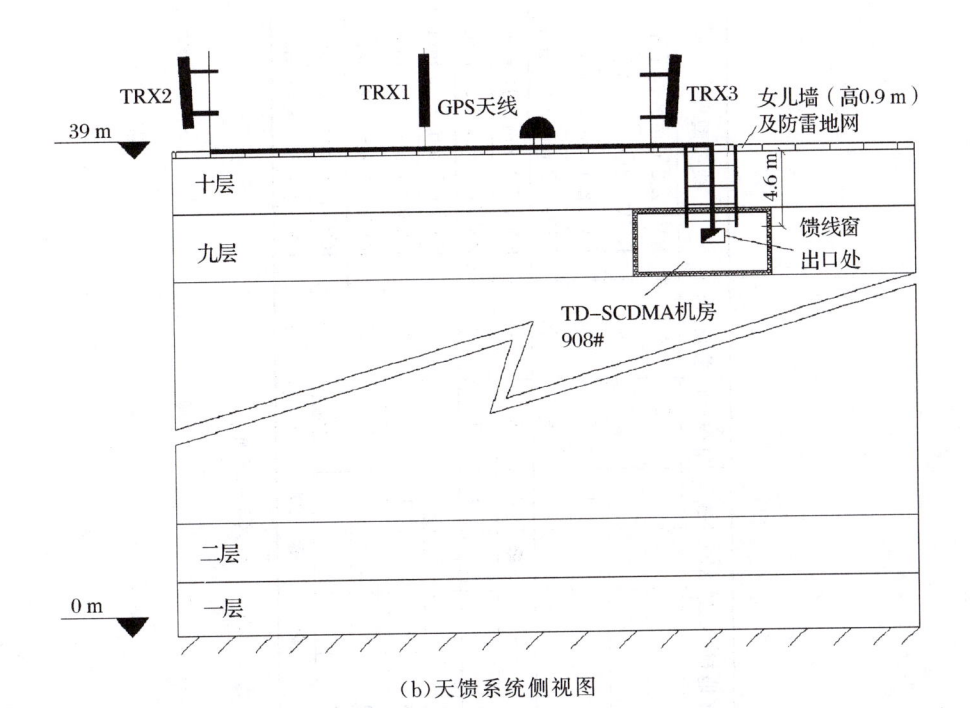

(b)天馈系统侧视图

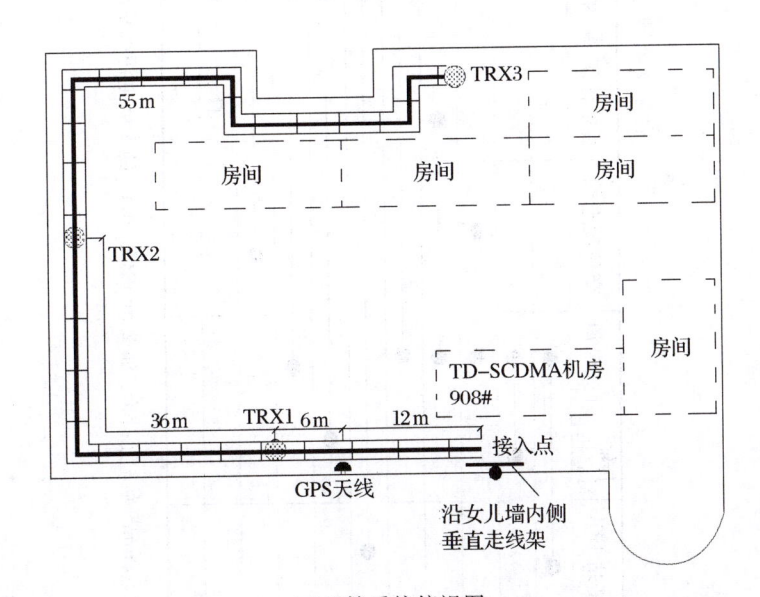

(c)天馈系统俯视图

图 16-2（续） ××学院移动通信基站设备安装工程施工图

表16-15 部分线缆计划表

| 序号 | 用途 | 基站BBU | 传输综合柜 | 开关电源 | 交流配电箱 | 蓄电池组 | 室内接地排 | 天线 | RRU | 数量 | 单根/m | 总长/m | 线缆型号 |
|---|---|---|---|---|---|---|---|---|---|---|---|---|---|
| 1 | 电源线 | ● | | ● | | | | | | 1 | 4.2 | 4.2 | RVVZ 2 mm×25 mm |
| 2 | 电源线 | | | ● | ● | | | | | 2 | 2.6 | 5.2 | RVVZ 2 mm×25 mm |
| 3 | 电源线 | | | ● | | | | | | 1 | 5 | 5 | RVVZ 4 mm×10 mm |
| 4 | 电源线 | | | ● | | ● | | | | 4 | 6 | 24 | RVVZ 2 mm×70 mm |
| 5 | 电源线（室内） | | | | | | ● | | ● | 6 | 8 | 48 | RVVZ 2 mm×16 mm |
| 6 | 接地线 | ● | | | | | ● | | | 1 | 4 | 4 | RVVZ 1 mm×25 mm |
| 7 | 接地线 | | | ● | | | ● | | | 1 | 8 | 8 | RVVZ 1 mm×25 mm |
| 8 | 接地线 | | | | ● | | ● | | | 1 | 9 | 9 | RVVZ 1 mm×25 mm |
| 9 | 接地线 | | | | | ● | ● | | | 1 | 11 | 11 | RVVZ 1 mm×25 mm |
| 10 | 接地线 | | | | | | ● | | ● | 1 | 12 | 12 | RVVZ 1 mm×25 mm |
| 11 | 跳线 | | | | | | | | | 27 | 3 | 81 | RVVZ 1 mm×25 mm |

注：电源线按 1 m×10 mm² 为 5 元计价，如 2 mm×25 mm 的 1 m 电源线价格为 1×25/10×2×5＝25 元。

(1)本次工程建设单位为××市移动分公司,工程不购买工程保险,不实行工程招标。

(2)本工程施工地点为陕西省非特殊地区,施工企业距离工程所在地80 km,所有设备价格均为到达基站机房或天面的预算价格(除税价),国内配套主材运距为80 km。

(3)本次工程预算主要包括移动基站设备(ZXTR B328+ZXTR R04)、传输综合柜(内含ODF/DDF/SDH)、电源设备(直流配电箱、交流配电箱和蓄电池组)及线缆、室内走线架等的布放。机柜内设备安装、机柜内线缆布放以及由厂家提供的外部线缆均由厂家负责安装到位,施工企业负责除厂家负责外的机柜间的线缆及机柜安装(工程分工界面可以查看模块一中的图3-1)。

(4)本次不计取天面改造费用(包括走线架、抱杆、防雷接地等)、机房改造费用(包括开洞、加固、防雷接地等),空调费用等配套工程费用由建设单位另行委托相关设计单位进行设计。

(5)本工程采用一般计税方式,设备均由甲方提供,税率按13%计取。材料均由建筑服务方提供,设备、材料价格见表16-16至表16-20。

表16-16  部分设备型号及价格一览表

| 序号 | 名称 | 规格型号 | 单位 | 外形尺寸/mm 长 | 外形尺寸/mm 宽 | 外形尺寸/mm 高 | 载荷/ $kg \cdot m^{-2}$ | 单价/元 | 备注 |
|---|---|---|---|---|---|---|---|---|---|
| 1 | 基站BBU | ZXTR B328 | 架 | 600 | 600 | 1400 | 473 | 180 000.00 | |
| 2 | 定向天线 | 18dBi | 副 | | | | | 8 000.00 | |
| 3 | 射频拉远单元RRU | ZXTR R04 | 个 | | | | | 6 000.00 | |
| 4 | 传输综合柜(内含ODF/DDF/SDH) | | 架 | 600 | 600 | 2 200 | | 40 000.00 | |
| 5 | 开关电源 | PS48300-1B/30-270A | 架 | 600 | 600 | 2 000 | | 19 500.00 | 设备选型可根据模块一中相关公式计算 |
| 6 | 交流配电箱 | 380V/100A/3P | 架 | 500 | 200 | 600 | | 5 500.00 | |
| 7 | 接地排 | | 个 | | | | | 200.00 | |
| 8 | 卫星全球定位系统(GPS)天线 | | 副 | | | | | 2 000.00 | |
| 9 | 壁挂式外围告警监控箱 | | 个 | | | | | 800.00 | |
| 10 | 蓄电池组 | SNS-400Ah | 组 | 2 118 | 566 | 422 | | 48元/Ah | 设备选型可根据模块一中相关公式计算 |

表 16-17　　　　　　　　　　　SNS 蓄电池产品型号一览表

| 电池型号 | 组电压 | 排列形式 | 电池组外形尺寸/mm 长 | 宽 | 高 | 电池组质量/kg | 钢架重量/kg | 配件重量/kg | 总重/kg | 荷载/kg·m$^{-2}$ |
|---|---|---|---|---|---|---|---|---|---|---|
| SNS-200Ah | 48 V | 双层双列 | 737 | 495 | 1 032 | 360 | 33 | 1.9 | 395 | 1 227 |
|  |  | 单层双列 | 1 350 | 495 | 412 |  | 23 | 1.3 | 384 | 706 |
|  |  | 双层单列 | 1 382 | 293 | 1 032 |  | 31 | 1.6 | 393 | 1 218 |
| SNS-300Ah | 48 V | 双层双列 | 933 | 495 | 1 032 | 492 | 35 | 3 | 530 | 1 322 |
|  |  | 单层双列 | 1 746 | 495 | 412 |  | 28 | 2.2 | 522 | 636 |
|  |  | 双层单列 | 1 776 | 293 | 1 032 |  | 40 | 2.6 | 535 | 1 105 |
| SNS-400Ah | 48 V | 双层双列 | 1 128 | 566 | 1 042 | 672 | 58 | 3.6 | 734 | 1 350 |
|  |  | 单层双列 | 2 118 | 566 | 422 |  | 46 | 2.4 | 720 | 703 |
|  |  | 双层单列 | 2 156 | 338 | 1 042 |  | 66 | 2.9 | 741 | 1 720 |
| SNS-500Ah | 48 V | 双层双列 | 1 198 | 656 | 1 042 | 780 | 49 | 6.1 | 835 | 1 421 |
|  |  | 单层双列 | 2 195 | 656 | 422 |  | 39 | 4.5 | 823 | 743 |
|  |  | 双层单列 | 2 233 | 383 | 1 042 |  | 54 | 5.4 | 839 | 1 285 |
| SNS-600Ah | 48 V | 双层双列 | 998 | 990 | 1 032 | 984 | 70 | 6 | 1 060 | 1 170 |
|  |  | 单层双列 | 1 811 | 990 | 412 |  | 56 | 4.4 | 1 044 | 578 |
|  |  | 双层单列 | 1 841 | 495 | 1 032 |  | 80 | 5.2 | 1 069 | 1 184 |

注：蓄电池价格按 48 元/Ah。

表 16-18　　　　　　　　　　爱默生开关电源设备型号一览表

| 序号 | 产品型号 | 单位 | 模块数量 | 外形尺寸(高×宽×长/mm$^3$) | 荷载/(kg·m$^{-2}$) | 单价/元 |
|---|---|---|---|---|---|---|
| 1 | PS48300-1B/30-180A | 架 | 6 | 2 000×600×600 | 435 | 18 000.00 |
| 2 | PS48300-1B/30-210A | 架 | 7 | 2 000×600×600 | 442 | 22 000.00 |
| 3 | PS48300-1B/30-240A | 架 | 8 | 2 000×600×600 | 458 | 24 000.00 |
| 4 | PS48300-1B/30-270A | 架 | 9 | 2 000×600×600 | 465 | 26 000.00 |
| 5 | PS48300-1B/30-300A | 架 | 10 | 2 000×600×600 | 480 | 28 000.00 |
| 6 | PS48600-2B/50-400A | 架 | 8 | 2 000×600×600 | 520 | 30 000.00 |

表 16-19　　　　　　　　　　交流配电箱设备型号一览表

| 序号 | 名称 | 规格型号 | 外形尺寸(高×宽×长/mm$^3$) | 单位 | 单价/元 |
|---|---|---|---|---|---|
| 1 | 交流配电箱 | 380V/100A/3P | 600×200×500 | 套 | 8 000.00 |
| 2 | 交流配电箱 | 380V/150A/3P | 700×200×500 | 套 | 10 000.00 |
| 3 | 交流配电箱 | 380V/200A/3P | 800×200×500 | 套 | 15 000.00 |

表 16-20　　　　　　　　　　走线架及部分材料价格表

| 产品名称 | 规格型号 | 单位 | 单价(除税价)/元 | 增值税税率 |
|---|---|---|---|---|
| 室内电缆走线架 | W=300 mm | m | 200.00 | 13% |
|  | W=400 mm | m | 240.00 | 13% |
|  | W=600 mm | m | 300.00 | 13% |
|  | W=800 mm | m | 380.00 | 13% |
| 光缆 | RRU 用光缆 | m | 1.35 | 13% |
| 监控信号线 |  | m | 12.00 | 13% |
| 电力电缆 | 2×25 mm$^2$ | m | 25.00 | 13% |
| 电力电缆 | 4×10 mm$^2$ | m | 20.00 | 13% |

(续表)

| 产品名称 | 规格型号 | 单位 | 单价(除税价)/元 | 增值税税率 |
|---|---|---|---|---|
| 电力电缆 | 2×70 mm² | m | 70.00 | 13% |
| 电力电缆 | 1×25 mm² | m | 15.00 | 13% |
| 射频同轴电缆 | 1/2 英寸以下 | m | 26.00 | 13% |
| 加固角钢夹板组 |  | 组 | 24.50 | 13% |
| 膨胀螺栓 | M10×80 | 套 | 0.68 | 13% |
| 接地排 |  | 个 | 200.00 | 13% |
| 接地母线 |  | m | 12.00 | 13% |
| 接线端子 | 2×25 mm² | 个/条 | 1.60 | 13% |
| 接线端子 | 4×10 mm² | 个/条 | 1.50 | 13% |
| 接线端子 | 2×70 mm² | 个/条 | 2.50 | 13% |
| 接线端子 | 1×25 mm² | 个/条 | 1.50 | 13% |
| 螺栓 | M10×40 | 套 | 0.60 | 13% |
| 膨胀螺栓 | M12×80 | 套 | 0.70 | 13% |
| 室外馈线走道 |  | m | 200.00 | 13% |
| 室外馈线走道固定件 |  | 套 | 3.00 | 13% |
| 馈线卡子 | 1/2 英寸以下 | 套 | 3.60 | 13% |

(6)本次工程施工用水电蒸汽费按 2 000 元计取；不计取工程干扰费、已完工程及设备保护费、建设用地及综合赔补费、项目建设管理费、可行性研究费、研究试验费、环境影响评价费、工程保险费、工程招标代理费、专利及专用技术使用费、其他费用和生产准备及开办费等费用。

(7)勘察设计费按站分摊为 6 000 元/站，服务费税率按 6% 计取。

(8)建设工程监理费按站分摊为 600 元/站，服务费税率按 6% 计取。

(9)要求编制施工图预算，并撰写编制说明。

### 16.2.2 案例解析

1.工程量的统计

图 16-2(a)施工图的工程量统计：通过认真识读可知，图 16-2(a)为机房设备平面布置图，本次工程新增设备包括中兴基站设备 BBU、传输综合柜、蓄电池组、开关电源、交流配电箱、环境监控箱、室内接地排、走线架以及相关线缆等。本机房位于教学楼九层，梁下净高为 3.7 m，走线架距地 2.6 m，室内接地排安装在馈线窗下方，下沿距馈线窗 0.4 m，交流配电箱挂墙安装，距地 1 m，馈线窗距地 2.6 m，环境监控箱距地 1.5 m。

蓄电池组用电源线、接地线均通过垂直爬梯敷设至开关电源和接地排。室内线缆布放长度及部分室外线缆长度统计见表 16-15。

具体来说，图 16-2(a)的工程量计算如下：

(1)安装室内电缆走线架(水平)：600 mm 宽，数量=5+(1.6-0.6)+(2.6-0.422)=8.178 m。

(2)安装室内有源综合柜(落地式，内含 ODF/DDF/SDH)：数量=1 个。

(3)安装壁挂式外围告警监控箱：数量=1 个。

(4)安装室内接地排：数量=1 个。

(5)敷设室内接地母线：这里没有给出具体长度，假设长度为 25 m，线径为 95 mm²。

(6)布放监控信号线：这里没有给出具体长度，假设长度为 12 m。

(7)室内布放电力电缆(双芯)35 mm² 以下(开关电源-RRU)：长度=48 m[在填写工程量(表三)甲时需注意，双芯电力电缆布放人工工日调整系数为 1.1]。

(8)室内布放电力电缆(四芯)16 mm² 以下(开关电源-交流配电箱):长度=5 m[在填写工程量(表三)甲时需注意,四芯电力电缆布放人工工日调整系数为1.3]。

(9)室内布放电力电缆(双芯)35 mm² 以下(开关电源-综合框):长度=5.2 m[在填写工程量(表三)甲时需注意,双芯电力电缆布放人工工日调整系数为1.1]。

(10)室内布放电力电缆(双芯)70 mm² 以下(开关电源-蓄电池):长度=24 m[在填写工程量(表三)甲时需注意,双芯电力电缆布放人工工日调整系数为1.1]。

(11)室内布放电力电缆(双芯)35 mm² 以下(开关电源-基站BBU):长度=4.2 m[在填写工程量(表三)甲时需注意,双芯电力电缆布放人工工日调整系数为1.1]。

(12)室内布放电力电缆(单芯)35 mm² 以下(接地线):长度=4+8+9+11+12=44 m。

(13)安装馈线密封窗:数量=1个。

(14)安装基站主设备(室内落地式):数量=1架。

(15)蓄电池相关工程量:

安装蓄电池抗震架(单层双列):数量=2.118+0.5+2.118=4.736 m。

安装48 V铅酸蓄电池组(600 Ah以下):数量=2组(单层双列)。

蓄电池补充电:数量=2组。

蓄电池容量试验(48 V以下直流系统):数量=2组。

(16)安装、调试交流不间断电源(60 kVA以下):数量=1台。

(17)安装高频开关整流模块(50 A以下):数量=9个。

(18)无人值守站内电源设备系统联测:数量=1站。

将以上计算出的工程量按工程量表进行统计和整理,见表16-21。

表 16-21　　　　　图 16-2(a)的工程量统计表

| 序号 | 定额编号 | 项目名称 | 定额单位 | 数 量 |
|---|---|---|---|---|
| 1 | TSW1-002 | 安装室内电缆走线架(水平) | m | 8.178 |
| 2 | TSW1-012 | 安装室内有源综合柜(落地式,内含ODF/DDF/SDH) | 个 | 1 |
| 3 | TSD4-012 | 安装壁挂式外围告警监控箱 | 个 | 1 |
| 4 | TSW1-030 | 安装室内接地排 | 个 | 1 |
| 5 | TSW1-033 | 敷设室内接地母线 | 十米 | 2.5 |
| 6 | TSD4-013 | 布放监控信号线 | 十米条 | 1.2 |
| 7 | TSW1-061 | 室内布放电力电缆(双芯)35 mm² 以下(开关电源-RRU) | 十米条 | 4.8 |
| 8 | TSW1-060 | 室内布放电力电缆(四芯)16 mm² 以下(开关电源-交流配电箱) | 十米条 | 0.5 |
| 9 | TSW1-061 | 室内布放电力电缆(双芯)35 mm² 以下(开关电源-综合框) | 十米条 | 0.52 |
| 10 | TSW1-062 | 室内布放电力电缆(双芯)70 mm² 以下(开关电源-蓄电池) | 十米条 | 2.4 |
| 11 | TSW1-061 | 室内布放电力电缆(双芯)35 mm² 以下(开关电源-基站BBU) | 十米条 | 0.42 |
| 12 | TSW1-061 | 室内布放电力电缆(单芯)35 mm² 以下(接地线) | 十米条 | 4.4 |
| 13 | TSW1-082 | 安装馈线密封窗 | 个 | 1 |
| 14 | TSW2-050 | 安装基站主设备(室内落地式) | 架 | 1 |
| 15 | TSD3-002 | 安装蓄电池抗震架(单层双列) | m | 4.736 |
| 16 | TSD3-014 | 安装48 V铅酸蓄电池组(600 Ah以下) | 组 | 2 |
| 17 | TSD3-034 | 蓄电池补充电 | 组 | 2 |
| 18 | TSD3-036 | 蓄电池容量试验(48 V以下直流系统) | 组 | 2 |
| 19 | TSD3-053 | 安装、调试交流不间断电源(60 kVA以下) | 台 | 1 |
| 20 | TSD3-070 | 安装高频开关整流模块(50 A以下) | 个 | 9 |
| 21 | TSD3-094 | 无人值守站内电源设备系统联测 | 站 | 1 |

图 16-2(b)、图 16-2(c)室外部分的工程量统计参见模块三中例 8-6 即可,见表 16-22。

表 16-22　　　　　　　　　　图 16-2(a)的工程量统计表

| 序号 | 定额编号 | 项目名称 | 定额单位 | 数量 |
|---|---|---|---|---|
| 1 | TSW1-005 | 安装室外馈线走道(沿外墙垂直) | m | 5.5 |
| 2 | TSW1-004 | 安装室外馈线走道(水平,沿女儿墙内侧) | m | 0.9 |
| 3 | TSW1-004 | 安装室外馈线走道(水平,楼顶) | m | 109 |
| 4 | TSW1-058 | 布放射频拉远单元(RRU)用光缆 | 米条 | 400.4 |
| 5 | TSW1-069 | 室外布放电力电缆(双芯)35 mm² 以下(开关电源-RRU) | 十米条 | 20.02 |
| 6 | TSW2-027 | 布放射频同轴电缆 1/2 英寸以下(4 m 以下,基站 BBU-GPS) | 条 | 1 |
| 7 | TSW2-028 | 布放射频同轴电缆 1/2 英寸以下(每增加 1 m,基站 BBU-GPS) | 米条 | 14.4 |
| 8 | TSW2-027 | 布放射频同轴电缆 1/2 英寸以下(4 m 以下,RRU-定向天线) | 条 | 27 |
| 9 | TSW2-021 | 安装小型化定向天线(抱杆上) | 副 | 3 |
| 10 | TSW2-023 | 安装调测卫星全球定位系统(GPS)天线 | 副 | 1 |
| 11 | TSW2-060 | 安装射频拉远设备(抱杆上) | 套 | 6 |
| 12 | TSW2-044 | 宏基站天、馈线系统调测(1/2 英寸射频同轴电缆) | 条 | 27 |
| 13 | TSW2-081 | 配合基站系统调测(定向) | 扇区 | 3 |
| 14 | TSW2-094 | 配合联网调测 | 站 | 1 |

**2.预算表的填写**

(1)(表三)甲、(表三)乙、(表三)丙和(表四)甲的填写

按照本模块 14.2.2 节所述的表三填写说明,将上述统计出的工程量填入预算表(表三)甲,并将对应的机械、仪表信息填入(表三)乙、(表三)丙中,分别见表 16-23 至表 16-25 所示。

表 16-23　　　　　　　　　　建筑安装工程量　　预　　算表(表三)甲

工程名称:××学院移动通信基站设备安装工程　　建设单位名称:××市移动分公司　　表格编号:TSW-3甲　　第 全 页

| 序号 | 定额编号 | 工程及项目名称 | 单位 | 数量 | 单位定额值/工日 技工 | 单位定额值/工日 普工 | 合计值/工日 技工 | 合计值/工日 普工 |
|---|---|---|---|---|---|---|---|---|
| Ⅰ | Ⅱ | Ⅲ | Ⅳ | Ⅴ | Ⅵ | Ⅶ | Ⅷ | Ⅸ |
| 1 | TSW1-002 | 安装室内电缆走线架(水平) | m | 8.178 | 0.12 | 0 | 0.98 | 0 |
| 2 | TSW1-012 | 安装室内有源综合柜(落地式,内含 ODF/DDF/SDH) | 个 | 1 | 1.86 | 0 | 1.86 | 0 |
| 3 | TSD4-012 | 安装壁挂式外围告警监控箱 | 个 | 1 | 1.5 | 0 | 1.50 | 0 |
| 4 | TSD4-013 | 布放监控信号线 | 十米条 | 1.2 | 0.2 | 0 | 0.24 | 0 |
| 5 | TSW1-030 | 安装室内接地排 | 个 | 1 | 0.69 | 0 | 0.69 | 0 |
| 6 | TSW1-033 | 敷设室内接地母线 | 十米 | 2.5 | 1 | 0 | 2.50 | 0 |
| 7 | TSW1-061 | 室内布放电力电缆(双芯)35 mm² 以下(开关电源-RRU) | 十米条 | 4.8 | 0.22 | 0 | 1.06 | 0 |
| 8 | TSW1-060 | 室内布放电力电缆(四芯)16 mm² 以下(开关电源-交流配电箱) | 十米条 | 0.5 | 0.195 | 0 | 0.10 | 0 |

(续表)

| 序号 | 定额编号 | 工程及项目名称 | 单位 | 数量 | 单位定额值/工日 技工 | 单位定额值/工日 普工 | 合计值/工日 技工 | 合计值/工日 普工 |
|---|---|---|---|---|---|---|---|---|
| 9 | TSW1-061 | 室内布放电力电缆（双芯）35 mm² 以下（开关电源-综合框） | 十米条 | 0.52 | 0.22 | 0 | 0.11 | 0 |
| 10 | TSW1-062 | 室内布放电力电缆（双芯）70 mm² 以下（开关电源-蓄电池） | 十米条 | 2.4 | 0.319 | 0 | 0.77 | 0 |
| 11 | TSW1-061 | 室内布放电力电缆（双芯）35 mm² 以下（开关电源-基站 BBU） | 十米条 | 0.42 | 0.22 | 0 | 0.09 | 0 |
| 12 | TSW1-061 | 室内布放电力电缆（单芯）35 mm² 以下（接地线） | 十米条 | 4.4 | 0.2 | 0 | 0.88 | 0 |
| 13 | TSW1-082 | 安装馈线密封窗 | 个 | 1 | 1.42 | 0 | 1.42 | 0 |
| 14 | TSW2-050 | 安装基站主设备（室内落地式） | 架 | 1 | 5.92 | 0 | 5.92 | 0 |
| 15 | TSD3-002 | 安装蓄电池抗震架（单层双列） | m | 4.736 | 0.55 | 0 | 2.60 | 0 |
| 16 | TSD3-014 | 安装 48 V 铅酸蓄电池组（600 Ah 以下） | 组 | 2 | 5.36 | 0 | 10.72 | 0 |
| 17 | TSD3-034 | 蓄电池补充电 | 组 | 2 | 3 | 0 | 6.00 | 0 |
| 18 | TSD3-036 | 蓄电池容量试验（48 V 以下直流系统） | 组 | 2 | 7 | 0 | 14.00 | 0 |
| 19 | TSD3-053 | 安装、调试交流不间断电源（60 kVA 以下） | 台 | 1 | 8.71 | 0 | 8.71 | 0 |
| 20 | TSD3-070 | 安装高频开关整流模块（50 A 以下） | 个 | 9 | 1.12 | 0 | 10.08 | 0 |
| 21 | TSD3-094 | 无人值守站内电源设备系统联测 | 站 | 1 | 6 | 0 | 6.00 | 0 |
| | | 室内部分小计 | | | | | 76.23 | 0 |
| 22 | TSW1-005 | 安装室外馈线走道（沿外墙垂直） | 米 | 5.5 | 0.31 | 0 | 1.71 | 0 |
| 23 | TSW1-004 | 安装室外馈线走道（水平,沿女儿墙内侧） | 米 | 0.9 | 0.35 | 0 | 0.32 | 0 |
| 24 | TSW1-004 | 安装室外馈线走道（水平,楼顶） | 米 | 109 | 0.35 | 0 | 38.15 | 0 |
| 25 | TSW1-058 | 布放射频拉远单元（RRU）用光缆 | 米条 | 400.4 | 0.04 | 0 | 16.02 | 0 |
| 26 | TSW1-069 | 室外布放电力电缆（双芯）35 mm² 以下（开关电源-RRU） | 十米条 | 20.02 | 0.275 | 0 | 5.51 | 0 |
| 27 | TSW2-027 | 布放射频同轴电缆 1/2 英寸以下（4 m 以下,基站 BBU-GPS） | 条 | 1 | 0.2 | 0 | 0.20 | 0 |
| 28 | TSW2-028 | 布放射频同轴电缆 1/2 英寸以下（每增加 1 m,基站 BBU-GPS） | 米条 | 14.4 | 0.03 | 0 | 0.43 | 0 |

(续表)

| 序号 | 定额编号 | 工程及项目名称 | 单位 | 数量 | 单位定额值/工日 技工 | 单位定额值/工日 普工 | 合计值/工日 技工 | 合计值/工日 普工 |
|---|---|---|---|---|---|---|---|---|
| 29 | TSW2-027 | 布放射频同轴电缆1/2英寸以下（4 m以下，RRU-定向天线） | 条 | 27 | 0.2 | 0 | 5.40 | 0 |
| 30 | TSW2-021 | 安装小型化定向天线（抱杆上） | 副 | 3 | 1.88 | 0 | 5.64 | 0 |
| 31 | TSW2-023 | 安装调测卫星全球定位系统（GPS）天线 | 副 | 1 | 1.8 | 0 | 1.80 | 0 |
| 32 | TSW2-060 | 安装射频拉远设备（抱杆上） | 套 | 6 | 2.13 | 0 | 12.78 | 0 |
| 33 | TSW2-044 | 宏基站天、馈线系统调测（1/2英寸射频同轴电缆） | 条 | 27 | 0.38 | 0 | 10.26 | 0 |
| 34 | TSW2-081 | 配合基站系统调测（定向） | 扇区 | 3 | 1.41 | 0 | 4.23 | 0 |
| 35 | TSW2-094 | 配合联网调测 | 站 | 1 | 2.11 | 0 | 2.11 | 0 |
|  |  | 室外部分小计 |  |  |  |  | 104.56 | 0 |
| 36 |  | 室内外合计 |  |  |  |  | 180.79 | 0 |

设计负责人：×××　　　审核：×××　　　编制：×××　　　编制日期：××××年××月

表 16-24　　　　建筑安装工程机械使用费　　　预　　　算表（表三）乙

工程名称：××学院移动通信基站设备安装工程　　　建设单位名称：××市移动分公司　　　表格编号：TSW-3乙　　　第 全 页

| 序号 | 定额编号 | 工程及项目名称 | 单位 | 数量 | 机械名称 | 单位定额值 数量/台班 | 单位定额值 单价/元 | 合计值 数量/台班 | 合计值 合价/元 |
|---|---|---|---|---|---|---|---|---|---|
| Ⅰ | Ⅱ | Ⅲ | Ⅳ | Ⅴ | Ⅵ | Ⅶ | Ⅷ | Ⅸ | Ⅹ |
| 1 | TSW1-033 | 敷设室内接地母线 | 10 m | 2.5 | 交流弧焊机 | 0.08 | 120.00 | 0.2 | 24.00 |
| 2 |  | 合计 |  |  |  |  |  |  | 24.00 |

设计负责人：×××　　　审核：×××　　　编制：×××　　　编制日期：××××年××月

表 16-25　　　　建筑安装工程仪表使用费　　　预　　　算表（表三）丙

工程名称：××学院移动通信基站设备安装工程　　　建设单位名称：××市移动分公司　　　表格编号：TSW-3丙　　　第 全 页

| 序号 | 定额编号 | 工程及项目名称 | 单位 | 数量 | 仪表名称 | 单位定额值 数量/台班 | 单位定额值 单价/元 | 合计值 数量/台班 | 合计值 合价/元 |
|---|---|---|---|---|---|---|---|---|---|
| Ⅰ | Ⅱ | Ⅲ | Ⅳ | Ⅴ | Ⅵ | Ⅶ | Ⅷ | Ⅸ | Ⅹ |
| 1 | TSD3-036 | 蓄电池容量试验（48 V以下直流系统） | 组 | 2 | 智能放电测试仪 | 1.2 | 154 | 2.4 | 369.60 |
| 2 | TSD3-036 | 蓄电池容量试验（48 V以下直流系统） | 组 | 2 | 直流钳形电流表 | 1.2 | 117 | 2.4 | 280.80 |
| 3 | TSD3-053 | 安装、调试交流不间断电源（60 kVA以下） | 台 | 1 | 智能放电测试仪 | 0.8 | 154 | 0.8 | 123.20 |
| 4 | TSD3-053 | 安装、调试交流不间断电源（60 kVA以下） | 台 | 1 | 手持式多功能万用表 | 1 | 117 | 1 | 117.00 |
| 5 | TSD3-053 | 安装、调试交流不间断电源（60 kVA以下） | 台 | 1 | 绝缘电阻测试仪 | 0.5 | 120 | 0.5 | 60.00 |
| 6 | TSD3-094 | 无人值守站内电源设备系统联测 | 站 | 1 | 手持式多功能万用表 | 0.5 | 117 | 0.5 | 58.50 |

(续表)

| 序号 | 定额编号 | 工程及项目名称 | 单位 | 数量 | 仪表名称 | 单位定额值 数量/台班 | 单位定额值 单价/元 | 合计值 数量/台班 | 合计值 合价/元 |
|---|---|---|---|---|---|---|---|---|---|
| 7 | TSD3-094 | 无人值守站内电源设备系统联测 | 站 | 1 | 绝缘电阻测试仪 | 0.5 | 120 | 0.5 | 60.00 |
| 8 | TSW2-044 | 宏基站天、馈线系统调测（1/2英寸射频同轴电缆） | 条 | 27 | 天馈线测试仪 | 0.05 | 140 | 1.35 | 189.00 |
| 9 | TSW2-044 | 宏基站天、馈线系统调测（1/2英寸射频同轴电缆） | 条 | 27 | 操作测试终端(电脑) | 0.05 | 125 | 1.35 | 168.75 |
| 10 | TSW2-044 | 宏基站天、馈线系统调测（1/2英寸射频同轴电缆） | 条 | 27 | 互调测试仪 | 0.05 | 310 | 1.35 | 418.50 |
| 11 | | 合计 | | | | | | | 1 845.35 |

设计负责人：×××　　　审核：×××　　　编制：×××　　　制日期：××××年××月

在填写(表四)甲主要材料表时，应根据费用定额对材料进行分类（包括光缆、电缆、塑料及塑料制品、木材及木制品、水泥及水泥构件以及其他）分开罗列，以便计算其运杂费，有关材料单价可以在表16-20中查找。

依据以上统计的工程量表，将其对应材料进行统计，见表16-26。

表16-26　　　　　　　　　　　　　工程主材用量统计表

| 序号 | 定额编号 | 项目名称 | 工程量 | 主材名称 | 规格型号 | 单位 | 定额量 | 使用量 |
|---|---|---|---|---|---|---|---|---|
| 1 | TSW1-002 | 安装室内电缆走线架（水平） | 8.178 | 室内电缆走线架 | 600 mm | m | 1.01 | 8.259 78 |
| 2 | TSW1-012 | 安装室内有源综合柜（落地式，内含ODF/DDF/SDH） | 1 | 加固角钢夹板组 | | 组 | 2.02 | 2.02 |
| 3 | TSD4-012 | 安装壁挂式外围告警监控箱 | 1 | 膨胀螺栓 | M10×80 | 套 | 4.04 | 4.04 |
| 4 | TSD4-013 | 布放监控信号线 | 1.2 | 监控信号线 | | m | 10.2 | 12.24 |
| 5 | TSW1-030 | 安装室内接地排 | 1 | 接地排 | | 个 | 1 | 1 |
| 6 | TSW1-033 | 敷设室内接地母线 | 2.5 | 接地母线 | | m | 10.1 | 25.25 |
| 7 | TSW1-061 | 室内布放电力电缆（双芯）35 mm²以下（开关电源-RRU） | 4.8 | 电力电缆 | 2×25 mm² | m | 10.15 | 48.72 |
| 8 | TSW1-061 | 室内布放电力电缆（双芯）35 mm²以下（开关电源-RRU） | 4.8 | 接线端子 | 2×25 mm² | 个/条 | 2.03 | 9.744 |
| 9 | TSW1-060 | 室内布放电力电缆（四芯）16 mm²以下（开关电源-交流配电箱） | 0.5 | 电力电缆 | 4×10 mm² | m | 10.15 | 5.075 |
| 10 | TSW1-060 | 室内布放电力电缆（四芯）16 mm²以下（开关电源-交流配电箱） | 0.5 | 接线端子 | 4×10 mm² | 个/条 | 2.03 | 1.015 |
| 11 | TSW1-061 | 室内布放电力电缆（双芯）35 mm²以下（开关电源-综合框） | 0.52 | 电力电缆 | 2×25 mm² | m | 10.15 | 5.278 |

(续表)

| 序号 | 定额编号 | 项目名称 | 工程量 | 主材名称 | 规格型号 | 单位 | 定额量 | 使用量 |
|---|---|---|---|---|---|---|---|---|
| 12 | TSW1-061 | 室内布放电力电缆（双芯）35 mm$^2$以下（开关电源-综合框） | 0.52 | 接线端子 | 2×25 mm$^2$ | 个/条 | 2.03 | 1.055 6 |
| 13 | TSW1-062 | 室内布放电力电缆（双芯）70 mm$^2$以下（开关电源-蓄电池） | 2.4 | 电力电缆 | 2×70 mm$^2$ | m | 10.15 | 24.36 |
| 14 | TSW1-062 | 室内布放电力电缆（双芯）70 mm$^2$以下（开关电源-蓄电池） | 2.4 | 接线端子 | 2×70 mm$^2$ | 个/条 | 2.03 | 4.872 |
| 15 | TSW1-061 | 室内布放电力电缆（双芯）35 mm$^2$以下（开关电源-基站BBU） | 0.42 | 电力电缆 | 2×25 mm$^2$ | m | 10.15 | 4.263 |
| 16 | TSW1-061 | 室内布放电力电缆（双芯）35 mm$^2$以下（开关电源-基站BBU） | 0.42 | 接线端子 | 2×25 mm$^2$ | 个/条 | 2.03 | 0.852 6 |
| 17 | TSW1-061 | 室内布放电力电缆（单芯）35 mm$^2$以下（接地线） | 4.4 | 电力电缆 | 1×25 mm$^2$ | m | 10.15 | 44.66 |
| 18 | TSW1-061 | 室内布放电力电缆（单芯）35 mm$^2$以下（接地线） | 4.4 | 接线端子 | 1×25 mm$^2$ | 个/条 | 2.03 | 8.932 |
| 19 | TSW1-082 | 安装馈线密封窗 | 1 | 螺栓 | M10×40 | 套 | 6.06 | 6.06 |
| 20 | TSW2-050 | 安装基站主设备（室内落地式） | 1 | 膨胀螺栓 | M12×80 | 套 | 4.04 | 4.04 |
| 21 | TSW1-005 | 安装室外馈线走道（沿外墙垂直） | 5.5 | 室外馈线走道 |  | m | 1.01 | 5.555 |
| 22 | TSW1-005 | 安装室外馈线走道（沿外墙垂直） | 5.5 | 室外馈线走道固定件 |  | 套 | 2 | 11 |
| 23 | TSW1-004 | 安装室外馈线走道（水平,沿女儿墙内侧） | 0.9 | 室外馈线走道 |  | m | 1.01 | 0.909 |
| 24 | TSW1-004 | 安装室外馈线走道（水平,沿女儿墙内侧） | 0.9 | 室外馈线走道固定件 |  | 套 | 2 | 1.8 |
| 25 | TSW1-004 | 安装室外馈线走道（水平,楼顶） | 109 | 室外馈线走道 |  | m | 1.01 | 110.09 |
| 26 | TSW1-004 | 安装室外馈线走道（水平,楼顶） | 109 | 室外馈线走道固定件 |  | 套 | 2 | 218 |
| 27 | TSW1-058 | 布放射频拉远单元（RRU）用光缆 | 400.4 | 光缆 |  | m | 1 | 400.4 |
| 28 | TSW1-069 | 室外布放电力电缆（双芯）35 mm$^2$以下（开关电源-RRU） | 20.02 | 电力电缆 | 2×25 mm$^2$ | m | 10.15 | 203.203 |
| 29 | TSW1-069 | 室外布放电力电缆（双芯）35 mm$^2$以下（开关电源-RRU） | 20.02 | 接线端子 | 2×25 mm$^2$ | 个/条 | 2.03 | 40.640 6 |

(续表)

| 序号 | 定额编号 | 项目名称 | 工程量 | 主材名称 | 规格型号 | 单位 | 定额量 | 使用量 |
|---|---|---|---|---|---|---|---|---|
| 30 | TSW2-027 | 布放射频同轴电缆 1/2 英寸以下（4 m 以下，基站 BBU-GPS） | 1 | 射频同轴电缆 | 1/2 英寸以下 | m | 4 | 4 |
| 31 | TSW2-027 | 布放射频同轴电缆 1/2 英寸以下（4 m 以下，基站 BBU-GPS） | 1 | 馈线卡子 | 1/2 英寸以下 | 套 | 4 | 4 |
| 32 | TSW2-028 | 布放射频同轴电缆 1/2 英寸以下（每增加 1 m，基站 BBU-GPS） | 14.4 | 射频同轴电缆 | 1/2 英寸以下 | m | 1.02 | 14.688 |
| 33 | TSW2-028 | 布放射频同轴电缆 1/2 英寸以下（每增加 1 m，基站 BBU-GPS） | 14.4 | 馈线卡子 | 1/2 英寸以下 | 套 | 0.86 | 12.384 |
| 34 | TSW2-027 | 布放射频同轴电缆 1/2 英寸以下（4 m 以下，RRU-定向天线） | 27 | 射频同轴电缆 | 1/2 英寸以下 | m | 3 | 81 |
| 35 | TSW2-027 | 布放射频同轴电缆 1/2 英寸以下（4 m 以下，RRU-定向天线） | 27 | 馈线卡子 | 1/2 英寸以下 | 套 | 3 | 81 |

根据费用定额有关主材的分类原则，将表 16-26 的同类项合并后就得到了表 16-27 主材用量分类汇总表。

表 16-27    主材用量分类汇总表

| 序号 | 类别 | 名称 | 规格 | 单位 | 使用量 |
|---|---|---|---|---|---|
| 1 | 光缆 | 光缆 |  | m | 400.40 |
| 2 |  | 监控信号线 |  | m | 12.24 |
| 3 | 电缆 | 电力电缆 | 2×25 mm² | m | 261.46 |
| 4 |  | 电力电缆 | 4×10 mm² | m | 5.08 |
| 5 |  | 电力电缆 | 2×70 mm² | m | 24.36 |
| 6 |  | 电力电缆 | 1×25 mm² | m | 44.66 |
| 7 |  | 射频同轴电缆 | 1/2 英寸以下 | m | 99.69 |
| 8 | 其他 | 室内电缆走线架 | 600 mm | m | 8.26 |
| 9 |  | 加固角钢夹板组 |  | 组 | 2.02 |
| 10 |  | 膨胀螺栓 | M10×80 | 套 | 4.04 |
| 11 |  | 接地排 |  | 个 | 1.00 |
| 12 |  | 接地母线 |  | m | 25.25 |
| 13 |  | 接线端子 | 2×25 mm² | 个/条 | 52.29 |
| 14 |  | 接线端子 | 4×10 mm² | 个/条 | 1.02 |
| 15 |  | 接线端子 | 2×70 mm² | 个/条 | 4.87 |
| 16 |  | 接线端子 | 1×25 mm² | 个/条 | 8.93 |
| 17 |  | 螺栓 | M10×40 | 套 | 6.06 |
| 18 |  | 膨胀螺栓 | M12×80 | 套 | 4.04 |
| 19 |  | 室外馈线走道 |  | m | 116.55 |
| 20 |  | 室外馈线走道固定件 |  | 套 | 230.80 |
| 21 |  | 馈线卡子 | 1/2 英寸以下 | 套 | 97.38 |

将表 16-27 主材用量填入预算表(表四)甲主要材料表,并填写国内需要安装的设备表信息,分别见表 16-28 和表 16-29。

表 16-28 国内器材预算表(表四)甲
(主要材料)表

工程名称:××学院移动通信基站设备安装工程　　建设单位名称:××市移动分公司　　表格编号:TSW-4甲A　　第 全 页

| 序号 | 名 称 | 规格程式 | 单位 | 数量 | 单价/元 | 合计/元 ||| 备注 |
|---|---|---|---|---|---|---|---|---|---|
| | | | | | 除税价 | 除税价 | 增值税 | 含税价 | |
| I | II | III | IV | V | VI | VII | VIII | IX | X |
| 1 | 光缆 | RRU用光缆 | m | 400.40 | 1.35 | 540.54 | 70.27 | 610.81 | |
| | 光缆类小计1 | | | | | 540.54 | 70.27 | 610.81 | 光缆 |
| | 运杂费(小计1×1.3%) | | | | | 7.03 | 0.91 | 7.94 | |
| | 运输保险费(小计1×0.1%) | | | | | 0.54 | 0.07 | 0.61 | |
| | 采购保管费(小计1×1.0%) | | | | | 5.41 | 0.70 | 6.11 | |
| | 光缆类合计1 | | | | | 553.51 | 71.96 | 625.47 | |
| 2 | 监控信号线 | | m | 12.24 | 12.00 | 146.88 | 19.09 | 165.97 | |
| 3 | 电力电缆 | 2×25 mm² | m | 261.46 | 25.00 | 6 536.50 | 849.75 | 7 386.25 | |
| 4 | 电力电缆 | 4×10 mm² | m | 5.08 | 20.00 | 101.60 | 13.21 | 114.81 | |
| 5 | 电力电缆 | 2×70 mm² | m | 24.36 | 70.00 | 1 705.20 | 221.68 | 1 926.88 | |
| 6 | 电力电缆 | 1×25 mm² | m | 44.66 | 15.00 | 669.90 | 87.09 | 756.99 | |
| 7 | 射频同轴电缆 | 1/2英寸以下 | m | 99.69 | 26.00 | 2 591.94 | 336.95 | 2 928.89 | 电缆 |
| | 电缆类小计2 | | | | | 11 752.02 | 1 527.77 | 13 279.79 | |
| | 运杂费(小计2×1.0%) | | | | | 117.52 | 15.28 | 132.80 | |
| | 运输保险费(小计2×0.1%) | | | | | 11.75 | 1.53 | 13.28 | |
| | 采购保管费(小计2×1.0%) | | | | | 117.52 | 15.28 | 132.80 | |
| | 电缆类合计2 | | | | | 11 998.81 | 1 559.86 | 13 558.67 | |
| 8 | 室内电缆走线架 | 600 mm | m | 8.26 | 300.00 | 2 478.00 | 322.14 | 2 800.14 | |
| 9 | 加固角钢夹板组 | | 组 | 2.02 | 24.50 | 49.49 | 6.43 | 55.92 | |
| 10 | 膨胀螺栓 | M10×80 | 套 | 4.04 | 0.68 | 2.75 | 0.36 | 3.10 | |
| 11 | 接地排 | | 个 | 1.00 | 200.00 | 200.00 | 26.00 | 226.00 | |
| 12 | 接地母线 | | m | 25.25 | 12.00 | 303.00 | 39.39 | 342.39 | |
| 13 | 接线端子 | 2×25 mm² | 个/条 | 52.29 | 1.60 | 83.66 | 10.88 | 94.54 | |
| 14 | 接线端子 | 4×10 mm² | 个/条 | 1.02 | 1.50 | 1.53 | 0.20 | 1.73 | |
| 15 | 接线端子 | 2×70 mm² | 个/条 | 4.87 | 2.50 | 12.18 | 1.58 | 13.76 | |
| 16 | 接线端子 | 1×25 mm² | 个/条 | 8.93 | 1.50 | 13.40 | 1.74 | 15.14 | 其他 |
| 17 | 螺栓 | M10×40 | 套 | 6.06 | 0.60 | 3.64 | 0.47 | 4.11 | |
| 18 | 膨胀螺栓 | M12×80 | 套 | 4.04 | 0.70 | 2.83 | 0.37 | 3.20 | |
| 19 | 室外馈线走道 | | m | 116.55 | 200.00 | 23 310.00 | 3 030.30 | 26 340.30 | |
| 20 | 室外馈线走道固定件 | | 套 | 230.80 | 3.00 | 692.40 | 90.01 | 782.41 | |
| 21 | 馈线卡子 | 1/2英寸以下 | 套 | 97.38 | 3.60 | 350.57 | 45.57 | 396.14 | |
| | 其他类小计3 | | | | | 27 503.45 | 3 575.44 | 31 078.88 | |
| | 运杂费(小计3×3.6%) | | | | | 990.12 | 128.72 | 1 118.84 | |
| | 运输保险费(小计3×0.1%) | | | | | 27.50 | 3.58 | 31.08 | |
| | 采购保管费(小计3×1.0%) | | | | | 275.03 | 35.75 | 310.79 | |
| | 其他类合计3 | | | | | 28 796.10 | 3 743.49 | 32 539.59 | |
| | 总计(合计1+合计2+合计3) | | | | | 41 348.42 | 5 375.31 | 46 723.73 | |

设计负责人:×××　　审核:×××　　编制:×××　　编制日期:××××年××月

表 16-29　　　　　　　国内器材　预　算表(表四)甲
(需要安装的设备)表

工程名称：××学院移动通信基站设备安装工程　　　建设单位名称：××市移动分公司　　　表格编号：TSW-4 甲 B　第全页

| 序号 | 名称 | 规格程式 | 单位 | 数量 | 单价/元 | | | 合计/元 | | | 备注 |
|---|---|---|---|---|---|---|---|---|---|---|---|
| | | | | | 除税价 | 除税价 | 增值税 | 含税价 | | | |
| I | II | III | IV | V | VI | VII | VIII | IX | | | X |
| 1 | 传输综合柜(内含ODF/DDF/SDH) | | 架 | 1 | 40 000.00 | 40 000.00 | 5 200.00 | 45 200.00 | | | |
| 2 | 基站 BBU | ZXTR B328 | 架 | 1 | 180 000.00 | 180 000.00 | 23 400.00 | 203 400.00 | | | |
| 3 | 蓄电池 | SNS-400Ah | 组 | 2 | 19 200.00 | 38 400.00 | 4 992.00 | 43 392.00 | | | 48 元/Ah |
| 4 | 定向天线 | 18dBi | 副 | 3 | 8 000.00 | 24 000.00 | 3 120.00 | 27 120.00 | | | |
| 5 | 卫星全球定位系统(GPS)天线 | | 副 | 1 | 2 000.00 | 2 000.00 | 260.00 | 2 260.00 | | | |
| 6 | 射频拉远单元RRU | ZXTR R04 | 个 | 6 | 6 000.00 | 36 000.00 | 4 680.00 | 40 680.00 | | | |
| 7 | 开关电源 | PS48300-1B/30-270A | 架 | 1 | 19 500.00 | 19 500.00 | 2 535.00 | 22 035.00 | | | |
| 8 | 交流配电箱 | 380V/100A/3P | 架 | 1 | 5 500.00 | 5 500.00 | 715.00 | 6 215.00 | | | |
| 9 | 壁挂式外围告警监控箱 | | 个 | 1 | 800.00 | 800.00 | 104.00 | 904.00 | | | |
| | 合计 | | | | | 346 200.00 | 45 006.00 | 391 206.00 | | | |

设计负责人：×××　　　审核：×××　　　编制：×××　　　编制日期：××××年××月

(2)表二和(表五)甲的填写

填写预算表(表二)：填写表二时，应严格按照题中给定的各项工程建设条件，确定每项费用的费率及计算基础，和使用预算定额一样，必须时刻注意费用定额中有关特殊情况的注解和说明，同时填写在表二中"依据和计算方法"一列。

①因施工企业距工程所在地 80 km，所以临时设施费费率为 7.6%。

②题中已知条件给定不计取工程干扰费、已完工程及设备保护费等费用。

③从(表三)乙可以看出，本次工程无大型施工机械，所以无大型施工机械调遣费，同时工程施工地在陕西省，非特殊地区，所以无特殊地区施工增加费。

④冬雨季施工增加费为室外部分的人工费乘以 2.5%(因工程所在地为陕西省，所以冬雨季施工增加费按Ⅱ类地区费率计算，且通信设备安装工程只计取室外部分)。

⑤施工用水电蒸汽费给定为 2 000 元，直接填入即可。填写完的建筑安装工程费用预算表(表二)，见表 16-30。

表 16-30　　　　　　　　　建筑安装工程费用　　预　　算表(表二)

工程名称：××学院移动通信基站设备安装工程　　　建设单位名称：××市移动分公司　　　表格编号：TSW-2　第 全 页

| 序号 | 费用名称 | 依据和计算方法 | 合计/元 | 序号 | 费用名称 | 依据和计算方法 | 合计/元 |
|---|---|---|---|---|---|---|---|
| Ⅰ | Ⅱ | Ⅲ | Ⅳ | Ⅰ | Ⅱ | Ⅲ | Ⅳ |
|  | 建筑安装工程费(含税价) | 一十二十三十四 | 97 957.70 | 7 | 夜间施工增加费 | 人工费×2.1% | 432.81 |
|  | 建筑安装工程费(除税价) | 一十二十三 | 89 869.45 | 8 | 冬雨季施工增加费 | 人工费×2.5%(室外部分) | 515.25 |
| 一 | 直接费 | (一)+(二) | 73 156.75 | 9 | 生产工具用具使用费 | 人工费×0.8% | 164.88 |
| (一) | 直接工程费 | 1+2+3+4 | 65 068.28 | 10 | 施工用水电蒸汽费 | 给定 | 2 000.00 |
| 1 | 人工费 | (1)+(2) | 20 610.06 | 11 | 特殊地区施工增加费 | 总工日×特殊地区补贴金额 | 0.00 |
| (1) | 技工费 | 技工工日×114元/工日 | 20 610.06 | 12 | 已完工程及设备保护费 | 已知条件 | 0.00 |
| (2) | 普工费 | 普工工日×61元/工日 | 0.00 | 13 | 运土费 | 已知条件 | 0.00 |
| 2 | 材料费 | (1)+(2) | 42 588.87 | 14 | 施工队伍调遣费 | 141×调遣人数×2 | 1 410.00 |
| (1) | 主要材料费 | 主要材料表 | 41 348.42 | 15 | 大型施工机械调遣费 | 调遣车运价×调遣运距×2 | 0.00 |
| (2) | 辅助材料费 | 主要材料费×3% | 1 240.45 | 二 | 间接费 | (一)+(二) | 12 590.69 |
| 3 | 机械使用费 | 表三乙 | 24.00 | (一) | 规费 | 1+2+3+4 | 6 943.53 |
| 4 | 仪表使用费 | 表三丙 | 1 845.35 | 1 | 工程排污费 | 不计 | 0.00 |
| (二) | 措施项目费 | 1+2+3+…+15 | 8 088.47 | 2 | 社会保障费 | 人工费×28.5% | 5 873.87 |
| 1 | 文明施工费 | 人工费×1.1% | 226.71 | 3 | 住房公积金 | 人工费×4.19% | 863.56 |
| 2 | 工地器材搬运费 | 人工费×1.1% | 226.71 | 4 | 危险作业意外伤害保险 | 人工费×1% | 206.10 |
| 3 | 工程干扰费 | 不计 | 0.00 | (二) | 企业管理费 | 人工费×27.4% | 5 647.16 |
| 4 | 工程点交、场地清理费 | 人工费×2.5% | 515.25 | 三 | 利润 | 人工费×20% | 4 122.01 |
| 5 | 临时设施费 | 人工费×7.6% | 1 566.36 | 四 | 销项税额 | 建筑安装工程费(除税价)×适用税率 | 8 088.25 |
| 6 | 工程车辆使用费 | 人工费×5% | 1 030.50 |  |  |  |  |

设计负责人：×××　　　审核：×××　　　编制：×××　　　编制日期：××××年××月

填写预算表(表五)甲(表 16-31):

由已知条件可知,(表五)甲中仅计取勘察设计费、建设工程监理费、安全生产费,其他费用不计取。

①勘察设计费:已知勘察设计费给定为除税价 6 000 元,按规定增值税税率为 6%,则勘察设计费(含税价)=勘察设计费(除税价)6 000×(1+6%),故勘察设计费(含税价)=6 360 元。

②建设工程监理费:根据已知条件建设工程监理费给定为除税价 600 元,按规定增值税税率为 6%,则建设工程监理费(含税价)=建设工程监理费(除税价)600×(1+6%),故建设工程监理费(含税价)=636 元。

③安全生产费:根据已知条件,安全生产费(除税价)=建筑安装工程费(除税价)×1.5%=89 869.45×1.5%≈1 348.04 元。

故安全生产费(含税价)=安全生产费(除税价)×(1+9%)=1 348.04×1.09≈1 469.36 元。

表 16-31　　　　　　　工程建设其他费　预　算表(表五)甲

工程名称:××学院移动通信基站设备安装工程　　建设单位名称:××市移动分公司　　表格编号:TSW-5 甲　　第全页

| 序号 | 费用名称 | 计算依据及方法 | 金额(元) 除税价 | 金额(元) 增值税 | 金额(元) 含税价 | 备注 |
|---|---|---|---|---|---|---|
| Ⅰ | Ⅱ | Ⅲ | Ⅳ | Ⅴ | Ⅵ | Ⅶ |
| 1 | 建设用地及综合赔补费 | 不计 | 0.00 | 0.00 | 0.00 | |
| 2 | 项目建设管理费 | 不计 | 0.00 | 0.00 | 0.00 | |
| 3 | 可行性研究费 | 不计 | 0.00 | 0.00 | 0.00 | |
| 4 | 研究试验费 | 不计 | 0.00 | 0.00 | 0.00 | |
| 5 | 勘察设计费 | 已知条件 | 6 000.00 | 360.00 | 6 360.00 | |
| 6 | 环境影响评价费 | 不计 | 0.00 | 0.00 | 0.00 | |
| 7 | 建设工程监理费 | 已知条件 | 600.00 | 36.00 | 636.00 | |
| 8 | 安全生产费 | 建筑安装工程费(除税价)×1.5% | 1 348.04 | 121.32 | 1 469.36 | |
| 9 | 引进技术及进口设备其他费 | 不计 | 0.00 | 0.00 | 0.00 | |
| 10 | 工程保险费 | 不计 | 0.00 | 0.00 | 0.00 | |
| 11 | 工程招标代理费 | 不计 | 0.00 | 0.00 | 0.00 | |
| 12 | 专利及专用技术使用费 | 不计 | 0.00 | 0.00 | 0.00 | |
| 13 | 其他费用 | 不计 | 0.00 | 0.00 | 0.00 | |
| | 总计 | | 7 948.04 | 517.32 | 8 465.36 | |
| 14 | 生产准备及开办费(运营费) | 不计 | 0.00 | 0.00 | 0.00 | |

设计负责人:×××　　审核:×××　　编制:×××　　编制日期:××××年××月

(3)表一的填写

本次工程不计取价差预备费,只计取基本预备费,且基本预备费费率为 3%,预备费=(工程费+工程建设其他费)×3%,式中费用均为除税价。预备费增值税税率按 13%计算。填写后的预算表(表一)见表 16-32。

表 16-32　　　　　　　工程　预　算总表(表一)

工程名称：××学院移动通信基站设备安装工程　　建设单位名称：××市移动分公司　　表格编号：TSW-1　　第 全 页

| 序号 | 表格编号 | 费用名称 | 小型建筑工程费 | 需要安装的设备购置费 | 不需安装的设备、工器具购置费 | 建筑安装工程费 | 其他费用 | 预备费 | 总价值 | | | 其中外币(元) |
|---|---|---|---|---|---|---|---|---|---|---|---|---|
| | | | | | | | | | 除税价 | 增值税 | 含税价 | |
| | | | (元) | | | | | | | | | |
| Ⅰ | Ⅱ | Ⅲ | Ⅳ | Ⅴ | Ⅵ | Ⅶ | Ⅷ | Ⅸ | Ⅹ | Ⅺ | Ⅻ | ⅩⅢ |
| 1 | TSW-2、4甲B | 工程费 | 346 200.00 | | 89 869.45 | | | | 436 069.45 | 53 094.25 | 489 163.70 | |
| 2 | TSW-5甲 | 工程建设其他费 | | | | | 7 948.04 | | 7 948.04 | 517.32 | 8 465.36 | |
| 3 | | 合计 | | | | | | | 444 017.49 | 53 611.57 | 497 629.06 | |
| 4 | | 预备费 | | | | | | 13 320.52 | 13 320.52 | 1 731.67 | 15 052.19 | |
| 5 | | 建设期利息 | | | | | | | 0.00 | 0.00 | 0.00 | |
| 6 | | 总计 | | | | | | | 457 338.01 | 55 343.24 | 512 681.25 | |
| | | 其中回收费用 | | | | | | | 0.00 | 0.00 | 0.00 | |

设计负责人：×××　　审核：×××　　编制：×××　　编制日期：××××年××月

3.撰写预算编制说明

(1)工程概况

本工程为××学院移动基站设备安装工程，主要工程量有安装落地式基站设备1架、400 Ah蓄电池组2组、开关电源1台、传输综合柜(内含ODF/DDF/SDH)1架、交流配电箱1个、环境监控箱1个、定向天线3副、GPS天线1副、射频拉远单元RRU 3套等，本次工程主要用于满足该学院的网络覆盖。工程总投资为512 681.25元。

(2)编制依据及有关费用费率的计取

①《工业和信息化部关于印发信息通信建设工程预算定额、工程费用定额及工程概预算编制规程的通知》(工信部通信〔2016〕451号)；

②预算定额手册第一册《通信电源设备安装工程》和第三册《无线通信设备安装工程》。

③中国移动××市分公司工程设计委托书以及提供的材料报价。

④本次工程施工用水电蒸汽费为除税价2 000元；不计取工程干扰费、已完工程及设备保护费、建设用地及综合赔补费、项目建设管理费、可行性研究费、研究试验费、环境影响评价费、工程保险费、工程招标代理费、专利及专用技术使用费、其他费用和生产准备及开办费等费用。

⑤勘察设计费（除税价）为 6 000 元，建设工程监理费（除税价）为 600 元，服务费税率按 6% 计取。

⑥本工程主材由建筑服务方提供，适用税率为 13%；本工程安全生产费适用税率为 9%，预备费税率为 13%。

(3) 工程技术经济指标分析

本工程总投资为 512 681.25 元，其中建筑安装工程费为 97 957.70 元，需要安装的设备购置费为 391 206.00 元，工程建设其他费为 8 465.36 元，预备费为 15 052.19 元，各部分费用所占比例见表 16-33。

表 16-33　　　　　　　　　工程技术经济指标分析表

| 工程项目名称：××学院移动通信基站设备安装工程 |||||
|---|---|---|---|---|
| 序号 | 项目 | 单位 | 经济指标分析 ||
| ^ | ^ | ^ | 数量 | 指标/% |
| 1 | 工程总投资（预算） | 元 | 512 681.25 | 100.00 |
| 2 | 其中：需要安装的设备购置费 | 元 | 391 206.00 | 76.30 |
| 3 | 建筑安装工程费 | 元 | 97 957.70 | 19.11 |
| 4 | 预备费 | 元 | 15 052.19 | 2.94 |
| 5 | 工程建设其他费 | 元 | 8 465.36 | 1.65 |

(4) 其他需要说明的问题

无。

# 16.3　××广电学院教学楼室内分布系统设备安装工程施工图预算

## 16.3.1　案例描述

广电学院教学楼二层需要进行室内信号深度覆盖，其系统组网框图如图 16-3(a) 所示。本次工程的信源采用中兴光纤直放站，施主基站为广电学院基站，中兴光纤直放站直接耦合该基站 X 小区的信号，对教学楼二层 (2F) 进行全覆盖，且中兴光纤直放站近端设备安装在广电学院基站机房内，远端设备安装在天线安装及线缆走线路由图中的接入点处，如图 16-3(b) 所示。图 16-3(c) 为系统原理图。

(1) 本次工程建设单位为××市移动分公司，工程不购买工程保险，不实行工程招标。

(2) 工程施工企业距离工程所在地 80 km，国内配套主材运距为 80 km。

(3) 本次工程只包括直放站设备的安装及天、馈线系统的布放，不计取直放站近端设备至远端设备之间的光缆（6 芯单模光缆）设计部分。

(4) 本工程采用一般计税方式。设备均由甲方提供，且为预算价，税率为 13%，材料均由建筑服务方提供。本次工程的设备、材料价格见表 16-34、表 16-35。

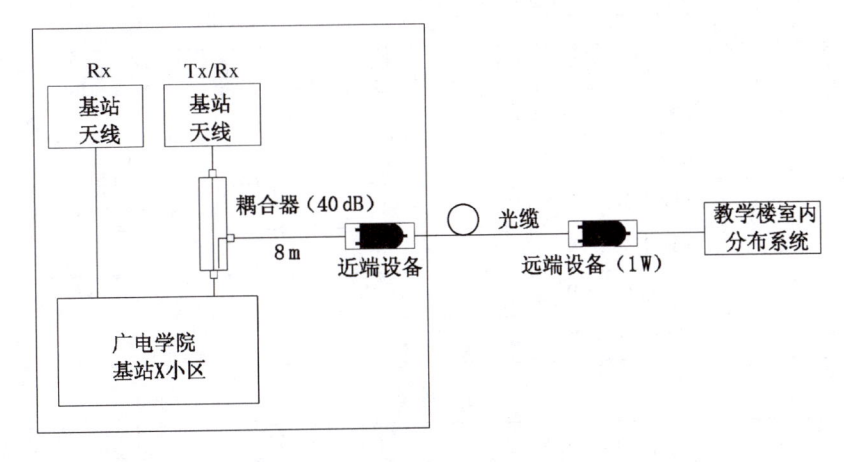

(a) 系统组网框图

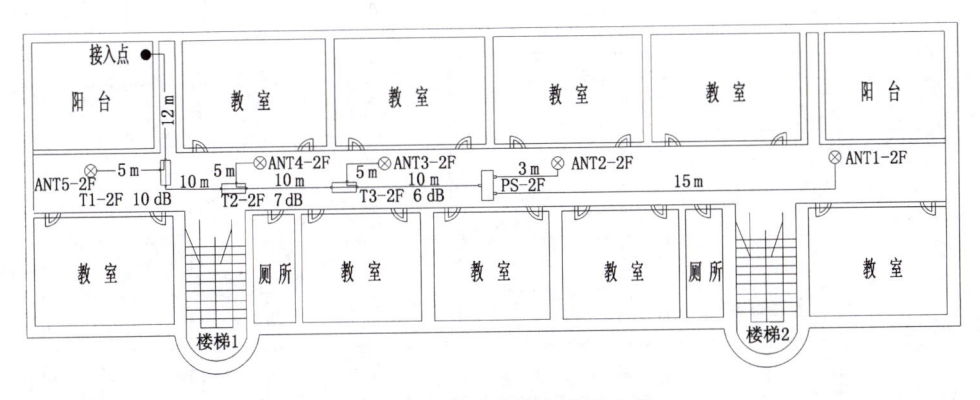

(b) 天线安装及线缆走线路由图

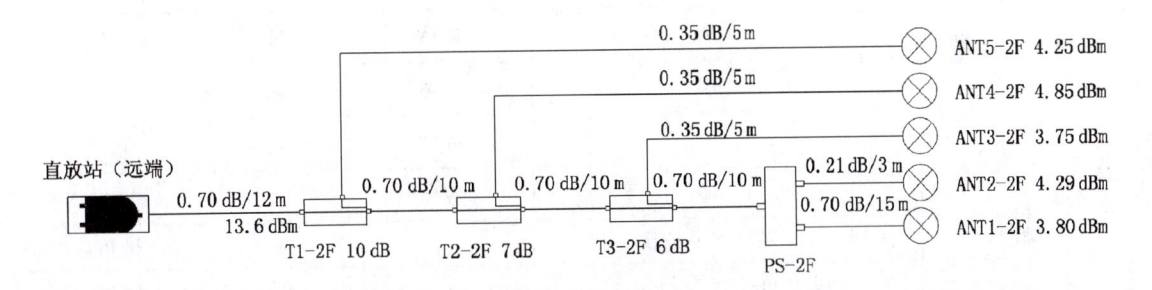

(c) 系统原理图

图 16-3　××广电学院室内分布系统设备安装工程施工图

表 16-34　　　　　　　　　　　中兴光纤宽频直放站设备价格表

| 序号 | 模型名称 | 价格/元 |
| --- | --- | --- |
| 1 | 光纤宽频近端 | 4 000.00 |
| 2 | 宽频室内 1 W 远端 | 12 000.00 |
| 3 | 宽频室内 2 W 远端 | 13 000.00 |
| 4 | 宽频室内 5 W 远端 | 15 000.00 |
| 5 | 宽频室内 10 W 远端 | 16 000.00 |

(续表)

| 序号 | 模型名称 | 价格/元 |
|---|---|---|
| 6 | 宽频室内 20 W 远端 | 18 000.00 |
| 7 | 宽频室外 1 W 远端 | 12 000.00 |
| 8 | 宽频室外 2 W 远端 | 13 000.00 |
| 9 | 宽频室外 5 W 远端 | 15 000.00 |
| 10 | 宽频室外 10 W 远端 | 16 000.00 |
| 11 | 宽频室外 20 W 远端 | 18 000.00 |

表 16-35　　　　　　　　　　　　材料价格表

| 设备型号 | | | | 单位 | 价格/元 |
|---|---|---|---|---|---|
| 功分器 | 二功分 | 腔体 | | 只 | 30.00 |
| | 三功分 | 腔体 | | 只 | 50.00 |
| | 四功分 | 腔体 | | 只 | 60.00 |
| 耦合器 | 5 dB | 腔体 | | 只 | 40.00 |
| | 6 dB | 腔体 | | 只 | 50.00 |
| | 7 dB | 腔体 | | 只 | 60.00 |
| | 10 dB | 腔体 | | 只 | 70.00 |
| | 15 dB | 腔体 | | 只 | 90.00 |
| | 20 dB | 腔体 | | 只 | 100.00 |
| | 25 dB | 腔体 | | 只 | 120.00 |
| | 30 dB | 腔体 | | 只 | 150.00 |
| | 35 dB | 腔体 | | 只 | 180.00 |
| | 40 dB | 腔体 | | 只 | 200.00 |
| 馈线 | 1/2 英寸普通馈线 | | | 米 | 26.00 |
| 连接器 | 1/2 英寸 N 型公头 | | | 只 | 15.00 |
| | 1/2 英寸 N 型公头（直角弯头） | | | 只 | 20.00 |
| | 双阴头 | | | 只 | 20.00 |
| | 双阳头 | | | 只 | 20.00 |
| | N 型直角转接头（公头转换母头） | | | 只 | 20.00 |
| 室内天线 | 全向吸顶 | | | 只 | 30.00 |
| | 定向吸顶 | | | 只 | 30.00 |
| 电力电缆 | 16 mm$^2$ | | | 米 | 16.00 |
| 膨胀螺栓 | M12×80 | | | 套 | 0.70 |
| 接线端子 | | | | 个/条 | 1.55 |
| 馈线卡子 | 1/2 英寸以下 | | | 套 | 3.60 |

(5)本次工程施工用水电蒸汽费按 300 元计取;不计取已完工程及设备保护费、危险作业意外伤害保险、冬雨季施工增加费、项目建设管理费、建设用地及综合赔补费、可行性研究费、研究试验费、环境影响评价费、建设工程监理费、工程保险费、工程招标代理费、专利及专用技术使用费、其他费用和生产准备及开办费等费用。

(6)勘察设计费除税价为 4 000 元,服务费税率为 6%。

(7)要求编制施工图预算,并撰写编制说明。

### 16.3.2 案例解析

1.工程量的统计

认真识读图 16-3 施工图后,具体工程量计算如下:

(1)安装调测直放站设备:数量=1 站,此定额的工作内容包括直放站近端和远端设备的安装。

(2)安装调测室内天、馈线附属设备 合路器、分路器(功分器、耦合器):耦合器共 4 个(含施主基站处 40 dB 耦合器),功分器共 1 个,数量=5 个。

(3)安装室内天线(高度 6 m 以下):从图中可知,安装室内定向天线,数量=5 副。

(4)布放射频同轴电缆 1/2 英寸以下:本次工程共布放 1/2 英寸射频同轴电缆 10 条,其中 9 条超过 4 m,1 条为 3 m。则对于未超过 4 m 的 1 条,布放射频同轴电缆 1/2 英寸以下(4 m 以下)的数量=1 条;对于超过 4 m 的 9 条,布放射频同轴电缆 1/2 英寸以下(4 m 以下)的数量=9 条,布放射频同轴电缆 1/2 英寸以下(每增加 1 m)的数量=8+12+5+10+5+10+5+10+15-9×4=44 米条。

(5)室内布放电力电缆(双芯)16 mm² 以下(近端):用于直放站近端设备的供电,这里长度设为 15 m。(注意:布放双芯电力电缆是在单芯基础上乘以调整系数 1.1)

(6)室内布放电力电缆(双芯)16 mm² 以下(远端):用于直放站远端设备的供电,这里长度设为 15 m。(注意:布放双芯电力电缆是在单芯基础上乘以调整系数 1.1)

(7)室内分布式天、馈线系统调测:数量=5 副,即布放的天线数量。

将上述计算出来的数据用工程量表表示,见表 16-36。

表 16-36　　　　　　　　图 16-3 的工程量统计表

| 序号 | 定额编号 | 项目名称 | 定额单位 | 数量 |
| --- | --- | --- | --- | --- |
| 1 | TSW2-070 | 安装调测直放站设备 | 站 | 1 |
| 2 | TSW2-039 | 安装调测室内天、馈线附属设备　合路器、分路器(功分器、耦合器) | 个 | 5 |
| 3 | TSW2-024 | 安装室内天线(高度 6 m 以下) | 副 | 5 |
| 4 | TSW2-027 | 布放射频同轴电缆 1/2 英寸以下(4 m 以下) | 条 | 1 |
| 5 | TSW2-027 | 布放射频同轴电缆 1/2 英寸以下(4 m 以下) | 条 | 9 |
| 6 | TSW2-028 | 布放射频同轴电缆 1/2 英寸以下(每增加 1 m) | 米条 | 44 |
| 7 | TSW1-060 | 室内布放电力电缆(双芯)16 mm² 以下(近端) | 十米条 | 1.5 |
| 8 | TSW1-060 | 室内布放电力电缆(双芯)16 mm² 以下(远端) | 十米条 | 1.5 |
| 9 | TSW2-046 | 室内分布式天、馈线系统调测 | 副 | 5 |

## 2.预算表的填写

**(1)(表三)甲、(表三)乙、(表三)丙和(表四)甲的填写**

按照本模块14.2.2节所述的表三填写说明,将上述统计出的工程量填入预算表(表三)甲,并将对应的机械、仪表信息填入(表三)乙、(表三)丙中,本项目无机械,因此无须填写(表三)乙,(表三)甲和(表三)丙分别见表16-37、表16-38。

表16-37　　　　　　　　　建筑安装工程量　　预　算表(表三)甲

工程名称:××室内分布系统设备安装工程　　建设单位名称:××市移动分公司　　表格编号:S-YD-2021-03-001-B3A　　第 全 页

| 序号 | 定额编号 | 工程及项目名称 | 单位 | 数量 | 单位定额值/工日 技工 | 单位定额值/工日 普工 | 合计值/工日 技工 | 合计值/工日 普工 |
|---|---|---|---|---|---|---|---|---|
| I | II | III | IV | V | VI | VII | VIII | IX |
| 1 | TSW2-070 | 安装调测直放站设备 | 站 | 1 | 6.42 | 0 | 6.42 | 0.00 |
| 2 | TSW2-039 | 安装调测室内天、馈线附属设备 合路器、分路器(功分器、耦合器) | 个 | 5 | 0.34 | 0 | 1.70 | 0.00 |
| 3 | TSW2-024 | 安装室内天线(高度6 m以下) | 副 | 5 | 0.83 | 0 | 4.15 | 0.00 |
| 4 | TSW2-027 | 布放射频同轴电缆1/2英寸以下(4 m以下) | 条 | 1 | 0.2 | 0 | 0.20 | 0.00 |
| 5 | TSW2-027 | 布放射频同轴电缆1/2英寸以下(4 m以下) | 条 | 9 | 0.2 | 0 | 1.80 | 0.00 |
| 6 | TSW2-028 | 布放射频同轴电缆1/2英寸以下(每增加1 m) | 米条 | 44 | 0.03 | 0 | 1.32 | 0.00 |
| 7 | TSW1-060 | 室内布放电力电缆(双芯)16 mm² 以下(近端) | 十米条 | 1.5 | 0.165 | 0 | 0.25 | 0.00 |
| 8 | TSW1-060 | 室内布放电力电缆(双芯)16 mm² 以下(远端) | 十米条 | 1.5 | 0.165 | 0 | 0.25 | 0.00 |
| 9 | TSW2-046 | 室内分布式天、馈线系统调测 | 副 | 5 | 0.56 | 0 | 2.80 | 0.00 |
| 10 | | 合计 | | | | | 18.89 | 0.00 |

设计负责人:×××　　审核:×××　　编制:×××　　编制日期:××××年××月

表16-38　　　　　　　建筑安装工程仪表使用费　　预　算表(表三)丙

工程名称:××室内分布系统设备安装工程　　建设单位名称:××市移动分公司　　表格编号:TSW-3丙　　第 全 页

| 序号 | 定额编号 | 工程及项目名称 | 单位 | 数量 | 机械名称 | 单位定额值 消耗量/台班 | 单位定额值 单价/元 | 合计值 消耗量/台班 | 合计值 合价/元 |
|---|---|---|---|---|---|---|---|---|---|
| I | II | III | IV | V | VI | VII | VIII | IX | X |
| 1 | TSW2-070 | 安装调测直放站设备 | 站 | 1 | 频谱仪分析仪 | 1 | 138 | 1 | 138.00 |

(续表)

| 序号 | 定额编号 | 工程及项目名称 | 单位 | 数量 | 机械名称 | 单位定额值 消耗量/台班 | 单位定额值 单价/元 | 合计值 消耗量/台班 | 合计值 合价/元 |
|---|---|---|---|---|---|---|---|---|---|
| 2 | TSW2-070 | 安装调测直放站设备 | 站 | 1 | 射频功率计 | 1 | 147 | 1 | 147.00 |
| 3 | TSW2-070 | 安装调测直放站设备 | 站 | 1 | 数字传输分析仪 | 1 | 1181 | 1 | 1 181.00 |
| 4 | TSW2-070 | 安装调测直放站设备 | 站 | 1 | 操作测试终端(电脑) | 1 | 125 | 1 | 125.00 |
| 5 | TSW2-039 | 安装调测室内天、馈线附属设备 合路器、分路器(功分器、耦合器) | 个 | 5 | 微波信号发生器 | 0.12 | 140 | 0.6 | 84.00 |
| 6 | TSW2-039 | 安装调测室内天、馈线附属设备 合路器、分路器(功分器、耦合器) | 个 | 5 | 射频功率计 | 0.12 | 147 | 0.6 | 88.20 |
| 7 | TSW2-046 | 室内分布式天、馈线系统调测 | 副 | 5 | 天馈线测试仪 | 0.07 | 140 | 0.35 | 49.00 |
| 8 | TSW2-046 | 室内分布式天、馈线系统调测 | 副 | 5 | 操作测试终端(电脑) | 0.07 | 125 | 0.35 | 43.75 |
| 9 | TSW2-046 | 室内分布式天、馈线系统调测 | 副 | 5 | 互调测试仪 | 0.07 | 310 | 0.35 | 108.50 |
| 10 | | | | | 合计 | | | | 1 964.45 |

设计负责人：×××　　审核：×××　　编制：×××　　编制日期：××××年××月

在填写(表四)甲主要材料表时,应根据费用定额对材料进行分类(包括光缆、电缆、塑料及塑料制品、木材及木制品、水泥及水泥构件以及其他)并罗列,以便计算其运杂费,有关材料单价可以在表 16-35 中查找。

依据以上统计的工程量表,将其对应的材料进行统计,见表 16-39。

表 16-39　　　　　　　　　　　工程主材用量统计表

| 序号 | 定额编号 | 项目名称 | 工程量 | 主材名称 | 规格型号 | 单位 | 定额量 | 使用量 |
|---|---|---|---|---|---|---|---|---|
| 1 | TSW2-070 | 安装调测直放站设备 | 1 | 膨胀螺栓 | M12×80 | 套 | 4.04 | 4.04 |
| 2 | TSW2-027 | 布放射频同轴电缆 1/2 英寸以下(4 m 以下) | 1 | 射频同轴电缆 | 1/2 英寸以下 | m | 3.06 | 3.06 |

| 序号 | 定额编号 | 项目名称 | 工程量 | 主材名称 | 规格型号 | 单位 | 定额量 | 使用量 |
|---|---|---|---|---|---|---|---|---|
| 3 | TSW2-027 | 布放射频同轴电缆 1/2 英寸以下（4 m 以下） | 1 | 馈线卡子 | 1/2 英寸以下 | 套 | 3 | 3 |
| 4 | TSW2-027 | 布放射频同轴电缆 1/2 英寸以下（4 m 以下） | 9 | 射频同轴电缆 | 1/2 英寸以下 | m | 4.08 | 36.72 |
| 5 | TSW2-027 | 布放射频同轴电缆 1/2 英寸以下（4 m 以下） | 9 | 馈线卡子 | 1/2 英寸以下 | 套 | 4 | 36 |
| 6 | TSW2-028 | 布放射频同轴电缆 1/2 英寸以下（每增加 1 m） | 44 | 射频同轴电缆 | 1/2 英寸以下 | m | 1.02 | 44.88 |
| 7 | TSW2-028 | 布放射频同轴电缆 1/2 英寸以下（每增加 1 m） | 44 | 馈线卡子 | 1/2 英寸以下 | 套 | 0.86 | 37.84 |
| 8 | TSW1-060 | 室内布放电力电缆（双芯）16 mm² 以下（近端） | 1.5 | 电力电缆 | 16 mm² | m | 10.15 | 15.225 |
| 9 | TSW1-060 | 室内布放电力电缆（双芯）16 mm² 以下（近端） | 1.5 | 接线端子 |  | 个/条 | 2.03 | 3.045 |
| 10 | TSW1-060 | 室内布放电力电缆（双芯）16 mm² 以下（远端） | 1.5 | 电力电缆 | 16 mm² | m | 10.15 | 15.225 |
| 11 | TSW1-060 | 室内布放电力电缆（双芯）16 mm² 以下（远端） | 1.5 | 接线端子 |  | 个/条 | 2.03 | 3.045 |

根据费用定额有关主材的分类原则，将表 16-39 的同类项利用 SUMIF 函数进行合并后得到表 16-40 主材用量分类汇总表。

表 16-40　　　　　　　　　　　　　主材用量分类汇总表

| 序号 | 类别 | 名称 | 规格 | 单位 | 使用量 |
|---|---|---|---|---|---|
| 1 | 电缆 | 射频同轴电缆 | 1/2 英寸以下 | m | 84.66 |
| 2 | 电缆 | 电力电缆 | 16 mm² | m | 30.45 |
| 3 | 其他 | 膨胀螺栓 | M12×80 | 套 | 4.04 |
| 4 | 其他 | 接线端子 |  | 个/条 | 6.09 |
| 5 | 其他 | 馈线卡子 | 1/2 英寸以下 | 套 | 76.84 |

将表 16-40 主要材料用量填入预算表（表四）甲主要材料表，并填写国内需要安装的设备表信息，分别见表 16-41 和表 16-42。

表 16-41　　　　　　　国内器材　预　算表(表四)甲
(主要材料)表

工程名称：××室内分布系统设备安装工程　　建设单位名称：××市移动分公司　　表格编号：TSW-4 甲 A　第　全　页

| 序号 | 名称 | 规格程式 | 单位 | 数量 | 单价/元 | 合计/元 | | | 备注 |
|---|---|---|---|---|---|---|---|---|---|
| | | | | | 除税价 | 除税价 | 增值税 | 含税价 | |
| Ⅰ | Ⅱ | Ⅲ | Ⅳ | Ⅴ | Ⅵ | Ⅶ | Ⅷ | Ⅸ | Ⅹ |
| 1 | 射频同轴电缆 | 1/2 英寸以下 | m | 84.66 | 26.00 | 2 201.16 | 286.15 | 2 487.31 | |
| 2 | 电力电缆 | 16 mm² | m | 30.45 | 16.00 | 487.20 | 63.34 | 550.54 | |
| | 电缆类小计 1 | | | | | 2 688.36 | 349.49 | 3 037.85 | |
| | 运杂费(小计 1×1.0％) | | | | | 26.88 | 3.49 | 30.38 | 电缆 |
| | 运输保险费(小计 1×0.1％) | | | | | 2.69 | 0.35 | 3.04 | |
| | 采购保管费(小计 1×1.0％) | | | | | 26.88 | 3.49 | 30.38 | |
| | 电缆类合计 1 | | | | | 2 744.81 | 356.82 | 3 101.65 | |
| 3 | 膨胀螺栓 | M12×80 | 套 | 4.04 | 0.70 | 2.83 | 0.37 | 3.20 | |
| 4 | 接线端子 | | 个/条 | 6.09 | 1.55 | 9.44 | 1.23 | 10.67 | |
| 5 | 馈线卡子 | 1/2 英寸以下 | 套 | 76.84 | 3.60 | 276.62 | 35.96 | 312.59 | |
| | 其他类小计 2 | | | | | 288.89 | 37.56 | 326.46 | |
| | 运杂费(小计 2×3.6％) | | | | | 10.40 | 1.35 | 11.75 | 其他 |
| | 运输保险费(小计 2×0.1％) | | | | | 0.29 | 0.04 | 0.33 | |
| | 采购保管费(小计 2×1.0％) | | | | | 2.89 | 0.38 | 3.26 | |
| | 其他类合计 2 | | | | | 302.47 | 39.33 | 341.80 | |
| | 总计(合计 1＋合计 2) | | | | | 3 047.28 | 396.15 | 3 443.45 | |

设计负责人：×××　　审核：×××　　编制：×××　　编制日期：××××年××月

表 16-42　　　　　　　国内器材　预　算表(表四)甲
(需要安装的设备)表

工程名称：××室内分布系统设备安装工程　　建设单位名称：××市移动分公司　　表格编号：TSW-4 甲 B　第　全　页

| 序号 | 名称 | 规格程式 | 单位 | 数量 | 单价/元 | 合计/元 | | | 备注 |
|---|---|---|---|---|---|---|---|---|---|
| | | | | | 除税价 | 除税价 | 增值税 | 含税价 | |
| Ⅰ | Ⅱ | Ⅲ | Ⅳ | Ⅴ | Ⅵ | Ⅶ | Ⅷ | Ⅸ | Ⅹ |
| 1 | 直放站近端 | 光纤宽频近端 | 台 | 1 | 4 000.00 | 4 000.00 | 520.00 | 4 520.00 | |
| 2 | 直放站近端 | 宽频室内 1 W 远端 | 台 | 1 | 12 000.00 | 12 000.00 | 1 560.00 | 13 560.00 | |
| 3 | 耦合器 | 40 dB | 个 | 1 | 200.00 | 200.00 | 26.00 | 226.00 | |
| 4 | 耦合器 | 10 dB | 个 | 1 | 70.00 | 70.00 | 9.10 | 79.10 | |
| 5 | 耦合器 | 7 dB | 个 | 1 | 60.00 | 60.00 | 7.80 | 67.80 | |
| 6 | 耦合器 | 6 dB | 个 | 1 | 50.00 | 50.00 | 6.50 | 56.50 | |
| 7 | 功分器 | 二功分 | 个 | 1 | 30.00 | 30.00 | 3.90 | 33.90 | |
| 8 | 室内天线 | | 副 | 5 | 30.00 | 150.00 | 19.50 | 169.50 | |
| 9 | 1/2 英寸 N 型公头 | | 个 | 22 | 15.00 | 330.00 | 42.90 | 372.90 | |
| | 合计 | | | | | 16 890.00 | 2 195.70 | 19 085.70 | |

设计负责人：×××　　审核：×××　　编制：×××　　编制日期：××××年××月

## (2)表二和(表五)甲的填写

填写预算表(表二):填写预算表(表二)时,应严格按照题中给定的各项工程建设条件,确定每项费用的费率及计算基础,和使用预算定额一样,必须时刻注意费用定额中的有关特殊情况的注解和说明,同时填写在表二中"依据和计算方法"一列。

①因施工企业距工程所在地距离为 80 km,所以临时设施费费率为 7.6%。

②题中已知条件给定不计取已完工程及设备保护费、危险作业意外伤害保险、冬雨季施工增加费等费用。

③从(表三)乙可以看出,本次工程无大型施工机械,所以无大型施工机械调遣费,同时工程施工地为城区,所以无特殊地区施工增加费。

④施工用水电蒸汽费给定为 300 元,直接填写即可。填写完的建筑安装工程费预算表(表二)见表 16-43。

表 16-43  建筑安装工程费用  预  算表(表二)

工程名称:××室内分布系统设备安装工程　　建设单位名称:××市移动分公司　　表格编号:TSW-2　　第 全 页

| 序号 | 费用名称 | 依据和计算方法 | 合计/元 | 序号 | 费用名称 | 依据和计算方法 | 合计/元 |
|---|---|---|---|---|---|---|---|
| Ⅰ | Ⅱ | Ⅲ | Ⅳ | Ⅰ | Ⅱ | Ⅲ | Ⅳ |
|  | 建筑安装工程费(含税价) | 一+二+三+四 | 12 127.69 | 2 | 工地器材搬运费 | 人工费×1.1% | 23.69 |
|  |  |  |  | 3 | 工程干扰费 | 不计 | 0.00 |
|  | 建筑安装工程费(除税价) | 一+二+三 | 11 126.32 | 4 | 工程点交、场地清理费 | 人工费×2.5% | 53.84 |
| 一 | 直接费 | (一)+(二) | 9 401.61 | 5 | 临时设施费 | 人工费×7.6% | 163.66 |
| (一) | 直接工程费 | 1+2+3+4 | 7 256.61 | 6 | 工程车辆使用费 | 人工费×5% | 107.67 |
|  |  |  |  | 7 | 夜间施工增加费 | 人工费×2.1% | 45.22 |
| 1 | 人工费 | (1)+(2) | 2 153.46 | 8 | 冬雨季施工增加费 | 不计 | 0.00 |
| (1) | 技工费 | 技工工日×114 元/工日 | 2 153.46 | 9 | 生产工具用具使用费 | 人工费×0.8% | 17.23 |
| (2) | 普工费 | 普工工日×61 元/工日 | 0.00 | 10 | 施工用水电蒸汽费 | 给定 | 300.00 |
| 2 | 材料费 | (1)+(2) | 3 138.70 | 11 | 特殊地区施工增加费 | 总工日×特殊地区补贴金额 | 0.00 |
| (1) | 主要材料费 | 主要材料表 | 3 047.28 | 12 | 已完工程及设备保护费 | 已知条件 | 0.00 |
| (2) | 辅助材料费 | 主要材料费×3% | 91.42 | 13 | 运土费 | 已知条件 | 0.00 |
| 3 | 机械使用费 | 表三乙 | 0.00 | 14 | 施工队伍调遣费 | 141×调遣人数×2 | 1 410.00 |
| 4 | 仪表使用费 | 表三丙 | 1 964.45 | 15 | 大型施工机械调遣费 | 调遣车运价×调遣运距×2 | 0.00 |
| (二) | 措施项目费 | 1+2+3+…+15 | 2 145.00 |  |  |  |  |
| 1 | 文明施工费 | 人工费×1.1% | 23.69 | 二 | 间接费 | (一)+(二) | 1 294.02 |

(续表)

| 序号 | 费用名称 | 依据和计算方法 | 合计(元) | 序号 | 费用名称 | 依据和计算方法 | 合计(元) |
|---|---|---|---|---|---|---|---|
| (一) | 规费 | 1+2+3+4 | 703.97 | 4 | 危险作业意外伤害保险 | 不计 | 0.00 |
| 1 | 工程排污费 |  | 0.00 | (二) | 企业管理费 | 人工费×27.4% | 590.05 |
| 2 | 社会保障费 | 人工费×28.5% | 613.74 | 三 | 利润 | 人工费×20% | 430.69 |
| 3 | 住房公积金 | 人工费×4.19% | 90.23 | 四 | 销项税额 | 建筑安装工程费(除税价)×适用税率 | 1 001.37 |

设计负责人：×××　　审核：×××　　编制：×××　　编制日期：××××年××月

填写预算表(表五)甲：

①由已知条件可知，本次工程不计取建设用地及综合赔补费、项目建设管理费、可行性研究费、研究试验费、环境影响评价费、工程监理费、工程保险费、工程招标代理费、专利及专用技术使用费和生产准备及开办费等费用。

②勘察设计费给定为 4 000 元(除税价)，直接填入即可。税率以 6% 计取。故含税价＝勘察设计费(除税价)×(1+6%)＝4240 元。

③安全生产费(除税价)＝建筑安装工程费(除税价)×1.5%＝11 126.32×1.5%≈166.89 元，其增值税＝安全生产费(除税价)×9%≈15.02 元，因此，安全生产费(含税价)＝166.89＋15.02＝181.91 元。

填写完的工程建设其他费预算表(表五)甲，见表 16-44。

表 16-44　　　　工程建设其他费　预　算表(表五)甲

工程名称：××室内分布系统设备安装工程　　建设单位名称：××市移动分公司　　表格编号：TSW-5甲　　第 全 页

| 序号 | 费用名称 | 计算依据及方法 | 金　额(元) 除税价 | 增值税 | 含税价 | 备注 |
|---|---|---|---|---|---|---|
| Ⅰ | Ⅱ | Ⅲ | Ⅳ | Ⅴ | Ⅵ | Ⅶ |
| 1 | 建设用地及综合赔补费 | 不计 | 0.00 | 0.00 | 0.00 |  |
| 2 | 项目建设管理费 | 不计 | 0.00 | 0.00 | 0.00 |  |
| 3 | 可行性研究费 | 不计 | 0.00 | 0.00 | 0.00 |  |
| 4 | 研究试验费 | 不计 | 0.00 | 0.00 | 0.00 |  |
| 5 | 勘察设计费 | 已知条件 | 4 000.00 | 240.00 | 4 240.00 |  |
| 6 | 环境影响评价费 | 不计 | 0.00 | 0.00 | 0.00 |  |
| 7 | 建设工程监理费 | 不计 | 0.00 | 0.00 | 0.00 |  |
| 8 | 安全生产费 | 建筑安装工程费(除税价)×1.5% | 166.89 | 15.02 | 181.91 |  |
| 9 | 引进技术及进口设备其他费 | 不计 | 0.00 | 0.00 | 0.00 |  |
| 10 | 工程保险费 | 不计 | 0.00 | 0.00 | 0.00 |  |
| 11 | 工程招标代理费 | 不计 | 0.00 | 0.00 | 0.00 |  |
| 12 | 专利及专用技术使用费 | 不计 | 0.00 | 0.00 | 0.00 |  |
| 13 | 其他费用 | 不计 | 0.00 | 0.00 | 0.00 |  |
|  | 总计 |  | 4 166.89 | 255.02 | 4 421.91 |  |
| 14 | 生产准备及开办费(运营费) | 不计 | 0.00 | 0.00 | 0.00 |  |

设计负责人：×××　　审核：×××　　编制：×××　　编制日期：××××年××月

(3)表一的填写

①工程费的增值税＝表二的销项税额＋(表四)甲的设备增值税。

②工程建设其他费的增值税＝表五中的增值税。

③本次工程不计取价差预备费,只计取基本预备费,且基本预备费费率为3%,预备费增值税税率按13%计取。

填写后的预算表(表一)见表16-45。

表16-45　　　　　　　　　　　工程　　预　　算总表(表一)

工程名称:××室内分布系统设备安装工程　　　建设单位名称:××市移动分公司　　　表格编号:TSW-1　　第　全　页

| 序号 | 表格编号 | 费用名称 | 小型建筑工程费 | 需要安装的设备购置费 | 不需要安装的设备、工器具购置费 | 建筑安装工程费 | 其他费用 | 预备费 | 总价值 除税价 | 总价值 增值税 | 总价值 含税价 | 其中外币( ) |
|---|---|---|---|---|---|---|---|---|---|---|---|---|
| | | | | | (元) | | | | | | | |
| I | II | III | IV | V | VI | VII | VIII | IX | X | XI | XII | XIII |
| 1 | TSW-2、4甲B | 工程费 | | 16 890.00 | | 11 126.32 | | | 28 016.32 | 3 197.07 | 31 213.39 | |
| 2 | TSW-5甲 | 工程建设其他费 | | | | | 4 166.89 | | 4 166.89 | 255.02 | 4 421.91 | |
| 3 | | 合计 | | | | | | | 32 183.21 | 3 452.09 | 35 635.30 | |
| 4 | | 预备费 | | | | | | 965.50 | 965.50 | 125.52 | 1 091.02 | |
| 5 | | 建设期利息 | | | | | | | 0.00 | 0.00 | 0.00 | |
| 6 | | 总计 | | | | | | | 33 148.71 | 3 577.61 | 36 726.32 | |
| | | 其中回收费用 | | | | | | | 0.00 | 0.00 | 0.00 | |

设计负责人:×××　　　审核:×××　　　编制:×××　　　编制日期:××××年××月

3.撰写预算编制说明

(1)工程概况

本工程为××广电学院教学楼二层需要进行室内深度覆盖,其信源采用中兴光纤直放站,施主基站为广电学院基站,中兴光纤直放站直接耦合该基站X小区的信号,对教学楼二层(2F)进行全覆盖。主要工程量有安装调测直放站设备1架,安装调测室内天、馈线附属设备合路器、分路器(功分器、耦合器),安装室内天线,布放射频同轴电缆1/2英寸以下等。工程总投资为36 726.32元。

(2)编制依据及有关费用费率的计取

①施工图设计图纸及说明;

②《工业和信息化部关于印发信息通信建设工程预算定额、工程费用定额及工程概预算编制规程的通知》(工信部通信〔2016〕451号);

③预算定额手册第三册《无线通信设备安装工程》；

④中国移动××市分公司工程设计委托书以及提供的设备价格，建筑服务方的材料价格；

⑤不计取工程干扰费、已完工程及设备保护费、危险作业意外伤害保险及冬雨季施工增加费等费用；

⑥勘察设计费给定为4 000元（除税价），不计取建设用地及综合赔补费、项目建设管理费、可行性研究费、研究试验费、环境影响评价费、工程监理费、工程保险费、工程招标代理费、专利及专用技术使用费、其他费用和生产准备及开办费等费用；

⑦其他未说明的费用按费用定额规定的取费原则、费率和计算方法进行计取。

(3) 工程技术经济指标分析

本工程总投资为 36 726.32 元，其中建筑安装工程费为 12 127.69 元，设备购置费为 19 085.70 元，工程建设其他费为 4 421.91 元，预备费为 1 091.02 元。各部分费用所占比例见表 16-46。

表 16-46　　　　　　　　　　工程技术经济指标分析表

| 工程项目名称：××室内分布系统设备安装工程 ||||||
|---|---|---|---|---|---|
| 序号 | 项目 | 单位 | 经济指标分析 ||
|  |  |  | 数量 | 指标/% |
| 1 | 工程总投资（预算） | 元 | 36 726.32 | 100.00 |
| 2 | 其中:需要安装的设备购置费 | 元 | 19 085.70 | 51.97 |
| 3 | 建筑安装工程费 | 元 | 12 127.69 | 33.02 |
| 4 | 预备费 | 元 | 1 091.02 | 2.97 |
| 5 | 工程建设其他费 | 元 | 4 421.91 | 12.04 |

(4) 其他需要说明的问题

无。

## 知识归纳

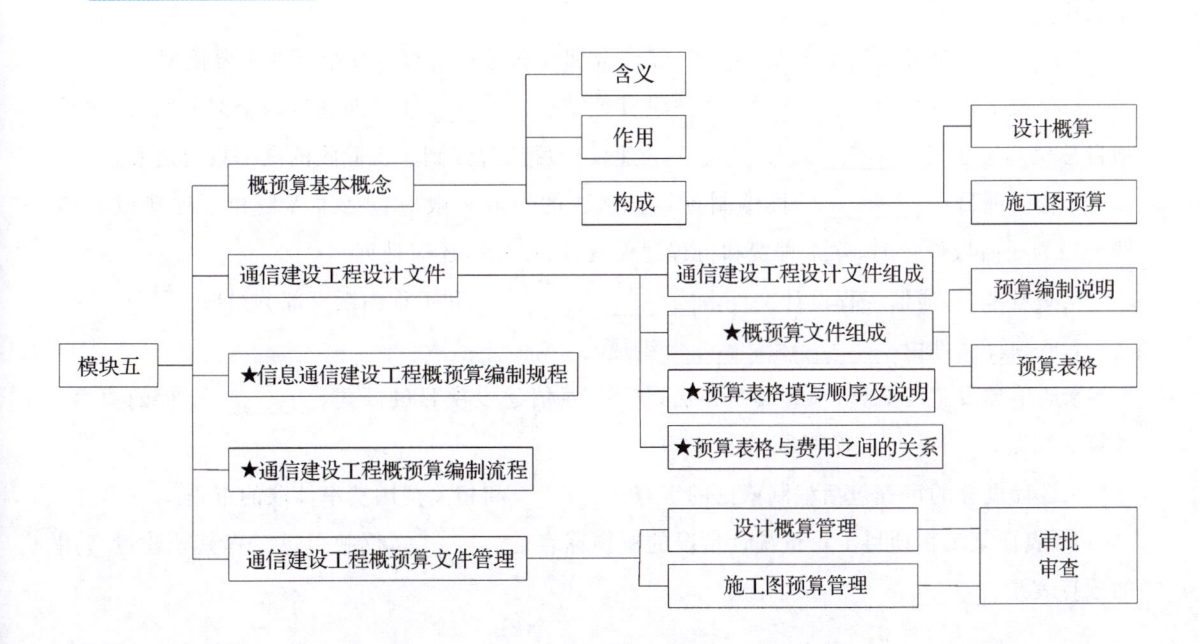

- 模块五
  - 概预算基本概念
    - 含义
    - 作用
    - 构成
      - 设计概算
      - 施工图预算
  - 通信建设工程设计文件
    - 通信建设工程设计文件组成
    - ★概预算文件组成
      - 预算编制说明
      - 预算表格
  - ★信息通信建设工程概预算编制规程
    - ★预算表格填写顺序及说明
    - ★预算表格与费用之间的关系
  - ★通信建设工程概预算编制流程
  - 通信建设工程概预算文件管理
    - 设计概算管理
    - 施工图预算管理
      - 审批
      - 审查

## 思政引读

王进,国家电网山东省电力公司检修公司输电检修中心带电作业班副班长(图S5)。特高压带电作业,是世界上最危险的工作之一,作业工们被称为"刀锋上的舞者"。他是在正负660千伏超高压直流输电线路上带电检验的世界第一人。215米,70层楼高,这是特高压带电作业工王进常常攀爬的高度。根据国家电网官网数据,截至2020年底,我国在运、在建特高压工程30项,线路长度超过3.5万千米,累计输送电量超过2万亿千瓦时,均位居世界第一。

图S5 "大国工匠"王进

(资料来源:央视新闻)

## 自我测试

### 一、填空题

1. 建设工程项目的设计概预算是_____和_____的统称。

2. 目前在我国,没有专门针对通信建设工程的概算定额,在编制通信建设工程概算时,通常使用_____代替_____。

3. _____是考核施工图设计技术、经济合理性和进行工程价款结算的主要依据。

4. 单项工程概算由_____、工程建设其他费、_____、建设期利息四个部分组成;建设项目总概算等于各_____之和,它是一个建设项目从筹建到竣工验收的全部投资之和。

5. 建设项目在_____阶段编制预算。预算的组成一般应包括工程费和工程建设其他费。当为一阶段设计时,除工程费和工程建设其他费之外,还应计列_____。

6. 一般来说,通信工程设计文件由_____、_____和工程图纸等部分组成。

7. 概预算文件由_____和_____组成。

8. 通信建设工程概算、预算编制办法适用于通信建设项目的新建、_____工程的概算、预算的编制;_____工程可参照使用。

9. 设计概算的审查包括编制依据的审查、_____和相关费用费率计取的审查。

10. 表征某工程项目工程量统计情况的概预算表是_____,反映引进工程其他建设费用的预算表是_____。

## 二、判断题

1. 工信部通信〔2016〕451号文件《信息通信建设工程概预算编制规程》适用于新建、扩建、改建以及通信铁塔安装工程。（　　）

2. 通信项目建设中土建工程应另行编制概预算，且费用不计入项目建设总费用。（　　）

3. 引进设备安装工程的概算、预算应用两种货币表现形式，其外币表现形式可用美元或引进国货币。（　　）

4. 引进设备安装工程的概算、预算，除必须编制引进国的设备价款外，还应按引进设备的到岸价所用的外币折算成人民币的价格。（　　）

5. 通信建设工程概算、预算是指从工程筹建到竣工验收所需的全部费用。（　　）

6. 通信建设工程概算、预算的编制应由法人承担，而审核时由自然人完成。（　　）

7. 预算一般应包括工程费和工程建设其他费。当为一阶段设计时，除工程费和工程建设其他费之外，还计列预备费。（　　）

8. 建设项目的投资估算一定比初步设计概算小。（　　）

9. 编制施工图预算不能超过已批准的初步设计概算。（　　）

10. 填写预算表格时，表三、表四可以同步填写。（　　）

11. 建设项目的费用在预算表的汇总表中反映。（　　）

12. 对于两阶段设计时的施工图预算，虽然初步设计概算中已列有预备费，但两阶段设计预算中还须计列预备费。（　　）

13. 设计概算的组成是根据建设规模的大小而确定的，一般由建设项目总概算、单项工程概算组成。（　　）

14. 建设项目在初步设计阶段可不编制概算。（　　）

15. 通信建设工程概算、预算必须由持有勘察设计证书的单位编制，编制人员必须持有通信工程概预算资格证书。（　　）

16. 概算是施工图设计文件的重要组成部分。在编制概算时，应严格按照批准的可行性研究报告和其他有关文件进行编制。（　　）

17. 预算是初步设计文件的重要组成部分。在编制预算时，应在批准的初步设计文件概算范围内进行编制。（　　）

18. 初步设计概算一经审查批准后，即作为施工图设计阶段的投资控制目标，不得以任何理由对其进行修改。（　　）

## 三、简答题

1. 概预算表有几种表？共几张？请写出每个表的具体名称。
2. 简述通信建设工程概预算表的填写顺序。
3. 简述通信建设工程概预算表与费用的对应关系。
4. 2016版《信息通信建设工程预算定额》包含哪几个分册？请写出各分册的名称。
5. 简述通信建设工程概预算编制流程。
6. 简述概预算编制说明包括哪些部分。

7.简述(表三)甲(建筑安装工程量概预算表)的填写方法。

8.施工图预算的编制依据主要有哪些?

9.通信工程设计文件主要由哪些部分组成?

10.设计概算的作用主要有哪些?

11.施工图预算的作用主要有哪些?

12.简述施工图预算的审查步骤及主要内容。

### 四、综合题

1.××市管道光缆接入工程施工图设计预算编制

(1)本设计为××市管道光缆接入工程施工图设计,具体图纸如图 T5-1 所示,从 1#人孔至 9#人孔为利旧管道光缆敷设[人工敷设 5 孔塑料子管,敷设 24 芯管道光缆(单模)],从 9#人孔沿城南 ABC 写字楼墙(1)处钢管引上光缆 6 m,然后经墙壁敷设方式至城南 A 基站中继光缆进口,机房内为 20 m 的槽道敷设。

(2)本工程建设单位为××市移动分公司,建设项目名称为××市管道光缆接入工程,本次工程不购买工程保险,不实行工程招标。

(3)本工程工地所在地区为南京市城区,为非特殊地区,施工企业距离工程所在地 300 km,国内配套主材的运距为 200 km,按不需要中转考虑(即无须计取采购代理费)。

(4)施工用水电蒸汽费、建设工程监理费(除税价)分别按 2 000 元和 1 000 元计取。不计取已完工程及设备保护费、工程排污费、建设期利息、建设用地及综合赔补费、项目建设管理费、可行性研究费、研究试验费、环境影响评价费、专利及专用技术使用费、其他费用以及生产准备及开办费等费用。

(5)安全生产费以建筑安装工程费为计算基础,相应费率为 1.5%。

(6)本次工程中用到的部分材料单价可以在表 16-1 中查找。

(7)本工程勘察设计费(除税价)为 2 000 元,服务费税率为 6%。

(8)要求手工编制一阶段设计预算,并撰写编制说明。

2.GSM 数字移动通信网××基站设备安装工程预算编制

(1)本次工程设计是 GSM 数字移动通信网××基站设备安装工程,其平面布置示意图如图T5-2 所示。该基站位于六层,本次工程新建落地式基站(BTS)、环境监控箱、防雷箱、馈线窗等设施,从 BTS 布放射频同轴电缆至天线,工程量统计不计取 1/2 英寸馈线部分。

(2)本次工程建设单位为××市移动分公司,工程不购买工程保险,不实行工程招标。

(3)本工程所在地为辽宁省非特殊地区,工程施工企业距离工程所在地 100 km,所有设备价格均为到达基站机房或天面的预算价格,国内配套主材运距为 200 km。

(4)本次工程的部分设备、材料价格见表 T5-1。设备由移动分公司提供,材料由建筑方提供,采用一般计税方式。

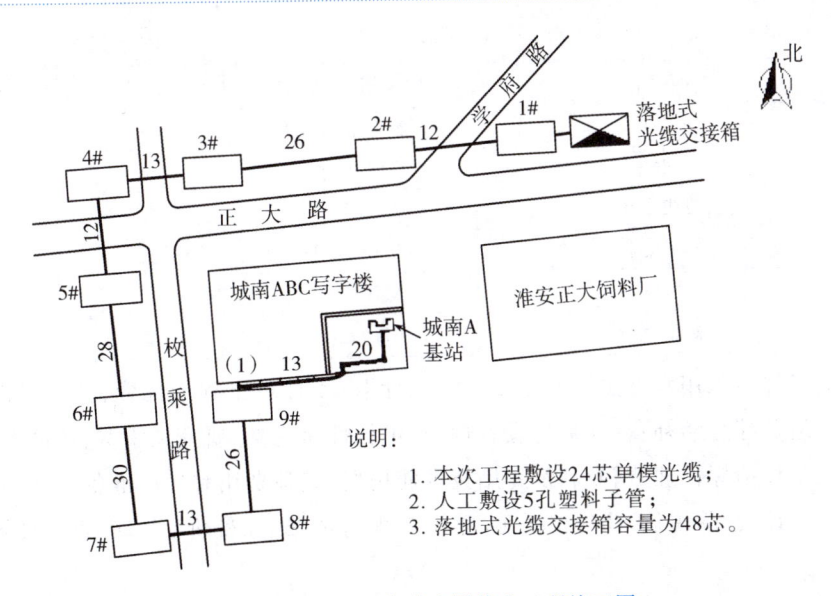

图 T5-1　××市管道光缆接入工程施工图

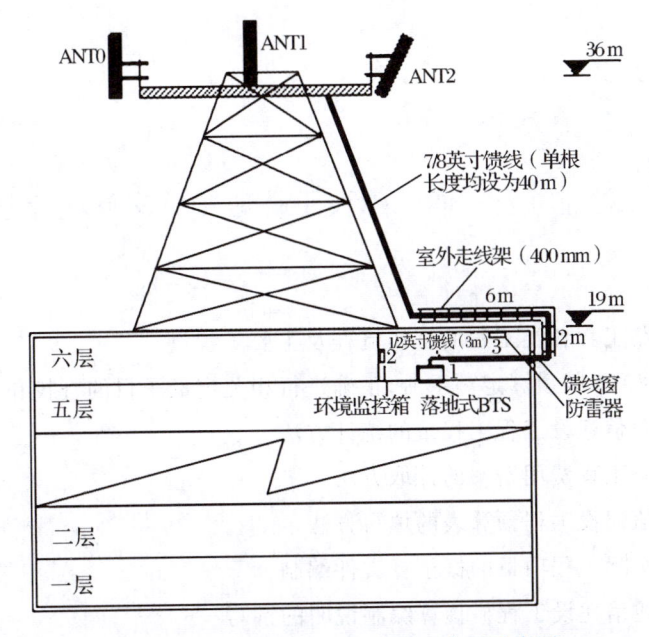

说明：
1. 本次工程敷设24芯单模光缆；
2. 人工敷设5孔塑料子管；
3. 落地式光缆交接箱容量为48芯。

图 T5-2　GSM 数字移动基站平面布置示意图

表 T5-1　部分设备、材料价格一览表

| 序号 | 名称 | 规格型号 | 单位 | 单价/元 |
| --- | --- | --- | --- | --- |
| 1 | 基站设备 | 华为落地式 BTS | 架 | 60 000 |
| 2 | 环境监控箱 |  | 个 | 3 000 |
| 3 | 防雷器 |  | 个 | 1 600 |
| 4 | 馈线窗 |  | 个 | 1 000 |
| 5 | 定向天线 | 18 dBi(65°) | 副 | 6 000 |
| 6 | 室外走线架 | 400 mm | m | 280 |

(续表)

| 序号 | 名称 | 规格型号 | 单位 | 单价/元 |
|---|---|---|---|---|
| 7 | 馈线 | 1/2 英寸(3 m) | 条 | 18 |
| 8 | 馈线 | 7/8 英寸 | m | 36 |
| 9 | 馈线卡子 | 7/8 英寸 | 套 | 28 |
| 10 | 膨胀螺栓 | M12×80 | 套 | 8 |
| 11 | 膨胀螺栓 | M10×40 | 套 | 3 |
| 12 | 膨胀螺栓 | M10×80 | 套 | 5 |

(5)本次工程施工用水电蒸汽费按 2 000 元计取;不计取工程干扰费、已完工程及设备保护费、建设用地及综合赔补费、项目建设管理费、可行性研究费、研究试验费、环境影响评价费、工程保险费、工程招标代理费、专利及专用技术使用费、其他费用和生产准备及开办费等费用。

(6)勘察设计费(除税价)为 4 000 元,建设工程监理费(除税价)为 500 元,服务费税率按 6% 计取。

(7)要求手工编制施工图预算,并撰写编制说明。

## 技能训练

### 技能训练五　通信建设工程概预算文件的编制

#### 一、实训目的

1. 掌握通信线路工程各类工程的工作流程及主要工程量
2. 能熟练运用 2016 版预算定额手册,正确进行相关定额子目的查找和套用
3. 理解和掌握通信建设工程工程量的统计方法
4. 掌握通信建设工程费用费率的计取方法
5. 熟练掌握通信建设工程预算表的填写方法
6. 能独立进行实际工程项目的概预算文件编制
7. 能熟练进行通信建设工程概预算编制说明的撰写

#### 二、实训场地和器材

通信工程设计实训室(2016 版预算定额手册 1 套)

#### 三、实训内容

1. 已知条件

(1)本设计为××学院移动通信基站中继光缆线路单项工程一阶段设计,施工图如图 J5-1(a)和图 J5-1(b)所示。

(2)本工程建设单位为××市移动分公司,不委托监理,不购买工程保险,不实行工程招标。核心机房的 ODF 架已安装完毕,本次工程的中继传输光缆只需上架成端即可。

(3)施工企业距离工程所在地 200 km。工程所在地区为江苏省,为非特殊地区。敷设通

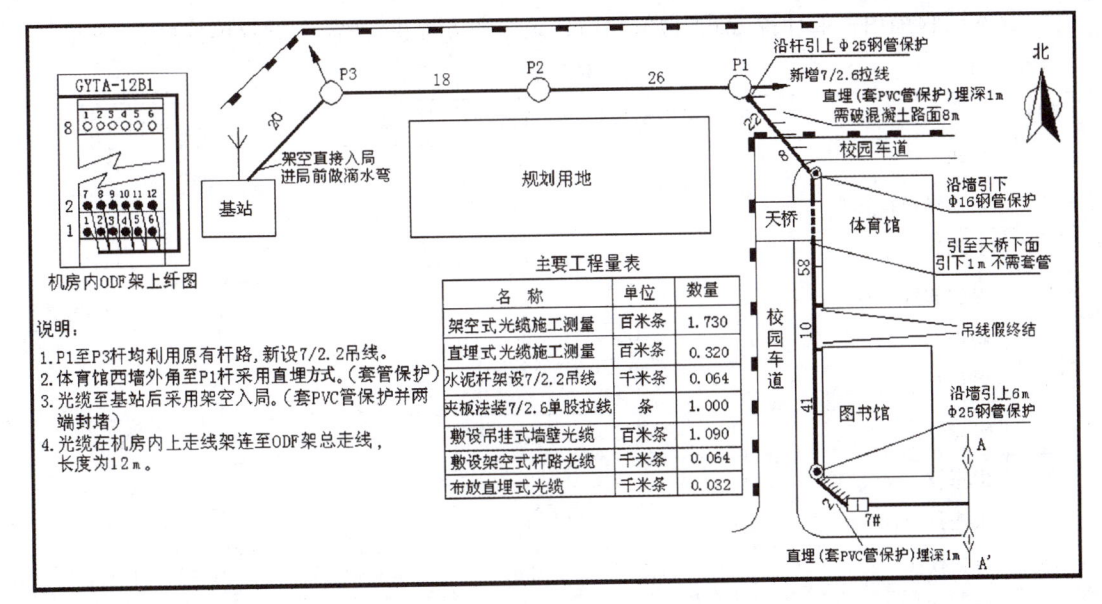

(a) 施工图Ⅰ

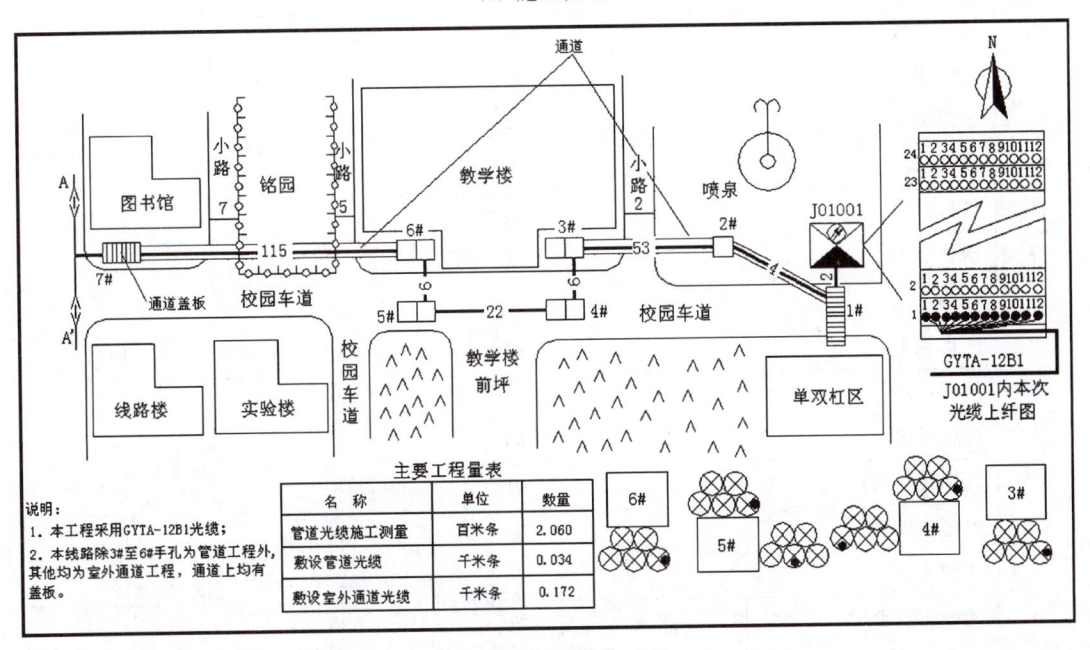

(b) 施工图Ⅱ

图 J5-1 ××学院移动通信基站中继光缆线路工程施工图

道光缆用材视同敷设管道光缆。

(4) 国内配套主材的运距为 400 km,按不需要中转(即无须采购代理)考虑。

(5) 施工用水电蒸汽费按 3 000 元计取。

(6) 本工程勘察设计费(除税价)为 2 600 元,监理费(除税价)为 1 600 元,服务费税率按 6%计取。

(7) 本工程不计取建设用地及综合赔补费、项目建设管理费、已完工程及设备保护费、运土费、工程排污费、建设期利息、可行性研究费、研究试验费、环境影响评价费、专利及专用技术使用费、其他费用、生产准备及开办费等费用。

(8)本工程采用一般计税方式,材料均由建筑服务方提供,所需主材及单价见表J5-1。

表 J5-1　　　　　　　　　　　主材及单价表

| 序号 | 名称 | 规格型号 | 单位 | 除税价/元 | 增值税税率 |
| --- | --- | --- | --- | --- | --- |
| 1 | 光缆 | | m | 2.68 | 13% |
| 2 | 聚乙烯塑料管 | | m | 50 | 13% |
| 3 | 聚乙烯波纹管 | | m | 3.3 | 13% |
| 4 | 保护软管 | | m | 9.8 | 13% |
| 5 | 胶带 | | 盘 | 1.43 | 13% |
| 6 | 托板垫 | | 块 | 6.8 | 13% |
| 7 | 水泥 | | kg | 0.33 | 13% |
| 8 | 中粗砂 | | kg | 0.045 | 13% |
| 9 | 水泥拉线盘 | | 套 | 45 | 13% |
| 10 | 镀锌铁线 | $\phi$1.5 | kg | 6.8 | 13% |
| 11 | 镀锌铁线 | $\phi$4.0 | kg | 7.73 | 13% |
| 12 | 镀锌铁线 | $\phi$3.0 | kg | 7.73 | 13% |
| 13 | 光缆托板 | | 块 | 6.5 | 13% |
| 14 | 余缆架 | | 副 | 52 | 13% |
| 15 | 管材(直) | | 根 | 24 | 13% |
| 16 | 管材(弯) | | 根 | 8 | 13% |
| 17 | 钢管卡子 | | 副 | 4.5 | 13% |
| 18 | 挂钩 | | 只 | 0.29 | 13% |
| 19 | U形钢卡 | | 副 | 6 | 13% |
| 20 | 拉线衬环 | | 个 | 12 | 13% |
| 21 | 膨胀螺栓 | M12 | 副 | 0.57 | 13% |
| 22 | 终端转角墙担 | | 根 | 16 | 13% |
| 23 | 中间支撑物 | | 套 | 13 | 13% |
| 24 | 挂钩 | | 个 | 0.26 | 13% |
| 25 | 光纤连接盘 | 12芯 | 块 | 535 | 13% |
| 26 | 光纤连接盘 | 6芯 | 块 | 550 | 13% |
| 27 | 光纤连接器材 | | 套 | 4.3 | 13% |
| 28 | 跳线连接器 | | 个 | 35 | 13% |
| 29 | 镀锌钢绞线 | | kg | 9.8 | 13% |
| 30 | 地锚铁柄 | | 套 | 17 | 13% |
| 31 | 三眼双槽夹板 | | 块 | 11 | 13% |
| 32 | 拉线抱箍 | | 套 | 10.8 | 13% |
| 33 | 吊线箍 | | 副 | 14.5 | 13% |

（续表）

| 序号 | 名称 | 规格型号 | 单位 | 除税价/元 | 增值税税率 |
|---|---|---|---|---|---|
| 34 | 三眼单槽夹板 |  | 副 | 9 | 13％ |
| 35 | 镀锌穿钉 | 50 | 副 | 8 | 13％ |
| 36 | 镀锌穿钉 | 100 | 副 | 15 | 13％ |
| 37 | 标志牌 |  | m | 1 | 13％ |

2.学生操作内容

要求编制该施工图一阶段设计预算。

## 四、总结与体会

# 参 考 文 献

[1] 工业和信息化部通信工程定额质监中心.信息通信建设工程概预算管理与实务[M].北京：人民邮电出版社,2017.

[2] 解相吾,解文博.通信工程概预算与项目管理[M].北京:电子工业出版社,2014.

[3] 李立高.通信工程概预算[M].2版.北京:北京邮电大学出版社,2015.

[4] 张金生.通信工程建设与概预算[M].北京:北京师范大学出版社,2012.

[5] 黄艳华,冯友谊.现代通信工程制图与概预算[M].2版.北京:电子工业出版社,2015.

[6] 李立高.通信光缆工程[M].北京:人民邮电出版社,2009.

[7] 寿文泽,赵国荣,钱能.通信线路工程设计[M].北京:人民邮电出版社,2009.

[8] 张智群,谢斌生,陈佳.通信工程概预算[M].北京:机械工业出版社,2014.

[9] 于正永,张悦,华山.通信工程制图及实训[M].3版.大连:大连理工大学出版社,2017.

[10] 中华人民共和国工业和信息化部.信息通信建设工程预算定额[M].北京:人民邮电出版社,2016.

[11] 杨光,马敏,杜庆波.通信工程勘察设计与概预算[M].北京:人民邮电出版社,2020.

# 附录 A

## 模拟试题库

### 一、填空题

1. 对于复杂大型工程项目来说,通常采用初步设计、_____和_____三阶段设计,而小型或简单的工程项目则采用_____设计。

2. 通信建设工程的大中型项目和限上项目从建设前期工作到建设、投产,要经过立项、_____和_____三个阶段。

3. 2016版预算定额《信息通信建设工程预算定额》具有严格控制量、_____和_____三个特点。

4. 定额子目编号由三部分组成:汉语拼音缩写(三个字母)、一位阿拉伯数字、三位阿拉伯数字。如 TSD2-002,其中 TSD 表示_____,002 表示_____。

5. 一般来说,预算定额由_____、册说明、_____、章节说明和附录组成。

6. 预算定额中注有"××以上",其含义是_____本身。(填写"包括"或"不包括")

7. 完成某线路工程,其技工总工日为120工日,普工总工日为60工日,则此工程所需人工费为_____元。(不考虑小工日调整)

8. 工程设计图纸幅面尺寸和图框大小应符合国家标准GB/T 6988.1—2008《电气技术用文件的编制 第1部分:规则》中的规定,A3图纸尺寸为_____。

9. 当需要区分新安装的设备时,粗实线表示_____,细实线表示原有设备,虚线表示_____。在改建的电信工程的图纸上,用"×"来标注_____。

10. 在通信线路工程图纸中一般以_____为单位,其他图纸中均以_____为单位,且无须另行说明。

11. 在安装移动通信馈线项目中,若布放1条长度为35米的1/2英寸射频同轴电缆,则其技工工日数合计为_____。(注:布放1/2英寸射频同轴电缆4 m以下,其技工单位量为0.2;每增加1 m 的技工单位量为0.03)

12. 一个通信建设工程项目的总费用由各单项工程费用构成;每个单项工程费用包括_____、_____、预备费以及建设期利息。

13. 措施项目费是指为完成工程项目施工,发生于该工程前和施工过程中非工程实体项目的费用,其属于直接费范畴,其包括的费用计费基础多为_____费。

14. 概预算文件由_____和_____组成。

15. 项目的特征有_____、唯一性、_____和寿命周期性。

16. 所谓定额,是指在一定的生产技术和劳动组织条件下,_____。按照建设工程定额反映的物质消耗内容,可以将建设工程定额分为劳动消耗定额、_____和_____。

17.一般来说,概算套用概算定额,预算套用预算定额,目前在我国编制通信建设工程概算时,规定用_____代替_____。

18.验收阶段包括初步验收、_____和竣工验收等三个方面,一般试运行期为_____个月。

19.一个通信建设工程项目由多个单项工程组成,而每个单项工程又由多个_____组成。

20.建设项目按照其建设性质不同,可划分为基本建设项目和_____两类。

21.光缆通常由_____、加强芯、填充物和_____等部分组成。

22.按照投资金额,通信建设工程可以划分为一类、二类、三类和四类。投资在2 000万元以下的部定通信工程项目或者省内通信干线工程项目,投资在2 000万元以上的省定通信工程项目,我们称其为_____类工程,国家八横八纵光缆工程可称为_____类工程。二类施工企业可以承担_____工程。

## 二、单项选择题

1.下列有关概算、预算作用的说法中,正确的是( )。

A.预算是控制固定资产投资、编制和安排投资计划、控制施工图设计预算的主要依据

B.概算是考核工程成本、确定工程造价的主要依据

C.预算是考核施工图设计技术、经济合理性的主要依据之一

D.概算是签订工程承、发包合同的依据

2.下列有关项目的说法中,错误的是( )。

A.项目管理可以提高工程项目质量、缩短建设周期、提高效率以及节约建设资金

B.项目是指在质量、进度、投资、安全等方面约束条件下,具有专门组织和特定目标的一次性任务

C.一般来说,重复的、大批量的、目标不明确的、局部的任务属于项目范畴

D.项目具有一次性、唯一性、目标明确性以及寿命周期性

3.下列描述中,属于二类工程的是( )。

A.大中型项目或投资在5 000万元以上的通信工程项目

B.省内通信干线工程项目

C.投资在500万元以上的通信工程项目

D.投资在2 000万元以上的部定通信工程项目

4.下列选项中,不属于定额特点的是( )。

A.科学性　　　　B.系统性　　　　C.时效性　　　　D.唯一性

5.《通信电源设备安装工程》预算定额涵盖了通信设备安装工程中所需的全部供电系统配置的安装项目,内容不包括( )。

A.10 kV以下的变、配电设备

B.电力线缆布放

C.供电系统附属设备的安装预调试

D.电气设备的联合试运转工作

6.某通信线路工程位于海拔4 000 m以上的原始森林地带,进行室外施工,如果根据工程量统计的工日为1 000工日,那么总工日应该为( )工日。

注:海拔4 000 m以上和原始森林地带的人工调整系数分别为1.37和1.30。

A.1 000　　　　B.1 370　　　　C.1 781　　　　D.1 300

7.通信建设工程概预算编制办法及费用定额适用于通信工程新建、扩建工程,(　　)可参考使用。
　　A.恢复工程　　　　B.维修工程　　　　C.改建工程　　　　D.土建工程
8.工程干扰费是指通信线路工程在市区施工,因为(　　)所需采取的安全措施及降效补偿费用。
　　A.工程对外界的干扰　　　　　　　　B.工程、外界相互干扰
　　C.外界对工程的干扰　　　　　　　　D.电磁干扰
9.下列费用中,不属于工程建设其他费的是(　　)。
　　A.施工队伍调遣费　　　　　　　　　B.勘察设计费
　　C.建设工程监理费　　　　　　　　　D.项目建设管理费
10.下列选项中,不属于材料预算价格内容的是(　　)。
　　A.材料原价　　　　　　　　　　　　B.材料运杂费
　　C.材料采购及保管费　　　　　　　　D.工地器材搬运费
11.下列项目范畴中,排序正确的是(　　)。
　　A.单项工程项目＜建设项目＜单位工程项目
　　B.建设项目＜单位工程项目＜单项工程项目
　　C.单位工程项目＜单项工程项目＜建设项目
　　D.单位工程项目＜建设项目＜单项工程项目
12.下列概预算表中,哪个表可以反映工程量的情况?(　　)
　　A.表一　　　　　　　　　　　　　　B.表二
　　C.(表三)甲　　　　　　　　　　　　D.(表四)甲
13.下列关于人工费的说法中,不正确的是(　　)。
　　A.属于建筑安装工程费　　　　　　　B.属于直接工程费
　　C.属于工程费　　　　　　　　　　　D.属于工程建设其他费
14.下列哪个费用的变化不会引起预备费的变化?(　　)
　　A.工程费　　　　　　　　　　　　　B.建设期利息
　　C.工程建设其他费　　　　　　　　　D.建筑安装工程费
15.下列有关通信线路工程小工日调整的说法中,正确的是(　　)。
　　A.工程总工日在100工日以下时,增加15％
　　B.工程总工日在100～150工时,增加15％
　　C.工程总工日在100～250工时,增加20％
　　D.工程总工日在250～300工时,增加5％
16.下列关于管道工程中"长度"的说法中,正确的是(　　)。
　　A.不放坡时,管道长度即开挖管道沟路面长度
　　B.放坡时,管道沟开挖长度小于管道沟路面长度
　　C.不放坡时,管道沟开挖长度大于管道长度
　　D.放坡时,管道长度大于开挖管道沟路面长度
17.某段管道沟(放坡)体积计算公式 $V=(B+H_1 i)H_2 L$ 中,$H_1$ 和 $H_2$ 分别是(　　)。
　　A.人孔挖深、管道沟平均挖深　　　　B.管道沟平均挖深、人孔挖深
　　C.人孔挖深、人孔挖深　　　　　　　D.管道沟平均挖深、管道沟平均挖深

18.下列关于邀标的说法中,正确的是(　　)。
　　A.通过私下交易　　　　　　　　B.规定一个参与竞争
　　C.通过广告发布工程信息　　　　D.邀请有资质的公司公开参与
19.勘察设计费属于建设项目中的(　　)。
　　A.预备费　　　　　　　　　　　B.建筑安装工程费
　　C.工程建设其他费用　　　　　　D.生产准备费
20.下列哪个费用的变化不会引起建筑安装工程费中销项税额的变化?(　　)
　　A.直接费　　　　　　　　　　　B.间接费
　　C.工程建设其他费用　　　　　　D.利润
21.在预算定额中,主要材料包括(　　)。
　　A.直接使用量和运输损耗量　　　B.直接使用量和预留量
　　C.直接使用量和规定损耗量　　　D.预留量和运输损耗量
22.2016版预算定额中,人工消耗量不包括(　　)。
　　A.基本用工　　B.其他用工　　C.技工和普工　　D.辅助用工
23.建设项目总概算是根据所包括的(　　)汇总编制而成的。
　　A.单项工程概算　　　　　　　　B.单位工程概算
　　C.分部工程概算　　　　　　　　D.分项工程概算
24.下列导线截面积(单位:mm²)数值中,属于现行定额定义的"电力电缆单芯相线截面积"的是(　　)。
　　A.10　　　　　B.12　　　　　C.14　　　　　D.16
25.设备购置费的基本含义是(　　)。
　　A.设备采购时的实际成交价
　　B.设备在工地仓库出库之前所发生的费用之和
　　C.设备采购和安装的费用之和
　　D.设备在抵达工地之前所发生的费用之和
26.编制竣工图纸和资料所发生的费用已包含在(　　)中。
　　A.工程点交、场地清理费　　　　B.企业管理费
　　C.现场管理费　　　　　　　　　D.建设单位管理费
28.对概预算进行修改时,若需要安装的设备购置费有所增加,将对下列费用中的(　　)无影响。
　　A.建筑安装工程费　　　　　　　B.工程费
　　C.工程建设其他费　　　　　　　D.单项工程费用
29.计算器材运杂费时,材料按光缆、电缆、塑料及塑料制品、木材及木制品、(　　)以及其他进行分类。
　　A.电线　　　　B.地方材料　　C.水泥及水泥制品　　D.光纤
30.拆除天、馈线及室外基站设备时,预算定额规定的人工工日调整系数为(　　)。
　　A.1.0　　　　　B.0.8　　　　　C.0.6　　　　　D.0.4

### 三、判断题

1.通信建设工程初步设计阶段应该编制修正概算。　　　　　　　　　　　(　　)
2.只有单位价值在2 000元以上的机械、仪表才计取其台班费用。　　　　 (　　)
3.对于通信线路图、系统框图、电路组织图、方案示意图等图纸无比例要求。(　　)

4.若某设计图纸中挖光(电)缆沟时需要开挖混凝土路面,路面在施工完毕后需要恢复,则一定有挖、夯填光(电)缆沟工程项目。 (    )

5.TD-SCDMA 基站工程需要计取"安装调测卫星全球定位系统(GPS)天线",而 WCDMA 基站工程不用计取。 (    )

6.工程所在地距施工企业 30 km 比 25 km 的施工队伍调遣费要多。 (    )

7.对于通信设备安装工程项目来说,仅室外天、馈线部分计列冬雨季施工增加费。 (    )

8.通信线路工程预算定额中,没有涉及计取相关的拆除工程。 (    )

9.通信建设工程项目如果计列预备费,则预备费的费率为 4%。 (    )

10.对于通信线路工程项目而言,只要在夜间施工就必须计取夜间施工增加费。 (    )

11.预算定额中带有括号和以分数表示的消耗量,是供设计选用的,"＊"表示由设计确定其用量。 (    )

12.《无线通信设备安装工程》手册中定额人工工日均以技术工(简称技工)作业取定。 (    )

13.在通信线路工程定额手册中有安装引上钢管和安装引下钢管两个工程量。 (    )

14.通常只选用两种宽度的图线,粗线线宽为细线线宽的 2 倍;复杂的图纸也可采用粗、中、细三种线宽,线宽按 2 的倍数依次递增。 (    )

15.图纸中的"技术要求""说明"或"注"等字样,应写在具体文字内容的左上方,并应使用同样的字号和字体,且标题下均不画横线。 (    )

16.填写预算表格时,表三、表四可以同步填写。 (    )

17.现行的工程价款结算有静态价款结算和动态价款结算两种。 (    )

18.同一定额项目名称,若有多个相关调整系数,应采用系数连乘来确定定额量。 (    )

19.通信建设工程预算定额中"量价分离"特点的含义为定额中只反映人工、材料、机械台班和仪表台班的消耗量,而不反映其单价。 (    )

20.2016 版预算定额中的材料长度,凡未注明计量单位者均为毫米。 (    )

21.《工业和信息化部关于印发信息通信建设工程预算定额、工程费用定额及工程概预算编制规程的通知》(工信部通信〔2016〕451 号)适用于新建、扩建、改建以及通信铁塔安装工程。 (    )

22.图线的宽度一般从 0.1 mm,0.25 mm,0.35 mm,0.5 mm,0.7 mm,1.0 mm,1.4 mm 等中选用。 (    )

23.2016 版预算定额不含施工用水、电、蒸汽等费用;此类费用在设计概、预算中根据工程实际情况在建筑安装工程费中按实计列。 (    )

24.施工机械单位价值在 2 000 元以上,构成固定资产的列入本定额的机械台班。 (    )

25.仪器仪表使用费包括折旧费、修理费(大修理费、经常修理费)、年检费以及人工费。 (    )

## 四、简答题

1.简述通信建设工程项目的建设流程。

2.简述 2016 版预算定额的主要特点。

3.列出架空线路工程的主要工程量。(列出 5 项即可)

4.列出无线通信设备安装工程(无线专业部分)的主要工程量。(列出 5 条即可)

5.概预算表有几种表？共几张？请写出每个表的具体名称。

6.简述通信建设工程概预算表格的填写顺序。

7.简述通信建设工程概预算表格与费用的对应关系。

8.2016版《信息通信建设工程预算定额》中包含几个分册？请写出各分册的名称。

9.简述通信建设工程概预算编制流程。

10.简述概预算编制说明包括哪些部分。

11.通信建设工程设计文件主要由哪些部分组成？

12.简述施工图预算审查步骤及主要内容。

## 五、计算题

1.某通信管道的包封示意图如图 A-1 所示。其包封厚度 $d$ 为 0.1 m，管道基础厚度 $g$ 为 0.05 m，管群高度 $H$ 为 0.8 m，管道宽度 $b$ 为 0.6 m，管道基础总长度 $L$ 为 30 m，请计算管道包封体积。

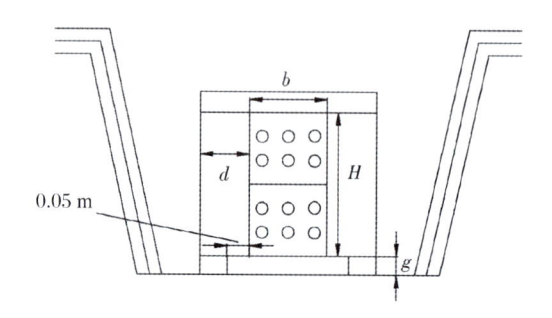

图 A-1　某通信管道包封示意图

2.假设机房直流电压均为 −48 V，近期各设备负荷如下：传输设备 20 A、数据设备 60 A、无线专业 40 A、其他设备 20 A，采用高频开关电源供电，请计算该机房所需蓄电池组的总容量。（假设 $K$ 取 1.25，放电时间 $T$ 为 3 小时，不考虑最低环境温度影响，即假设 $t=25$ ℃，蓄电池逆变效率 $\eta$ 为 0.75，蓄电池温度系数 $\alpha=0.006$。）

## 六、综合应用题

根据 TD-SCDMA 基站工程室外部分施工图（如图 A-2 所示），进行工程量的统计，完成表 A-1"工程量统计表"的填写。（假设计算本工程所用的线缆长度时均从馈线窗出口处算起，RRU 至天线之间的 1/2 英寸射频同轴电缆每根长度均为 3 m）

表 A-1　　　　　　　　　　工程量统计表

| 序号 | 工程量名称 | 单位 | 数量 |
| --- | --- | --- | --- |
| 1 | 安装室外馈线走道(水平) | m | |
| 2 | 安装室外馈线走道(沿外墙垂直) | m | |
| 3 | 布放射频拉远单元(RRU)用光缆 | 米条 | |
| 4 | 安装定向天线(抱杆上) | 副 | |
| 5 | 安装调测卫星全球定位系统(GPS)天线 | 副 | |
| 6 | 布放射频同轴电缆 1/2 英寸以下(4 m 以下,基站 BBU-GPS) | 条 | |
| 7 | 布放射频同轴电缆 1/2 英寸以下(每增加 1 m,基站 BBU-GPS) | 米条 | |

(续表)

| 序号 | 工程量名称 | 单位 | 数量 |
|---|---|---|---|
| 8 | 布放射频同轴电缆 1/2 英寸以下(4 m 以下,RRU-天线) | 条 | |
| 9 | 布放射频同轴电缆 1/2 英寸以下(每增加 1 m,RRU-天线) | 米条 | |
| 10 | 配合调测天、馈线系统 | 站 | |
| 11 | 安装室外射频拉远单元 | 套 | |
| 12 | 配合基站系统调测 | 站 | |

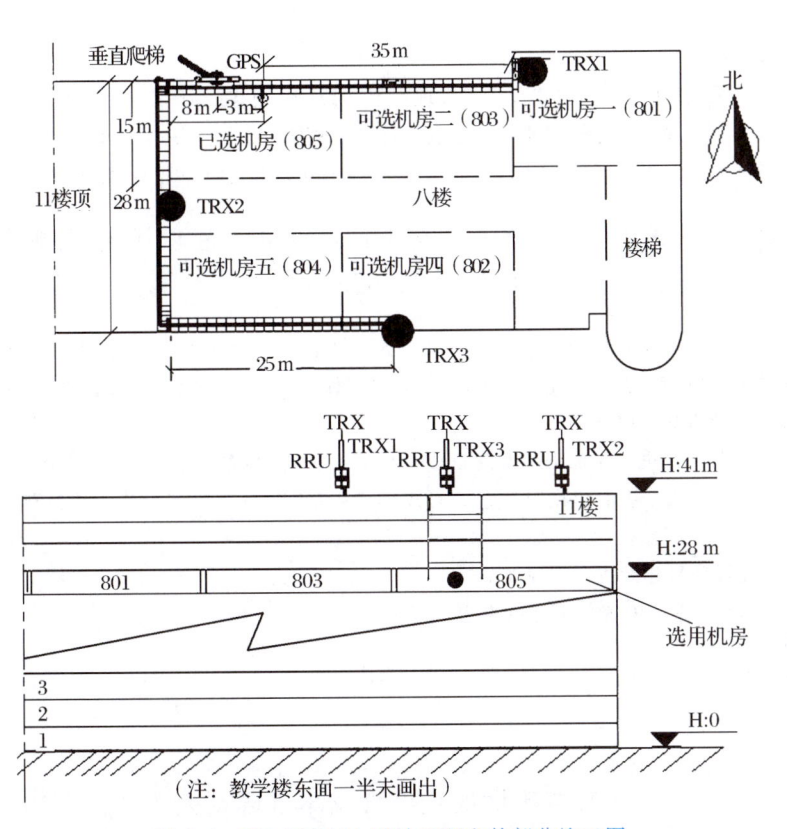

图 A-2 TD-SCDMA 基站工程室外部分施工图

# 附录 B
# 与费用定额相关的规范文件

文件一：关于印发《基本建设项目建设成本管理规定》的通知（财建〔2016〕504号）
文件二：国家发展改革委关于进一步放开建设项目专业服务价格的通知（发改价格〔2015〕299号）
文件三：财政部 安全监管总局关于印发《企业安全生产费用提取和使用管理办法》的通知（财企〔2012〕16号）

## 文件一：关于印发《基本建设项目建设成本管理规定》的通知
## （财建〔2016〕504号）

党中央有关部门，国务院各部委、各直属机构，军委后勤保障部，武警总部，全国人大常委会办公厅，全国政协办公厅，高法院，高检院，各民主党派中央，有关人民团体，各中央管理企业，各省、自治区、计划单列市财政厅（局），新疆生产建设兵团财务局：

为推动各部门、各地区进一步加强基本建设成本核算管理，提高资金使用效益，针对基本建设成本管理中反映出的主要问题，依据《基本建设财务规则》，现印发《基本建设项目建设成本管理规定》，请认真贯彻执行。

附件：1. 基本建设项目建设成本管理规定
   2. 项目建设管理费总额控制数费率表

财政部<br>2016年7月6日

**附件 1：**

## 基本建设项目建设成本管理规定

**第一条** 为了规范基本建设项目建设成本管理，提高建设资金使用效益，依据《基本建设财务规则》（财政部令第81号），制定本规定。

**第二条** 建筑安装工程投资支出是指基本建设项目（以下简称项目）建设单位按照批准的建设内容发生的建筑工程和安装工程的实际成本，其中不包括被安装设备本身的价值，以及按照合同规定支付给施工单位的预付备料款和预付工程款。

**第三条** 设备投资支出是指项目建设单位按照批准的建设内容发生的各种设备的实际成本（不包括工程抵扣的增值税进项税额），包括需要安装设备、不需要安装设备和为生产准备的不够固定资产标准的工具、器具的实际成本。

需要安装设备是指必须将其整体或几个部位装配起来，安装在基础上或建筑物支架上才能使用的设备。不需要安装设备是指不必固定在一定位置或支架上就可以使用的设备。

**第四条** 待摊投资支出是指项目建设单位按照批准的建设内容发生的，应当分摊计入相关资产价值的各项费用和税金支出。主要包括：

（一）勘察费、设计费、研究试验费、可行性研究费及项目其他前期费用；

（二）土地征用及迁移补偿费、土地复垦及补偿费、森林植被恢复费及其他为取得或租用土地使用权而发生的费用；

（三）土地使用税、耕地占用税、契税、车船税、印花税及按规定缴纳的其他税费；

（四）项目建设管理费、代建管理费、临时设施费、监理费、招标投标费、社会中介机构审查费及其他管理性质的费用；

（五）项目建设期间发生的各类借款利息、债券利息、贷款评估费、国外借款手续费及承诺费、汇兑损益、债券发行费用及其他债务利息支出或融资费用；

（六）工程检测费、设备检验费、负荷联合试车费及其他检验检测类费用；

（七）固定资产损失、器材处理亏损、设备盘亏及毁损、报废工程净损失及其他损失；

（八）系统集成等信息工程的费用支出；

（九）其他待摊投资性质支出。

项目在建设期间的建设资金存款利息收入冲减债务利息支出，利息收入超过利息支出的部分，冲减待摊投资总支出。

**第五条** 项目建设管理费是指项目建设单位从项目筹建之日起至办理竣工财务决算之日止发生的管理性质的支出。包括：不在原单位发工资的工作人员工资及相关费用、办公费、办公场地租用费、差旅交通费、劳动保护费、工具用具使用费、固定资产使用费、招募生产工人费、技术图书资料费(含软件)、业务招待费、施工现场津贴、竣工验收费和其他管理性质开支。

项目建设单位应当严格执行《党政机关厉行节约反对浪费条例》，严格控制项目建设管理费。

**第六条** 行政事业单位项目建设管理费实行总额控制，分年度据实列支。总额控制数以项目审批部门批准的项目总投资(经批准的动态投资，不含项目建设管理费)扣除土地征用、迁移补偿等为取得或租用土地使用权而发生的费用为基数分档计算。具体计算方法见附件。

建设地点分散、点多面广、建设工期长以及使用新技术、新工艺等的项目，项目建设管理费确需超过上述开支标准的，中央级项目，应当事前报项目主管部门审核批准，并报财政部备案，未经批准的，超标准发生的项目建设管理费由项目建设单位用自有资金弥补；地方级项目，由同级财政部门确定审核批准的要求和程序。

施工现场管理人员津贴标准比照当地财政部门制定的差旅费标准执行；一般不得发生业务招待费，确需列支的，项目业务招待费支出应当严格按照国家有关规定执行，并不得超过项目建设管理费的5%。

**第七条** 使用财政资金的国有和国有控股企业的项目建设管理费，比照第六条规定执行。国有和国有控股企业经营性项目的项目资本中，财政资金所占比例未超过50%的项目建设管理费可不执行第六条规定。

**第八条** 政府设立(或授权)、政府招标产生的代建制项目，代建管理费由同级财政部门根据代建内容和要求，按照不高于本规定项目建设管理费标准核定，计入项目建设成本。

实行代建制管理的项目，一般不得同时列支代建管理费和项目建设管理费，确需同时发生的，两项费用之和不得高于本规定的项目建设管理费限额。

建设地点分散、点多面广以及使用新技术、新工艺等的项目，代建管理费确需超过本规定确定的开支标准的，行政单位和使用财政资金建设的事业单位中央项目，应当事前报项目主管部门审核批准，并报财政部备案；地方项目，由同级财政部门确定审核批准的要求和程序。

代建管理费核定和支付应当与工程进度、建设质量结合，与代建内容、代建绩效挂钩，实行奖优罚劣。同时满足按时完成项目代建任务、工程质量优良、项目投资控制在批准概算总投资范围3个条件的，可以支付代建单位利润或奖励资金，代建单位利润或奖励资金一般不得超过代建管理费的10%，需使用财政资金支付的，应当事前报同级财政部门审核批准；未完成代建任务的，应当扣减代建管理费。

**第九条** 项目单项工程报废净损失计入待摊投资支出。

单项工程报废应当经有关部门或专业机构鉴定。非经营性项目以及使用财政资金所占比例超过项目资本50%的经营性项目，发生的单项工程报废经鉴定后，报项目竣工财务决算批复部门审核批准。

因设计单位、施工单位、供货单位等原因造成的单项工程报废损失，由责任单位承担。

**第十条** 其他投资支出是指项目建设单位按照批准的项目建设内容发生的房屋购置支出，基本畜禽、林木等的购置、饲养、培育支出,办公生活用家具、器具购置支出,软件研发及不能计入设备投资的软件购置等支出。

第十一条 本规定自 2016 年 9 月 1 日起施行。《财政部关于切实加强政府投资项目代建制财政财务管理有关问题的指导意见》(财建〔2004〕300 号)同时废止。

附件 2：

### 项目建设管理费总额控制数费率表（单位：万元）

| 工程总概算 | 费率(%) | 算 例 ||
|---|---|---|---|
| | | 工程总概算 | 项目建设管理费 |
| 1 000 以下 | 2 | 1 000 | 1 000×2％＝20 |
| 1 001～5 000 | 1.5 | 5 000 | 20＋(5 000－1 000)×1.5％＝80 |
| 5001～10 000 | 1.2 | 10 000 | 80＋(10 000－5 000)×1.2％＝140 |
| 10 001～50 000 | 1 | 50 000 | 140＋(50 000－10 000)×1％＝540 |
| 50 001～100 000 | 0.8 | 100 000 | 540＋(100 000－50 000)×0.8％＝940 |
| 100 000 以上 | 0.4 | 200 000 | 940＋(200 000－100 000)×0.4％＝1 340 |

## 文件二：国家发展改革委关于进一步放开建设项目专业服务价格的通知
### （发改价格〔2015〕299 号）

国务院有关部门、直属机构,各省、自治区、直辖市发展改革委、物价局：

为贯彻落实党的十八届三中全会精神,按照国务院部署,充分发挥市场在资源配置中的决定性作用,决定进一步放开建设项目专业服务价格。现将有关事项通知如下：

一、在已放开非政府投资及非政府委托的建设项目专业服务价格的基础上,全面放开以下实行政府指导价管理的建设项目专业服务价格,实行市场调节价。

（一）建设项目前期工作咨询费,指工程咨询机构接受委托,提供建设项目专题研究、编制和评估项目建议书或者可行性研究报告,以及其他与建设项目前期工作有关的咨询等服务收取的费用。

（二）工程勘察设计费,包括工程勘察收费和工程设计收费。工程勘察收费,指工程勘察机构接受委托,提供收集已有资料、现场踏勘、制定勘察纲要,进行测绘、勘探、取样、试验、测试、检测、监测等勘察作业,以及编制工程勘察文件和岩土工程设计文件等服务收取的费用；工程设计收费,指工程设计机构接受委托,提供编制建设项目初步设计文件、施工图设计文件、非标准设备设计文件、施工图预算文件、竣工图文件等服务收取的费用。

（三）招标代理费,指招标代理机构接受委托,提供代理工程、货物、服务招标,编制招标文件、审查投标人资格,组织投标人踏勘现场并答疑,组织开标、评标、定标,以及提供招标前期咨询、协调合同的签订等服务收取的费用。

（四）工程监理费,指工程监理机构接受委托,提供建设工程施工阶段的质量、进度、费用控制管理和安全生产监督管理、合同、信息等方面协调管理等服务收取的费用。

（五）环境影响咨询费,指环境影响咨询机构接受委托,提供编制环境影响报告书、环境影响报告表和对环境影响报告书、环境影响报告表进行技术评估等服务收取的费用。

二、上述 5 项服务价格实行市场调节价后,经营者应严格遵守《价格法》《关于商品和服务实行明码标价的规定》等法律法规规定,告知委托人有关服务项目、服务内容、服务质量,以及服务价格等,并在相关服务合同中约定。经营者提供的服务,应当符合国家和行业有关标准规范,满足合同约定的服务内容和质量等要求。不得违反标准规范规定或合同约定,通过降低服务质量、减少服务内容等手段进行恶性竞争,扰乱正常市场秩序。

三、各有关行业主管部门要加强对本行业相关经营主体服务行为监管。要建立健全服务标准规范，进一步完善行业准入和退出机制，为市场主体创造公开、公平的市场竞争环境，引导行业健康发展；要制定市场主体和从业人员信用评价标准，推进工程建设服务市场信用体系建设，加大对有重大失信行为的企业及负有责任的从业人员的惩戒力度。充分发挥行业协会服务企业和行业自律作用，加强对本行业经营者的培训和指导。

四、政府有关部门对建设项目实施审批、核准或备案管理，需委托专业服务机构等中介提供评估评审等服务的，有关评估评审费用等由委托评估评审的项目审批、核准或备案机关承担，评估评审机构不得向项目单位收取费用。

五、各级价格主管部门要加强对建设项目服务市场价格行为监管，依法查处各种截留定价权、利用行政权力指定服务、转嫁成本，以及串通涨价、价格欺诈等行为，维护正常的市场秩序，保障市场主体合法权益。

六、本通知自 2015 年 3 月 1 日起执行。此前与本通知不符的有关规定，同时废止。

国家发展改革委  
2015 年 2 月 11 日

## 文件三：财政部 安全监管总局关于印发《企业安全生产费用提取和使用管理办法》的通知
### （财企〔2012〕16 号）

各省、自治区、直辖市、计划单列市财政厅（局）、安全生产监督管理局，新疆生产建设兵团财务局、安全生产监督管理局，有关中央管理企业：

为了建立企业安全生产投入长效机制，加强安全生产费用管理，保障企业安全生产资金投入，维护企业、职工以及社会公共利益，根据《中华人民共和国安全生产法》等有关法律法规和国务院有关决定，财政部、国家安全生产监督管理总局联合制定了《企业安全生产费用提取和使用管理办法》。现印发给你们，请遵照执行。

财政部　安全监管总局  
二〇一二年二月十四日

### 第一章　总　则

**第一条**　为了建立企业安全生产投入长效机制，加强安全生产费用管理，保障企业安全生产资金投入，维护企业、职工以及社会公共利益，依据《中华人民共和国安全生产法》等有关法律法规和《国务院关于加强安全生产工作的决定》（国发〔2004〕2 号）和《国务院关于进一步加强企业安全生产工作的通知》（国发〔2010〕23 号），制定本办法。

**第二条**　在中华人民共和国境内直接从事煤炭生产、非煤矿山开采、建设工程施工、危险品生产与储存、交通运输、烟花爆竹生产、冶金、机械制造、武器装备研制生产与试验（含民用航空及核燃料）的企业以及其他经济组织（以下简称企业）适用本办法。

**第三条**　本办法所称安全生产费用（以下简称安全费用）是指企业按照规定标准提取在成本中列支，专门用于完善和改进企业或者项目安全生产条件的资金。

安全费用按照"企业提取、政府监管、确保需要、规范使用"的原则进行管理。

**第四条**　本办法下列用语的含义是：

煤炭生产是指煤炭资源开采作业有关活动。

非煤矿山开采是指石油和天然气、煤层气（地面开采）、金属矿、非金属矿及其他矿产资源的勘探作业和生产、选矿、闭坑及尾矿库运行、闭库等有关活动。

建设工程是指土木工程、建筑工程、井巷工程、线路管道和设备安装及装修工程的新建、扩建、改建以及矿山建设。

危险品是指列入国家标准《危险货物品名表》(GB12268)和《危险化学品目录》的物品。

烟花爆竹是指烟花爆竹制品和用于生产烟花爆竹的民用黑火药、烟火药、引火线等物品。

交通运输包括道路运输、水路运输、铁路运输、管道运输。道路运输是指以机动车为交通工具的旅客和货物运输;水路运输是指以运输船舶为工具的旅客和货物运输及港口装卸、堆存;铁路运输是指以火车为工具的旅客和货物运输(包括高铁和城际铁路);管道运输是指以管道为工具的液体和气体物资运输。

冶金是指金属矿物的冶炼以及压延加工有关活动,包括:黑色金属、有色金属、黄金等的冶炼生产和加工处理活动,以及炭素、耐火材料等与主工艺流程配套的辅助工艺环节的生产。

机械制造是指各种动力机械、冶金矿山机械、运输机械、农业机械、工具、仪器、仪表、特种设备、大中型船舶、石油炼化装备及其他机械设备的制造活动。

武器装备研制生产与试验,包括武器装备和弹药的科研、生产、试验、储运、销毁、维修保障等。

## 第二章 安全费用的提取标准

**第五条** 煤炭生产企业依据开采的原煤产量按月提取。各类煤矿原煤单位产量安全费用提取标准如下:

(一)煤(岩)与瓦斯(二氧化碳)突出矿井、高瓦斯矿井吨煤 30 元;

(二)其他井工矿吨煤 15 元;

(三)露天矿吨煤 5 元。

矿井瓦斯等级划分按现行《煤矿安全规程》和《矿井瓦斯等级鉴定规范》的规定执行。

**第六条** 非煤矿山开采企业依据开采的原矿产量按月提取。各类矿山原矿单位产量安全费用提取标准如下:

(一)石油,每吨原油 17 元;

(二)天然气、煤层气(地面开采),每千立方米原气 5 元;

(三)金属矿山,其中露天矿山每吨 5 元,地下矿山每吨 10 元;

(四)核工业矿山,每吨 25 元;

(五)非金属矿山,其中露天矿山每吨 2 元,地下矿山每吨 4 元;

(六)小型露天采石场,即年采剥总量 50 万吨以下,且最大开采高度不超过 50 米,产品用于建筑、铺路的山坡型露天采石场,每吨 1 元;

(七)尾矿库按入库尾矿量计算,三等及三等以上尾矿库每吨 1 元,四等及五等尾矿库每吨 1.5 元。

本办法下发之日以前已经实施闭库的尾矿库,按照已堆存尾砂的有效库容大小提取,库容 100 万立方米以下的,每年提取 5 万元;超过 100 万立方米的,每增加 100 万立方米增加 3 万元,但每年提取额最高不超过 30 万元。

原矿产量不含金属、非金属矿山尾矿库和废石场中用于综合利用的尾砂和低品位矿石。

地质勘探单位安全费用按地质勘查项目或者工程总费用的 2% 提取。

**第七条** 建设工程施工企业以建筑安装工程造价为计提依据。各建设工程类别安全费用提取标准如下:

(一)矿山工程为 2.5%;

(二)房屋建筑工程、水利水电工程、电力工程、铁路工程、城市轨道交通工程为 2.0%;

(三)市政公用工程、冶炼工程、机电安装工程、化工石油工程、港口与航道工程、公路工程、通信工程为 1.5%。

建设工程施工企业提取的安全费用列入工程造价,在竞标时,不得删减,列入标外管理。国家对基本建设投资概算另有规定的,从其规定。

总包单位应当将安全费用按比例直接支付分包单位并监督使用,分包单位不再重复提取。

**第八条** 危险品生产与储存企业以上年度实际营业收入为计提依据,采取超额累退方式按照以下标准平均逐月提取:

(一)营业收入不超过 1 000 万元的,按照 4% 提取;

(二)营业收入超过 1 000 万元至 1 亿元的部分,按照 2% 提取;

(三)营业收入超过 1 亿元至 10 亿元的部分,按照 0.5% 提取;

(四)营业收入超过 10 亿元的部分,按照 0.2% 提取。

第九条　交通运输企业以上年度实际营业收入为计提依据,按照以下标准平均逐月提取:

(一)普通货运业务按照 1% 提取;

(二)客运业务、管道运输、危险品等特殊货运业务按照 1.5% 提取。

第十条　冶金企业以上年度实际营业收入为计提依据,采取超额累退方式按照以下标准平均逐月提取:

(一)营业收入不超过 1 000 万元的,按照 3% 提取;

(二)营业收入超过 1 000 万元至 1 亿元的部分,按照 1.5% 提取;

(三)营业收入超过 1 亿元至 10 亿元的部分,按照 0.5% 提取;

(四)营业收入超过 10 亿元至 50 亿元的部分,按照 0.2% 提取;

(五)营业收入超过 50 亿元至 100 亿元的部分,按照 0.1% 提取;

(六)营业收入超过 100 亿元的部分,按照 0.05% 提取。

第十一条　机械制造企业以上年度实际营业收入为计提依据,采取超额累退方式按照以下标准平均逐月提取:

(一)营业收入不超过 1 000 万元的,按照 2% 提取;

(二)营业收入超过 1 000 万元至 1 亿元的部分,按照 1% 提取;

(三)营业收入超过 1 亿元至 10 亿元的部分,按照 0.2% 提取;

(四)营业收入超过 10 亿元至 50 亿元的部分,按照 0.1% 提取;

(五)营业收入超过 50 亿元的部分,按照 0.05% 提取。

第十二条　烟花爆竹生产企业以上年度实际营业收入为计提依据,采取超额累退方式按照以下标准平均逐月提取:

(一)营业收入不超过 200 万元的,按照 3.5% 提取;

(二)营业收入超过 200 万元至 500 万元的部分,按照 3% 提取;

(三)营业收入超过 500 万元至 1 000 万元的部分,按照 2.5% 提取;

(四)营业收入超过 1 000 万元的部分,按照 2% 提取。

第十三条　武器装备研制生产与试验企业以上年度军品实际营业收入为计提依据,采取超额累退方式按照以下标准平均逐月提取:

(一)火炸药及其制品研制、生产与试验企业(包括:含能材料、炸药、火药、推进剂、发动机、弹箭、引信、火工品等):

1.营业收入不超过 1 000 万元的,按照 5% 提取;

2.营业收入超过 1 000 万元至 1 亿元的部分,按照 3% 提取;

3.营业收入超过 1 亿元至 10 亿元的部分,按照 1% 提取;

4.营业收入超过 10 亿元的部分,按照 0.5% 提取。

(二)核装备及核燃料研制、生产与试验企业:

1.营业收入不超过 1 000 万元的,按照 3% 提取;

2.营业收入超过 1 000 万元至 1 亿元的部分,按照 2% 提取;

3.营业收入超过 1 亿元至 10 亿元的部分,按照 0.5% 提取;

4.营业收入超过 10 亿元的部分,按照 0.2% 提取;

5.核工程按照 3% 提取(以工程造价为计提依据,在竞标时,列为标外管理)。

(三)军用舰船(含修理)研制、生产与试验企业:

1.营业收入不超过 1 000 万元的,按照 2.5% 提取;

2.营业收入超过 1 000 万元至 1 亿元的部分,按照 1.75% 提取;

3.营业收入超过 1 亿元至 10 亿元的部分,按照 0.8% 提取;

4.营业收入超过10亿元的部分，按照0.4%提取。

（四）飞船、卫星、军用飞机、坦克车辆、火炮、轻武器、大型天线等产品的总体、部分和元器件研制、生产与试验企业：

1.营业收入不超过1 000万元的，按照2%提取；

2.营业收入超过1 000万元至1亿元的部分，按照1.5%提取；

3.营业收入超过1亿元至10亿元的部分，按照0.5%提取；

4.营业收入超过10亿元至100亿元的部分，按照0.2%提取；

5.营业收入超过100亿元的部分，按照0.1%提取。

（五）其他军用危险品研制、生产与试验企业：

1.营业收入不超过1 000万元的，按照4%提取；

2.营业收入超过1 000万元至1亿元的部分，按照2%提取；

3.营业收入超过1亿元至10亿元的部分，按照0.5%提取；

4.营业收入超过10亿元的部分，按照0.2%提取。

第十四条　中小微型企业和大型企业上年末安全费用结余分别达到本企业上年度营业收入的5%和1.5%时，经当地县级以上安全生产监督管理部门、煤矿安全监察机构商财政部门同意，企业本年度可以缓提或者少提安全费用。

企业规模划分标准按照工业和信息化部、国家统计局、国家发展和改革委员会、财政部《关于印发中小企业划型标准规定的通知》（工信部联企业〔2011〕300号）规定执行。

第十五条　企业在上述标准的基础上，根据安全生产实际需要，可适当提高安全费用提取标准。

本办法公布前，各省级政府已制定下发企业安全费用提取使用办法的，其提取标准如果低于本办法规定的标准，应当按照本办法进行调整；如果高于本办法规定的标准，按照原标准执行。

第十六条　新建企业和投产不足一年的企业以当年实际营业收入为提取依据，按月计提安全费用。

混业经营企业，如能按业务类别分别核算的，则以各业务营业收入为计提依据，按上述标准分别提取安全费用；如不能分别核算的，则以全部业务收入为计提依据，按主营业务计提标准提取安全费用。

## 第三章　安全费用的使用

第十七条　煤炭生产企业安全费用应当按照以下范围使用：

（一）煤与瓦斯突出及高瓦斯矿井落实"两个四位一体"综合防突措施支出，包括瓦斯区域预抽、保护层开采区域防突措施、开展突出区域和局部预测、实施局部补充防突措施、更新改造防突设备和设施、建立突出防治实验室等支出；

（二）煤矿安全生产改造和重大隐患治理支出，包括"一通三防"（通风、防瓦斯、防煤尘、防灭火）、防治水、供电、运输等系统设备改造和灾害治理工程、实施煤矿机械化改造、实施矿压（冲击地压）、热害、露天矿边坡治理、采空区治理等支出；

（三）完善煤矿井下监测监控、人员定位、紧急避险、压风自救、供水施救和通信联络安全避险"六大系统"支出，应急救援技术装备、设施配置和维护保养支出，事故逃生和紧急避难设施设备的配置和应急演练支出；

（四）开展重大危险源和事故隐患评估、监控和整改支出；

（五）安全生产检查、评价（不包括新建、改建、扩建项目安全评价）、咨询、标准化建设支出；

（六）配备和更新现场作业人员安全防护用品支出；

（七）安全生产宣传、教育、培训支出；

（八）安全生产适用新技术、新标准、新工艺、新装备的推广应用支出；

（九）安全设施及特种设备检测检验支出；

（十）其他与安全生产直接相关的支出。

第十八条　非煤矿山开采企业安全费用应当按照以下范围使用：

（一）完善、改造和维护安全防护设施设备（不含"三同时"要求初期投入的安全设施）和重大安全隐患治理支出,包括矿山综合防尘、防灭火、防治水、危险气体监测、通风系统、支护及防治边帮滑坡设备、机电设备、供配电系统、运输(提升)系统和尾矿库等完善、改造和维护支出以及实施地压监测监控、露天矿边坡治理、采空区治理等支出;

(二)完善非煤矿山监测监控、人员定位、紧急避险、压风自救、供水施救和通信联络等安全避险"六大系统"支出,完善尾矿库全过程在线监控系统和海上石油开采出海人员动态跟踪系统支出,应急救援技术装备、设施配置及维护保养支出,事故逃生和紧急避难设施设备的配置和应急演练支出;

(三)开展重大危险源和事故隐患评估、监控和整改支出;

(四)安全生产检查、评价(不包括新建、改建、扩建项目安全评价)、咨询、标准化建设支出;

(五)配备和更新现场作业人员安全防护用品支出;

(六)安全生产宣传、教育、培训支出;

(七)安全生产适用的新技术、新标准、新工艺、新装备的推广应用支出;

(八)安全设施及特种设备检测检验支出;

(九)尾矿库闭库及闭库后维护费用支出;

(十)地质勘探单位野外应急食品、应急器械、应急药品支出;

(十一)其他与安全生产直接相关的支出。

**第十九条** 建设工程施工企业安全费用应当按照以下范围使用:

(一)完善、改造和维护安全防护设施设备支出(不含"三同时"要求初期投入的安全设施),包括施工现场临时用电系统、洞口、临边、机械设备、高处作业防护、交叉作业防护、防火、防爆、防尘、防毒、防雷、防台风、防地质灾害、地下工程有害气体监测、通风、临时安全防护等设施设备支出;

(二)配备、维护、保养应急救援器材、设备支出和应急演练支出;

(三)开展重大危险源和事故隐患评估、监控和整改支出;

(四)安全生产检查、评价(不包括新建、改建、扩建项目安全评价)、咨询和标准化建设支出;

(五)配备和更新现场作业人员安全防护用品支出;

(六)安全生产宣传、教育、培训支出;

(七)安全生产适用的新技术、新标准、新工艺、新装备的推广应用支出;

(八)安全设施及特种设备检测检验支出;

(九)其他与安全生产直接相关的支出。

**第二十条** 危险品生产与储存企业安全费用应当按照以下范围使用:

(一)完善、改造和维护安全防护设施设备支出(不含"三同时"要求初期投入的安全设施),包括车间、库房、罐区等作业场所的监控、监测、通风、防晒、调温、防火、灭火、防爆、泄压、防毒、消毒、中和、防潮、防雷、防静电、防腐、防渗漏、防护围堤或者隔离操作等设施设备支出;

(二)配备、维护、保养应急救援器材、设备支出和应急演练支出;

(三)开展重大危险源和事故隐患评估、监控和整改支出;

(四)安全生产检查、评价(不包括新建、改建、扩建项目安全评价)、咨询和标准化建设支出;

(五)配备和更新现场作业人员安全防护用品支出;

(六)安全生产宣传、教育、培训支出;

(七)安全生产适用的新技术、新标准、新工艺、新装备的推广应用支出;

(八)安全设施及特种设备检测检验支出;

(九)其他与安全生产直接相关的支出。

**第二十一条** 交通运输企业安全费用应当按照以下范围使用:

(一)完善、改造和维护安全防护设施设备支出(不含"三同时"要求初期投入的安全设施),包括道路、水路、铁路、管道运输设施设备和装卸工具安全状况检测及维护系统、运输设施设备和装卸工具附属安全设备等支出;

(二)购置、安装和使用具有行驶记录功能的车辆卫星定位装置、船舶通信导航定位和自动识别系统、电子海图等支出；

（三）配备、维护、保养应急救援器材、设备支出和应急演练支出；

（四）开展重大危险源和事故隐患评估、监控和整改支出；

（五）安全生产检查、评价（不包括新建、改建、扩建项目安全评价）、咨询和标准化建设支出；

（六）配备和更新现场作业人员安全防护用品支出；

（七）安全生产宣传、教育、培训支出；

（八）安全生产适用的新技术、新标准、新工艺、新装备的推广应用支出；

（九）安全设施及特种设备检测检验支出；

（十）其他与安全生产直接相关的支出。

**第二十二条** 冶金企业安全费用应当按照以下范围使用：

（一）完善、改造和维护安全防护设施设备支出（不含"三同时"要求初期投入的安全设施），包括车间、站、库房等作业场所的监控、监测、防火、防爆、防坠落、防尘、防毒、防噪声与振动、防辐射和隔离操作等设施设备支出；

（二）配备、维护、保养应急救援器材、设备支出和应急演练支出；

（三）开展重大危险源和事故隐患评估、监控和整改支出；

（四）安全生产检查、评价（不包括新建、改建、扩建项目安全评价）和咨询及标准化建设支出；

（五）安全生产宣传、教育、培训支出；

（六）配备和更新现场作业人员安全防护用品支出；

（七）安全生产适用的新技术、新标准、新工艺、新装备的推广应用支出；

（八）安全设施及特种设备检测检验支出；

（九）其他与安全生产直接相关的支出。

**第二十三条** 机械制造企业安全费用应当按照以下范围使用：

（一）完善、改造和维护安全防护设施设备支出（不含"三同时"要求初期投入的安全设施），包括生产作业场所的防火、防爆、防坠落、防毒、防静电、防腐、防尘、防噪声与振动、防辐射或者隔离操作等设施设备支出，大型起重机械安装安全监控管理系统支出；

（二）配备、维护、保养应急救援器材、设备支出和应急演练支出；

（三）开展重大危险源和事故隐患评估、监控和整改支出；

（四）安全生产检查、评价（不包括新建、改建、扩建项目安全评价）、咨询和标准化建设支出；

（五）安全生产宣传、教育、培训支出；

（六）配备和更新现场作业人员安全防护用品支出；

（七）安全生产适用的新技术、新标准、新工艺、新装备的推广应用；

（八）安全设施及特种设备检测检验支出；

（九）其他与安全生产直接相关的支出。

**第二十四条** 烟花爆竹生产企业安全费用应当按照以下范围使用：

（一）完善、改造和维护安全设备设施支出（不含"三同时"要求初期投入的安全设施）；

（二）配备、维护、保养防爆机械电器设备支出；

（三）配备、维护、保养应急救援器材、设备支出和应急演练支出；

（四）开展重大危险源和事故隐患评估、监控和整改支出；

（五）安全生产检查、评价（不包括新建、改建、扩建项目安全评价）、咨询和标准化建设支出；

（六）安全生产宣传、教育、培训支出；

（七）配备和更新现场作业人员安全防护用品支出；

(八)安全生产适用新技术、新标准、新工艺、新装备的推广应用支出；

(九)安全设施及特种设备检测检验支出；

(十)其他与安全生产直接相关的支出。

**第二十五条** 武器装备研制生产与试验企业安全费用应当按照以下范围使用：

(一)完善、改造和维护安全防护设施设备支出(不含"三同时"要求初期投入的安全设施)，包括研究室、车间、库房、储罐区、外场试验区等作业场所的监控、监测、防触电、防坠落、防爆、泄压、防火、灭火、通风、防晒、调温、防毒、防雷、防静电、防腐、防尘、防噪声与振动、防辐射、防护围堤或者隔离操作等设施设备支出；

(二)配备、维护、保养应急救援、应急处置、特种个人防护器材、设备、设施支出和应急演练支出；

(三)开展重大危险源和事故隐患评估、监控和整改支出；

(四)高新技术和特种专用设备安全鉴定评估、安全性能检验检测及操作人员上岗培训支出；

(五)安全生产检查、评价(不包括新建、改建、扩建项目安全评价)、咨询和标准化建设支出；

(六)安全生产宣传、教育、培训支出；

(七)军工核设施(含核废物)防泄漏、防辐射的设施设备支出；

(八)军工危险化学品、放射性物品及武器装备科研、试验、生产、储运、销毁、维修保障过程中的安全技术措施改造费和安全防护(不包括工作服)费用支出；

(九)大型复杂武器装备制造、安装、调试的特殊工种和特种作业人员培训支出；

(十)武器装备大型试验安全专项论证与安全防护费用支出；

(十一)特殊军工电子元器件制造过程中有毒有害物质监测及特种防护支出；

(十二)安全生产适用新技术、新标准、新工艺、新装备的推广应用支出；

(十三)其他与武器装备安全生产事项直接相关的支出。

**第二十六条** 在本办法规定的使用范围内，企业应当将安全费用优先用于满足安全生产监督管理部门、煤矿安全监察机构以及行业主管部门对企业安全生产提出的整改措施或者达到安全生产标准所需的支出。

**第二十七条** 企业提取的安全费用应当专户核算，按规定范围安排使用，不得挤占、挪用。年度结余资金结转下年度使用，当年计提安全费用不足的，超出部分按正常成本费用渠道列支。

主要承担安全管理责任的集团公司经过履行内部决策程序，可以对所属企业提取的安全费用按照一定比例集中管理，统筹使用。

**第二十八条** 煤炭生产企业和非煤矿山企业已提取维持简单再生产费用的，应当继续提取维持简单再生产费用，但其使用范围不再包含安全生产方面的用途。

**第二十九条** 矿山企业转产、停产、停业或者解散的，应当将安全费用结余转入矿山闭坑安全保障基金，用于矿山闭坑、尾矿库闭库后可能的危害治理和损失赔偿。

危险品生产与储存企业转产、停产、停业或者解散的，应当将安全费用结余用于处理转产、停产、停业或者解散前的危险品生产或储存设备、库存产品及生产原料支出。

企业由于产权转让、公司制改建等变更股权结构或者组织形式的，其结余的安全费用应当继续按照本办法管理使用。

企业调整业务、终止经营或者依法清算，其结余的安全费用应当结转本期收益或者清算收益。

**第三十条** 本办法第二条规定范围以外的企业为达到应当具备的安全生产条件所需的资金投入，按原渠道列支。

## 第四章 监督管理

**第三十一条** 企业应当建立健全内部安全费用管理制度，明确安全费用提取和使用的程序、职责及权限，按规定提取和使用安全费用。

**第三十二条** 企业应当加强安全费用管理，编制年度安全费用提取和使用计划，纳入企业财务预算。企业年度安全费用使用计划和上一年安全费用的提取、使用情况按照管理权限报同级财政部门、安全生产监督管理部门、煤矿安全监察机构和行业主管部门备案。

**第三十三条** 企业安全费用的会计处理，应当符合国家统一的会计制度的规定。

**第三十四条** 企业提取的安全费用属于企业自提自用资金，其他单位和部门不得采取收取、代管等形式对其进行集中管理和使用，国家法律、法规另有规定的除外。

**第三十五条** 各级财政部门、安全生产监督管理部门、煤矿安全监察机构和有关行业主管部门依法对企业安全费用提取、使用和管理进行监督检查。

**第三十六条** 企业未按本办法提取和使用安全费用的，安全生产监督管理部门、煤矿安全监察机构和行业主管部门会同财政部门责令其限期改正，并依照相关法律法规进行处理、处罚。

建设工程施工总承包单位未向分包单位支付必要的安全费用以及承包单位挪用安全费用的，由建设、交通运输、铁路、水利、安全生产监督管理、煤矿安全监察等主管部门依照相关法规、规章进行处理、处罚。

**第三十七条** 各省级财政部门、安全生产监督管理部门、煤矿安全监察机构可以结合本地区实际情况，制定具体实施办法，并报财政部、国家安全生产监督管理总局备案。

第五章　附　则

**第三十八条** 本办法由财政部、国家安全生产监督管理总局负责解释。

**第三十九条** 实行企业化管理的事业单位参照本办法执行。

**第四十条** 本办法自公布之日起施行。《关于调整煤炭生产安全费用提取标准加强煤炭生产安全费用使用管理与监督的通知》(财建〔2005〕168号)、《关于印发〈烟花爆竹生产企业安全费用提取与使用管理办法〉的通知》(财建〔2006〕180号)和《关于印发〈高危行业企业安全生产费用财务管理暂行办法〉的通知》(财企〔2006〕478号)同时废止。《关于印发〈煤炭生产安全费用提取和使用管理办法〉和〈关于规范煤矿维简费管理问题的若干规定〉的通知》(财建〔2004〕119号)等其他有关规定与本办法不一致的，以本办法为准。